大数据与物联网的信息融合与分析

Information Fusion and Analytics for Big Data and IoT

［加］埃洛伊·博塞（Éloi Bossé）
贝塞尔·索拉曼（Basel Solaiman）　　著
汪国强　译

国防工業出版社
·北京·

著作权合同登记　图字：01-2022-6247 号

图书在版编目（CIP）数据

大数据与物联网的信息融合与分析 /（加）埃洛伊·博塞，（加）贝塞尔·索拉曼著；汪国强译. —北京：国防工业出版社，2023.3

书名原文: Information Fusion and Analytics for Big Data and IoT

ISBN 978-7-118-12773-7

Ⅰ. ①大…　Ⅱ. ①埃…②贝…③汪…　Ⅲ. ①物联网－数据处理－研究　Ⅳ. ①TP393.4②TP18

中国国家版本馆 CIP 数据核字（2023）第 028338 号

Translation form the English language edition Information Fusion and Analytics for Big Data and IoT by Aeloi Bossae and Basel Solaiman.

ISBN 9781630810870

※

国防工业出版社出版发行

（北京市海淀区紫竹院南路 23 号　邮政编码 100048）

北京虎彩文化传播有限公司印刷

新华书店经售

*

开本 710×1000　1/16　**印张** 15　**字数** 262 千字

2023 年 3 月第 1 版第 1 次印刷　**印数** 1—1500 册　**定价** 178.00 元

（本书如有印装错误，我社负责调换）

国防书店：（010）88540777　　书店传真：（010）88540776

发行业务：（010）88540717　　发行传真：（010）88540762

给我的三个孩子 Étienne，Julianne 和 Samuel；致我已故的母亲 Anne-Marie Bérubé；还有我已故的朋友 Pierre Valin。

——Éloi Bossé

献给我生命中的花朵，Sausan，Razanne，Yazane 和 Sarah，还有我母亲 Fatma，我最近失去的花朵。

——Basel Solaiman

前　言

网络物理社会系统（CPSS）是分布式系统的最普通形式，分布式系统也可称为复杂网络。CPSS 由不同种类的能够进行学习并且可以互相适应的智能体组成，大量的人群通过信息通道进行超链接，并与计算机系统进行交互，计算机系统本身与各种物理系统交互以确保良好的运行条件。CPSS 的基本组成包括指令和控制组织，如 911/应急响应系统和军事组织，以及管理关键基础设施的组织。CPSS 可以分为 3 大类：安全关键系统、任务关键系统和业务关键系统。这些系统失效所产生的严重后果将会对社会产生极大影响，因此确保系统的可靠性是强制性的。

考虑到信息网络与物理世界之间的界面，人们可以将 CPSS 的范围限制为与物理过程一起进行计算集成的网络物理系统（CPS）。CPS 也可称为物联网（IoT）。在 CPS 中，以嵌入式系统为先驱，嵌入式计算机和网络用于监视及控制物理过程，通常具有反馈环路，物理过程影响计算，反之亦然。考虑到互联网（如 IoT、Web 3.0 和 Web 4.0）的演变，信息源、信息处理器和信息用户（如决策者和执行者）之间的信息绑定和流动将是动态的、跨区域的，并且是开放的。这与典型的嵌入式系统部署形成鲜明对比，在嵌入式系统中，感测部件和应用是整体部署的，并且是针对特定用途的。互联网及其演变带来的感受是所有这些部件和应用的网络化。

信息超载和复杂性是当今军事和民用 CPSS 的核心问题。信息超载的问题得到了很好的认知，在近期文献中也归结为大数据。信息和通信技术（ICT）的进步，尤其是智能 ICT，为提高系统的可靠性、效率和可信度带来了许多好处，也极大提高了网络能力，从而在复杂条件下实现在个人、对象、系统和组织之间进行更丰富、实时的交互；但是，曾经只产生孤立后果的事件现在可能会产生级联反应，这些反应会迅速失去控制（如停电和灾难），严重影响系统的可靠性或可信度。

IoT（或 CPS）是造成大数据问题的主要原因。关于大数据的定义仍存在一些混淆，但国际商业机器公司（IBM）和其他人使用 V 维度：体量、多样性、速度、真实性和价值（Volume、Variety、Velocity、Veracity 和 Value）开发了一种表征大数据的有用方法。真实性强调了处理和管理相关数据的不确定性和维度的重要性，而这些数据实际上是信息融合的总体目标。处理大数据 V 维度问题需要将信息融合与分析技术（FIAT）集成，并成为实时和接近实时的决策支持系统（DSS），这些系统能够在复杂系统和组织中进行预测、诊断和规范任务。

本书不涉及 CPSS，CPS，IoT 或大数据，这些用作背景因素以构建问题空间。这本书是关于 FIAT 的整合，数百种方法和技术是 FIAT 的组成部分。在文献中，可以找到关于这些方法的一些书。例如，目前有 50 多本书可以分别用于融合信息或分析，但是没有一本是针对这两个领域的整合，这些书都没有坚持发展从元素到系统组成所必要的原则，进而在更高层次的系统级系统层次去整合 FIAT，这是我们在这里尝试完成的。我们说尝试，是因为这些提议是不完整的。我们应该使用“朝向”，因为整合科学非常不成熟，需要更多的努力为未来的 CPSS 所遇到的网络化运行提供支持解决方案。 FIAT 的整合和发展是朝这个方向发展的一个促进因素。

在第 1 章和第 2 章中，我们描述了诸如 CPSS、CPS、IoT 和大数据等背景因素，以及现有的态势感知和决策支持系统的设计方法。FIAT 是支持态势分析和决策的关键推动因素。挑战在于整合适当的技术，以支持在给定的 CPSS 复杂环境中对态势的测量、组织、理解和推理，并支持进一步的驱动（涉及相应的控制论功能：集成、监控、协调和控制）。第 1 章介绍从社会、认知、信息/网络和物理世界的相互关系中 CPSS 里出现的一般概念。第 2 章描述决策和态势感知过程的各种模型，这些已成为需要支持的方面。理解决策过程是任何决策支持解决方案设计的先决条件。

第 3 章和第 4 章介绍信息的中心概念及其不完善性（如不确定性），其中回顾了基本概念，并定义了信息表征和不确定性表征中的新概念，可以在基于 FIAT 整合的智能 DSS 设计中利用这些表征。分析更专注于收集、组织、结构化、存储和可视化数据（多样性和数量），而信息融合则更多地集中在综合信息（真实性和速度）上。两者是互补的，需要整合用于实施决策支持。为了实现这个整合，我们提出的第一步是作为信息基本元素的定义，可以在系统层面上构建一个计算模型。

第 5 章和第 6 章提出了 FIAT 计算模型。该模型是在原型动力学（AD）的 3 个基本维度框架下构建的：表示、解释和实现（系统），以整体的方式考虑这 3 个维度来提出全息计算框架。在第 7 章中，我们考虑设计和应用，但是在系统和系统级层面上。在系统级层面上，我们讨论要素整合概念以使系统具备可互操作性：系统开放性和协作性概念。我们将这些概念应用于军事联盟。在系统层面，我们考虑将抽象状态机作为主干的几个潜在设计框架的集成。最后，第 8 章列出了一些前瞻性研究活动，可以在所有 CPSS 层次上，在能源、健康、运输以及防御与安全等关键应用领域为实现所需的 FIAT 集成做出贡献。

第 9 章给出一个总结，即本书只涉及问题空间的一部分。主要将 FIAT 视为大数据的真实性和多样性维度。FIAT 讨论的重点更多地集中在态势分析方面（诊断和预测），而不是决策支持方面（规定性），这对多标准决策和多目标优化等重要领域也将是有益的。最后，这些问题的本质是多学科的，需要一些书（当前和未来）去探索，也是多学科的广阔解决空间。

我们感谢以各种方式影响这项工作的科学家们：Didier Guériot，Mihai Florea，Luc Pigeon，Jean Roy，Anne-Laure Jousselme，Patrick Maupin，Adel Guitouni，Roozbeh Farahbod，James Llinas，Michel Barès，Alain Appriou，Ali Khenchaf，最后，还有已逝去的 Pierre Valin。

目　录

第 1 章　网络物理和社会系统一般背景

本章的目的是介绍由网络和互联网（如物联网、语义网、Web 3.0）的演变所产生的网络物理和社会系统（CPSS）的一般背景特征和概念。此外，本章还介绍了信息融合与分析技术（FIAT），为网络和物理世界界面关键因素的决策支持提供解决方案。该技术视角是以信息为中心的，如从基于信息融合与分析技术（FIAT）的社会计算层面来思考社交网络对网络-物理界面的影响。

1.1　社会技术组织和 CPSS

社会技术组织（STO）[1]用以描述我们当今世界的特征，随着物联网的发展，更多地将 STO 视为网络物理和社会系统（CPSS）[2]。典型的 CPSS 由大量的人群组成，他们拥有多种通信渠道和与各种物理系统协作的各种计算机和信息系统。在图 1.1 中给出了 4 个 CPSS 例子，如国防和安全、能源、健康、交通。值得注意的是，保护这些关键的基础设施已经成为许多国家的核心挑战，这一点在他们的应急准备工作中得到了体现[3-4]。保护一词的使用往往涉及国家和国际安全挑战。处于人类、经济和国家安全方面之内的这些重要复杂系统的失败将严重影响社会。

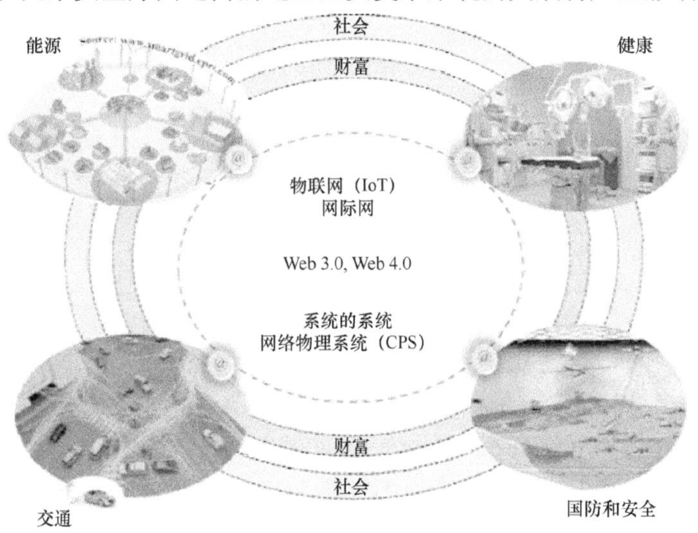

图 1.1　关键 CPSS 的示例

1.2 CPSS与网络物理系统对比

CPSS 和网络物理系统（CPS）紧密结合、协调、融合了人类和社会特征。社会和认知维度通过网络世界与物理世界的界面如图 1.2（b）所示：具有人机界面的社会计算。CPS[5-6]主要涉及计算与物理过程的集成。在 CPS 中，如图 1.2（a）中三位一体图所示，嵌入式计算机和网络用于监视和控制物理过程，通常具有反馈回路（物理过程影响计算，反之亦然）。人类生活依赖于这个网络物理界面以及任务目标，因此，系统性能需要增强，以满足更远目标，如图 1.3 所示：24h/7d（天）可用性、100%连通性、可预测性和可重复性，以及实时性。文献[7]更明确地表达了这些高级需求：

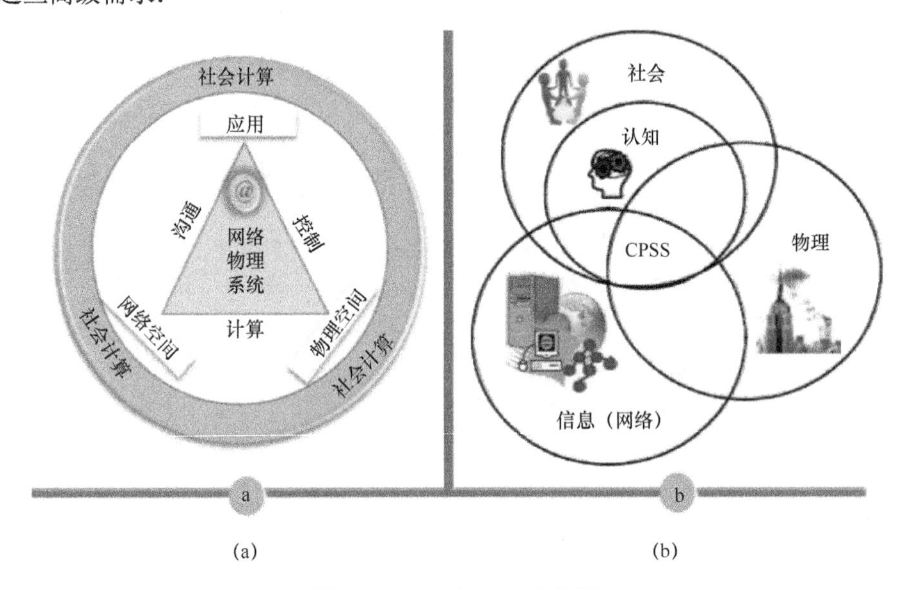

图 1.2　CPSS 与 CPS 结构图

公共和私营部门的健康和有竞争力的未来，如交通、电网、医疗、能源、环境、国防、执法和建筑业，严重依赖 CPS 的应用。CPS 的进步可以使各种应用更快、时空上更精确（如远程机器人手术），在有阻碍的或难以接近的环境中稳健有效（如自动搜索和救援、灾难恢复），执行大规模系统的分布式协调（如公路和领空交通自动化控制），展示高效率（如零网能源建筑），增强人类能力（如身体传感器网络、脑−计算机接口），及提高生活质量（如无处不在的卫生保健）。

CPSS 通过来自人类/社会科学、物理/工程和计算机科学的跨学科贡献来满足这些高级需求（图 1.3）。在今天的 STO 或 CPSS 背景中，执行官或指挥官们声称有更好的方法去理解数据的含义，并因此采取行动。在 2008 年，IBM 首次引入智慧地球的概念，一个合作、系统思考和数据分析的世界，来提高地球上生活的许多系统的效率和效益。这种状态在文献[8]中有很好的表述：

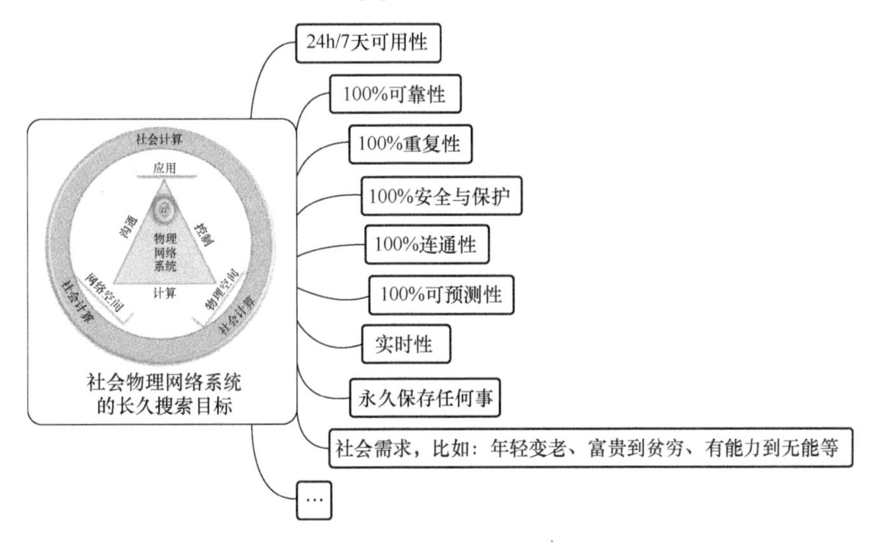

图 1.3　CPSS 远期目标

每个领导者都做决定，每个决定都取决于信息。需要有人领导一个公司、一个政府、军队或家庭。在过去的 50 年里，领导者经历了一场信息质量和数量的革命。行业一直在寻求帮助领导者自信地了解已经发生的、正在发生的以及可能发生在事业单位各个方面的所有事情。你能辨认出关键的图案吗？你能从数据中提取关键的内容吗？你能从决策和执行中减少延迟和成本吗？

物理世界的并发性和规律支配着我们的世界，与网络世界的离散性和异步性相反，导致网络世界和物理世界之间的复杂界面的实现受到了挑战。通过网络世界添加社会维度（在图 1.2 标记成社会计算）使 CPS 发展成 CPSS，有时也称为复杂网络、系统的系统、网络中心系统和社会技术系统。下面的一些摘录反映了面临这种复杂性所遇到的挑战。

由文献[7]可知，CPS 改变物理系统（如飞机、车辆）的概念，包括系统的系统中的人、基础设施和平台，从而创建独特的大范围和背景，其中的系统行为必须是可预测和证明的。由此产生的系统本质上是高度网络化和动态的，其复杂性（如软件大小）以指数速率增长，纯粹物理因素和高度无形的网络因素（如社交计算）之间的时间敏感性交互也在增加。

由文献[9]可知，系统集成在大型网络物理系统（CPS）设计中，如同是瓷器店里的大象。很难在任何其他科学上找到被低估的技术，同时此技术对工程系统的现在和未来产生更大的影响。CPS 集成中的独特挑战源于组件和交互的异构性，这种异构性推动了对物理和计算/网络域之间跨域交互的建模和分析的需求，并要求深入理解异构抽象层在设计流程中的影响。

由文献[10]可知，针对智能电网的特定领域，应用 CPS 的智能电网是需要能够在设备、系统、基础设施和应用级别上提供支持的解决方案。网络物理系统是新兴的智能电网的核心，它们在物理世界和商业世界之间提供“黏合剂”的能力使它们成为不可缺少的。

引自加拿大未来安全环境部门的部队发展主任所述[11]：

为未来设想的人工智能网络将为指挥官提供一个强大的工具箱，以便迅速做出明智的决策，而指挥与控制工具箱的科学将用于主动发现并不断整理、融合和综合所有可用信息，用于指挥官制定行动和应急计划。

1.3 CPS 与物联网（IoT）对比

物理和计算过程的集成并不是新鲜事物，因为 CPS 的前身称为嵌入式系统[12]。但是，嵌入式系统是相当独立的设备，它们通常不与外部联网。互联网及其发展带来的是这些设备的网络化，这就是 CPS[13-14]。除了 CPS 之外，文献中还使用了不同的名称来合理地指代同一个现实：“将大量的可寻址计算智能，其具有传感和可能的驱动能力，嵌入物理（在此，网络物理）对象中，与其物理环境相互作用，从中收集信息，传播给任何需要的人，并智能地根据他们的愿望对其进行（重新）操作。”这些名称是物联网（IoT）[15-16]、普适计算[17]、环境智能或普适网络[18]。没有普遍接受的 CPS 或 IoT 的定义，但以下两个定义之间的相似性表明了一种等价。

来自美国 NSF 的 Helen Gill 指出[14]：“网络物理系统是物理的、生物学的和工程系统，其运行由计算核心来集成、监控和/或控制。组件在各种规模上都是联网的，计算深刻嵌入每个物理组件中，甚至可能嵌入材料中。计算核心是嵌入式系统，通常需要实时响应，并且通常是分布式的。”

Benghosi 等解释道[16]：“……将物联网定义为网络的网络，能够识别数字实体和物理对象——无论是无生命的（包括设备）还是有生命的（动物和人类）——直接且无歧义，通过标准化的电子识别系统和无线移动设备，可以检索、存储、传输和处理与它们相关的数据，在物理和虚拟世界之间没有不连续性。”

FIAT 的总体目标是使处理从信号–数据–信息到具有可操作性认知的连续过程变得容易。

1.4 信息过载和大数据问题

在所有组织中都倾向于产生越来越多的信息，它显然强调信息支持系统，以维持其为决策者和分析师提供超出人类处理能力范围的大量数据的增强访问能力。这种信息过载是军事和民用组织今天面临的核心问题。随着先进传感方式的出现以及来自多种来源和形式（非结构化和开源，语音记录，照片，视频序列）的数据多样性和数量的增加，信息呈现爆炸式增长。决策者和分析师无法应对数据的流动，从而对决策和操作过程的质量产生潜在的严重后果。这个问题得到了很好的认可，经济学家在 2010 年为数据泛滥做了专题报告[19]：“无论何地，你所看到的世界上的信息量都在飙升。根据一项估计，人类在 2005 年创造了 150EB 的数据。今年[2010 年]，它将创造 1200EB。”在最近的文献中将这个问题称为大数据[20-24]。大数据显然与 CPSS 背景相关，并且主要由于网络而呈现复杂性维度。今天，决策者需要更好的方式来传达复杂的见解，以便他们能够快速吸纳数据的含义并据此采取行动。

对于大数据的定义仍然存在一些困惑，如何给出最好的描述？涉及许多方面，无论是由今天更大的数据量、新类型的数据和分析、社交媒体分析、下一代数据管理功能，还是用于更多实时信息分析的新兴要求。无论标签是什么，许多组织都开始以新的方式理解并探索如何处理和分析巨量信息。为了说明关于大数据的定义，下面引用最近的一篇评述[25]：

虽然没有普遍认同的大数据究竟是什么（或者更重要的，不是什么）的理解，但是在使用越来越多的 V 字母开头的英文词汇来表征大数据的不同维度和挑战：体量、速度、多样性、价值和真实性。有趣的是，不同的（科学）学科强调某些维度而忽略了其他维度。IBM[24]首先提出了一种有用的方法来描述大数据的 4 个维度——体量、多样性、真实性和速度。相应定义见图 1.4。可以添加第 5 个 V 字母开头的词——价值：“数据对使用者的重要性、价值或有用性。”真实性的含义强调了处理和管理与数据和信息相关的不确定性维度的重要性，这些不确定性包含在基于信息融合与分析技术（FIAT）的智能决策支持系统设计的总体目标中[18，26-27]。

物联网是大数据问题的重要贡献者，总结如下[18]。

随着设备、连接选择、应用和服务的激增，一个关键的挑战变成了如何横向协调它们以实现最终用户利益的无缝互操作。通常称为物联网（IoT），具有感知和可能的驱动能力，将大量的可寻址计算智能嵌入物理（在此，网络-物理）对象中以与其物理环境交互，从他们那里收集信息传播给任何需要他们的人，并智能地（重新）按照他们的愿望行事。在互联网的真实意愿中，信息源（如传感器）、信息处理器（如融合单元）和信息用户（如决策者和执行器）之间的绑定和信息流将是动态的、跨领域的，当然也是开放的。这与当前具有传感功能应用的典型部署形成对比，“整体地”部署其中感测部分和应用并限定为特定目的。

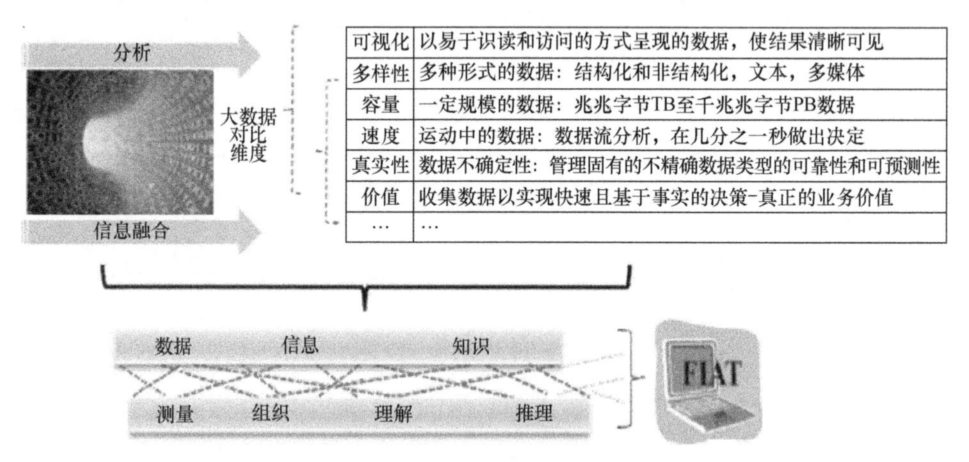

图 1.4　大数据与维度对比 FIAT 的关系

1.5　复杂性和系统可靠性

在良好运行的条件下维持 CPSS 以及标记其为可靠系统的挑战是巨大的。信息和通信技术（ICT）的进步虽然有利于提高系统的可靠性和效率，但也极大地增加了网络容量[28]，从而通过在个人之间以及系统和组织之间实现更丰富、实时的相互作用产生了复杂性状况。因此，曾经产生过一些孤立后果的事件现在可能产生一系列后果，这些后果可能会迅速失去控制（如停电和灾难）并严重影响系统的可靠性[29]。

系统的可靠性反映出用户对该系统的信任程度。换句话说，它反映了用户信心的程度，它将按照用户的预期运行，并且在正常使用中不会产生任何故障。图 1.5 给出了可靠性 5 个维度的定义：可用性、可靠性、安全性、保障性和可维护性[29-31]。图 1.5 中还描述了重要 CPSS 的 3 种不同类别：安全关键系统、任务关键系统和业务关键系统。图 1.5 中列出了这些系统中故障所产生的严重后果。

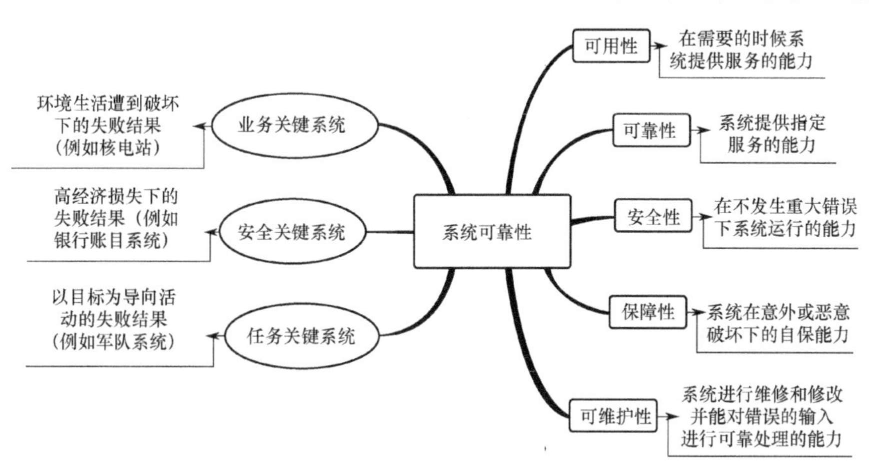

图 1.5　3 类关键系统和主要的可靠性维度

1.6　信息融合与分析技术（FIAT）

军用和民用 CPSS 都希望智能 ICT 解决方案能够提高系统可靠性和态势感知（SA）能力。例如，对军事组织来说将日益增加的世界复杂性的概念称为网络支持能力（NEC）[32-33]。NEC 与社会技术系统理论中的概念高度重叠[1]。态势感知[34]已经成为军事和民用复杂环境中（如防御、公共安全、电力网络、运输、商业）有关动态的人类决策中的重要概念。态势分析是为用户提供并维持态势感知状态的过程。在军事和民用企业中，态势分析提供了用于规划的相关背景和知识。FIAT 是关键的推动因素，可以满足当前和未来 CPSS 中态势分析和决策支持的需求。

在军事领域，由智能信息和通信技术（ICT）构建的信息融合（IF）系统[35-36]已经成为一种关键领域，可以为复杂环境（敌对和合作）提供态势分析。IF 技术的总体目标是：①支持决策者和分析者理解不断增加的数据量和复杂性；②提高信息质量，减少不同形式信息不完善的影响；③确保并提高面对不断增加的系统复杂性（网络化方面和异构性）的可靠性。在一般商业和工业领域，术语“分析[37-38]”广泛用于追求大致相同的目标。信息融合和分析都指的是计算机科学和技术、运筹学、认知工程和数学方法的应用，以便能够理解复杂态势，以支持行动中的决策[39]。

1.7　网络与物理世界的界面：四种控制论功能

相对于网络世界的离散和异步性质，网络和物理世界之间的复杂界面受到了支配物理世界的并发本质和物理定律的挑战。最基本的是要重新思考界面功能，如协调、集成、监视和控制，如图 1.6 所示。基于 FIAT 的智能系统将通过提供其他类别中的两个主要类别的支持来帮助重新思考：诊断和预测，这些是控制论功能。

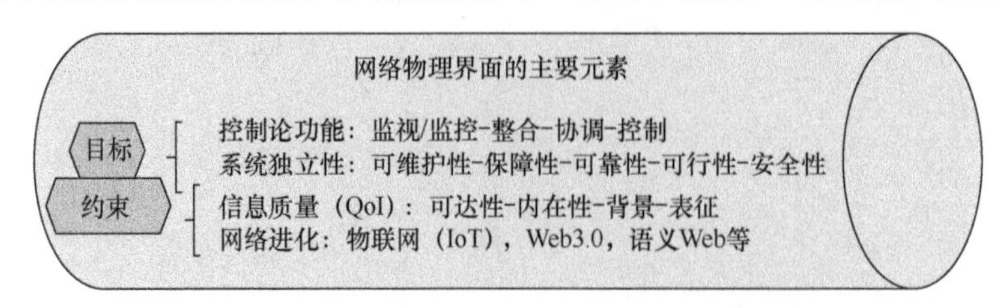

图 1.6　网络世界和物理世界之间界面的关键元素

利用 FIAT 提高对数据信息知识层次结构[40]的测量、组织、理解和推理能力，以及提高系统的可信度/可靠性，并从网络的进步中受益（如互联网的发展）。FIAT 的整合预计将成为解决大数据那些维度的主要因素，如图 1.7 中大致分类所示。然后需要 FIAT 集成框架为决策者提供分析（分析法）和综合（信息融合）智能支持。

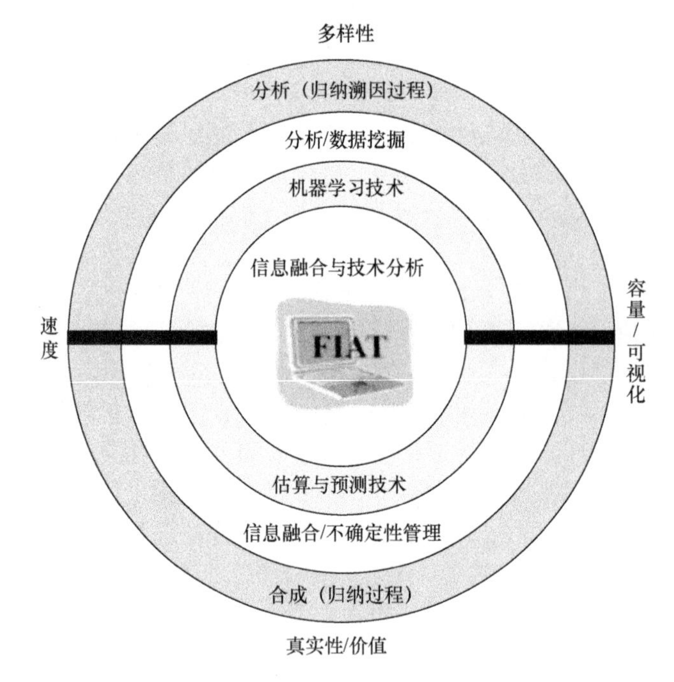

图 1.7　分析和信息融合的新兴领域

分析更专注于收集、组织、构建、存储和可视化数据（多样性和数量），而信息融合则更关注于为运行决策支持进行信息综合（真实性和速度）。两者都是互补的，如图 1.7 所示，人们也可以看到，各自的主导技术伴随着这两个新兴领域的发展，现在真正需要融合。

1.8 复杂动态 CPSS 中决策支持系统研究综述

传统的系统工程方法在工程师面对 CPSS 不同的功能需求时是无效的，如基于 FIAT 的决策支持解决方案。需求的多样性来自从实时嵌入式处理板载平台（嵌入式系统[12]）到通过互联网连接的大型企业系统组成的网络物理互联网或系统[14, 41-42]，包括应用服务器、数据库和面向服务的架构，并与人类组织和社交网络相连（未来的 CPSS[43-44]）。从信息的角度来看，CPSS，也称为网络中心[33]或网络支持系统[2, 45]，提出了以下 3 个主要方面：计算引擎、网络基础设施和基础控制论功能（协调、整合、监测和控制），如图 1.6 所示。

基于 FIAT 的决策支持系统主要基于计算智能技术构建，以确保和提高系统的可信赖性和可靠性。例如，我们可以考虑一个国防和安全计划，其目标是通过处理来自地理上分散的大量混杂来源的巨量数据来防止对国家的威胁和攻击。在这个例子中，目标是避免因信息超载而不堪重负，能够以精确、准确和及时的方式协调地理上分散的公共安全机构的活动。为了实现这些目标，第一是基于 FIAT 的决策支持系统[46]从相关信息来源中识别和获取数据；第二是将原始数据和信息转换为可操作的信息；第三是将信息传播到地理上分散的区域；第四，可操作的信息用于支持分布式决策和行动[47]。

1.8.1 理想的支持系统

基于计算机的支持系统（CBSS）是一种计算机化系统，旨在与人类用户交互并对其进行补充辅助[48]。这种支持系统从嵌入在电子表格中的方案转变为复杂的自主推理智能体。无论 CBSS 的性质如何，目标都是开发直观的适合人类用户感知和认知过程的 CBSS 功能。理想的 CBSS[35]如下。

（1）提供人类决策者所需的信息，而不是必须由用户转换为所需信息的原始数据。如果数据可以通过 CBSS 完美地转换为信息，那么转换不需要人类认知工作，也不会对数据进行认知工作，从而可以完全关注于相关领域的问题解决。

（2）可以由人类用户毫不费力地控制。它可以轻松地向用户呈现信息，如同窗口允许查看外部的物理世界。从这个意义上讲，CBSS 对用户是透明的。如果与 CBSS 的交互非常容易，则无须人工认知工作来管理和与 CBSS 交互，从而完全关注相关领域的问题解决。

（3）补充人类思维的认知能力。通过这种方式，CBSS 不仅避免创造一个世界（解决人类决策错误的时机已经成熟），而且它可以包括补充人类认知过程的趋势和能力的特征。通过 CBSS 体现的决策世界的形式，避免了以固定和园林路径等术语分类的决策错误。

（4）支持各种各样的问题解决策略，从几乎本能的事件反映到基于知识的推理，此推理是以基于态势的独立的方式对基本原则进行的。

（5）有效的 CBSS 是使问题对用户透明的系统。

在 CBSS 用于态势分析和决策的情况下，需要两个主要的特征域：信息域和决策域。信息的特征及其不完善性在决策支持系统（DSS）的任何设计中都是绝对必要的，并且最终适用于基于 FIAT 的系统[35,49,50]。

此外，必须确定信息质量（QoI）[51]标准。这些标准是可用于在网络环境中管理 CBSS[47]，以满足整体系统可靠性并提高系统的可信度。在一组关键的 QoI 标准中，信息相关性的概念，如果适当规范化，则可以构建 CBSS 的智能处理功能。例如，相关性是意义构建活动[52]、信息寻觅[53]和信息/知识过滤[54]的关键概念。

决策环境的表征是正确 DSS 设计的必要条件。基于 FIAT 的系统旨在支持决策和后续行动。CPSS 呈现高度动态、异构和分布式的决策环境。CPSS 包括构成子系统的互锁集合、非均匀的、能够学习的相互作用自适应智能体。智能体执行的动作是为了同时地、相互依赖或独立地执行其动作。决策过程发生在一个由于先前的行为或由于实时发生的事件而随时间（动态）变化的环境中[47]。将决策环境表征为异步、时间动态和分散的。

1.8.2 复杂环境

可以通过考虑态势的复杂程度来定义复杂态势。也就是说，作为支持加拿大危机和应急管理社区在复杂性方面进行分析的一部分，Guitouni 报告[55]的方法是："态势下变量的组成和相互作用将影响原因和结果、信息的来源和准确性、沟通和决策过程，以及需要实现最终状态的活动/行动"。Guitouni[55]提出了已确定应对态势复杂性具有影响力的关键变量（图 1.8）。例如，危机和应急响应计划揭示了由非传统安全威胁活动和不对称威胁引起的紧急态势中的一些共同变量。它们可以分为响应团队、对手、环境和事件的四个类别（图 1.8）。关于这 4 个类别的更多细节可以在文献[55]中找到。

1.8.3 CPSS 中的通用总体系统工程概念

系统工程方法和企业体系结构（EA）系统[56-59]是处理 CPSS 开发和维护的新兴方法。体系结构有助于通过各种级别的模块化和抽象等技术来管理复杂性，并通过提供系统或过程的组件、关系和约束的文档来促进更改。在军事领域，当前的 EA 方法[55-56]缺乏在事业内部采用 EA 实践所需的两个重要问题：①一套基本指导原则，说明如何实施 EA 以支持企业家的业务方向和流程；②一个适当方法（或至少一个过程），指导体系结构构件的开发和维护（如 FIAT 的利用）。

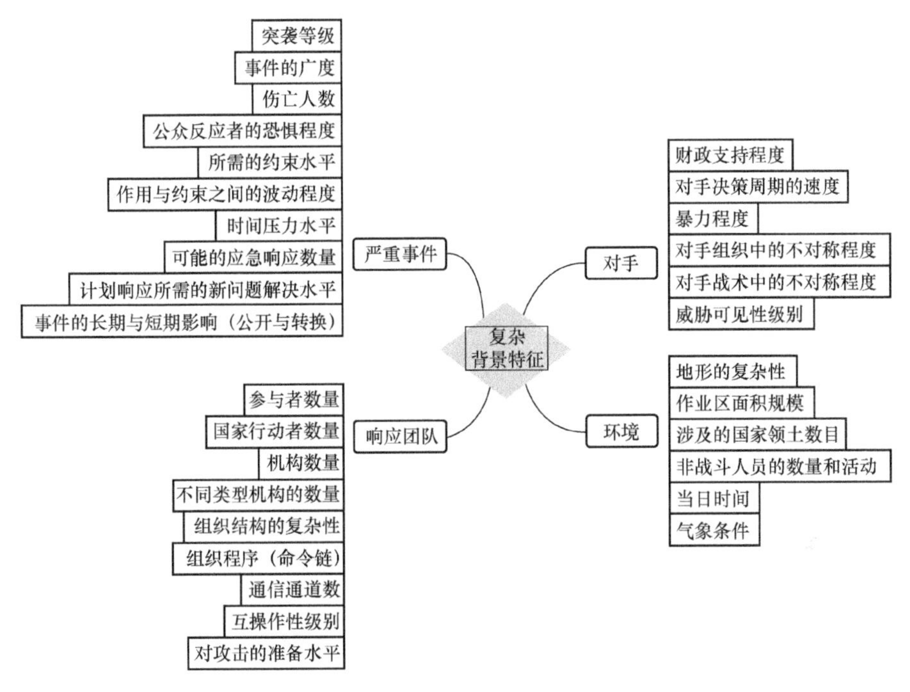

图 1.8　表征复杂态势的常见变量框架列表

本书不是关于复杂系统工程的，而是准备在 CPSS 环境中参与决策支持。值得考虑，或者预期在未来建造复杂系统的一般概念或原则。文献中出现了以下两个一般概念和原则。

（1）组合的概念，在图 1.9 中定义为可组合性和构成性，对于通过系统可伸缩性、模块化和抽象来处理复杂性，以及在构建分层系统和服务时利用同态性都非常重要。

（2）超越/出现成对的原则，在图 1.9 中也有定义，其中自组织概念，如 IBM[60-61]带来的自主原理，是由要执行的超越概念任务引导的：这里的目标是实现可以在人类的高层次监督下管理自己的软件系统和应用。

在 CPSS 中，网络、系统和应用的组合规模、复杂性、异构性和动态性对信息基础设施施加了越来越多的限制，需要利用更改范例和策略来确保系统可靠性和可信赖性。自主系统[62]的特征在于它们的自我属性、自我配置、自我修复、自我优化和自我保护。

需要在系统超越和出现的原则这个层面上进行简短的讨论，这些原则对复杂系统的组成原则有很大影响。Bernard-Weil[63]讨论了超越原则，并提出了可以由要执行任务的概念（一种蓝图）指导的系统演化观点，并指出随机因果关系和不可预测的展开可能还不够解释这种演变。他给出了关于自组织（SO）和浮现概念的评

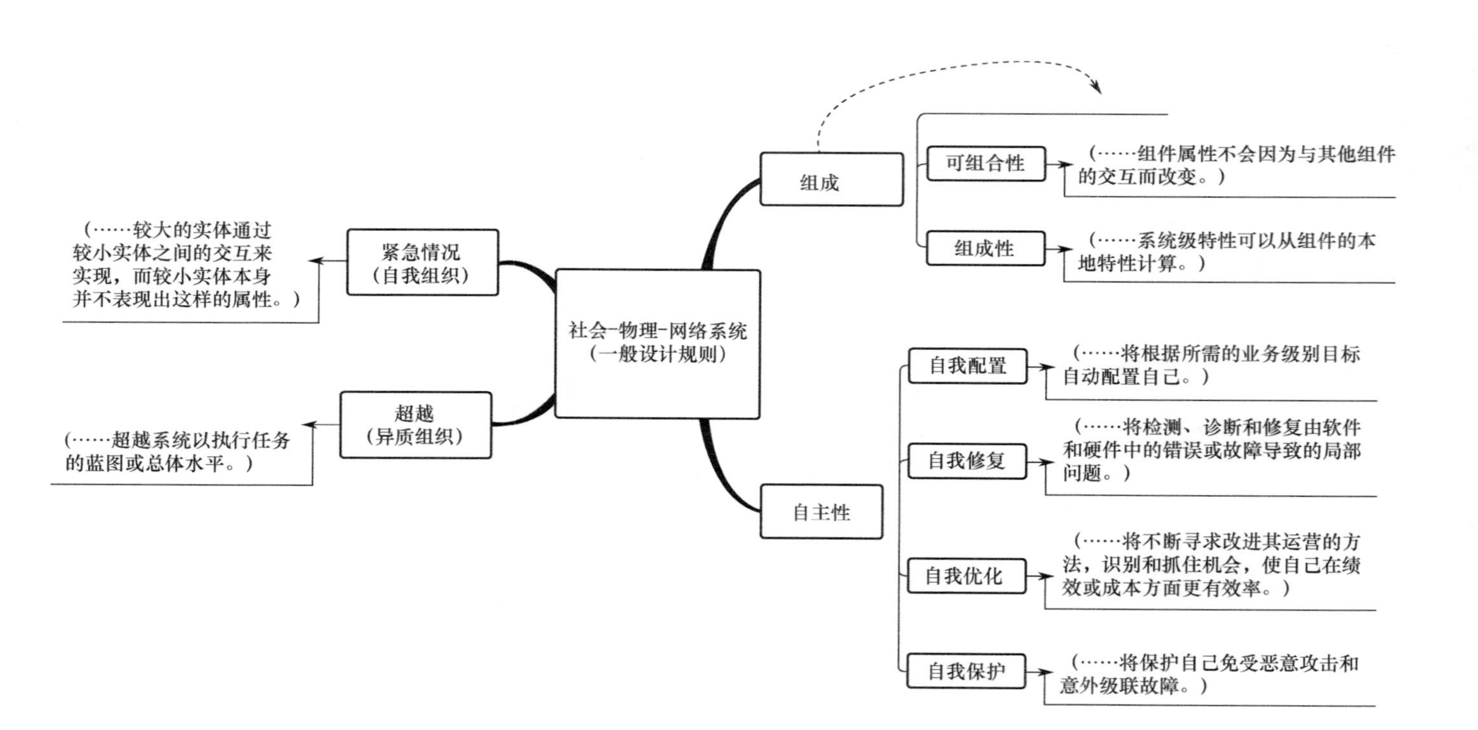

图 1.9　复杂系统工程的一般概念

论，这些仍然是一种有效的成就，它们与异质组织和浸没的概念相关联："SO 不会随意（自我）组织……自组织（SO）是一个非常重要的概念，但它本身并不充分。太大的压力加载到由于 SO 优点而出现的新状态或水平的不可预测性和新颖性上。" Bernard-Weil[63]提及竞争对抗系统科学（AASS）用于超越性与内在性这对概念，证明了它从生物医学到社会科学的各个领域的效能[64-65]。他给出了一系列来自生物学领域的例子，其中可以在每个进化水平（一种生命模型）中观察到相同的一般机制的重现："成对的行为，如激活和控制、基因表达和抑制表达、向营养型和非特异性调节、信号和催化反应、表型和基因型……"

与此 CPSS 讨论密切相关，Bernard-Weil[63]继续说到：

当社会的复杂组织和公司"出现"时，生命模型的配对或其相应的属性再次出现。根据这个概念，如果在其运作中引入了自我组织过程，社会系统将在统治力与发展趋势之间达到最佳平衡。然而，这远非确定。管理专家非常准确地宣称，如果它们不与深思熟虑的策略相结合，即使它们很可能有助于产生新型组织，"应急策略"则不一定会为公司内部的功能失调带来解决方案。

1.8.4 智能电网环境的决策支持综述

让我们通过能源部门的一个例子进一步说明上述讨论：智能电网基础设施。在文献[66]中，定义智能电网为：在整个能源系统范围内，从发电到电力消耗终端，以集成方式使用信息、双向、网络安全通信技术和计算智能的电气系统。开发专门为应对这种复杂性而设计的基于 FIAT 的决策支持系统，是一个相当大的挑战。

基于 FIAT 的决策辅助工具可以分布在整个电网中，以帮助实现具有以下所需特性的可完全实现的智能电网目标[66]。

（1）自我修复：在故障发生之前自动修复或移除潜在故障设备的运行，并重新配置系统，重新安排能量供应以维持所有客户的电力[67]。

（2）灵活：任何时候系统上任何一点的分布式发电和储能的快速安全互连（自我保护）。

（3）预测：使用机器学习、天气影响预测和随机分析来提供对下一个最可能事件的预测，以便在下一个最坏事件发生之前采取适当的行动来重新配置系统（自我配置）。

（4）互动：不仅向运营商提供关于系统状态的适当信息，而且还提供给客户，使能源系统中的所有关键参与者在突发事件最佳管理中发挥积极作用。

（5）自我优化：实时或接近实时的了解每个主要部件的状态，并且具有提供可选路由路径的控制设备，提供了对整个系统中电力流动的自动优化能力。

（6）安全（自我保护）：考虑到智能电网覆盖端到端系统的双向通信能力，所有关键资产的物理和网络安全的需求是至关重要的[68]。

问题是：我们如何在 CPSS 复杂环境（如智能电网）中实现和分配给 4 种控制论功能（集成，监控，协调和控制）所需的基于 FIAT 的决策支持？正如在文献[69-70]中指出的那样，缺乏多学科方法，也没有完善的方法（如建模、分析和决策范例）来支持信息和通信技术（ICT）的利用，如 FIAT，对于将当前的电网发展为智能电网至关重要。可用的是社会生态系统（SES）零碎粗糙模型[71]、气候变化能源模型、人造电网以及为其他应用开发的应用于 ICT 的各种方法，并可直接应用于智能电网的设计和运行。今天的指挥和控制组织（CCO）也可以观察到同样的情况，例如军事组织对 CPSS 问题的概念性回应，称为网络支持能力（NEC）[27，31-32]。

1.9 小 结

本章中介绍的高级概念对于理解整体背景和了解 CPSS 中问题的复杂程度是必要的。本书其余部分提出的相关点是，FIAT 的整合是应对 CPSS 面临信息过载和复杂性的必要条件。FIAT 将支持重新思考网络界面功能，如通过这些界面功能实现的协调、集成、监控和控制以及过程决策支持概念。

构成 CPSS 的所有 CPS 或 IoT 的高级需求希望是可靠的、安全的、有保障的和高效的，可以实时运行，并且具有可扩展性、成本效益和自适应性。这些高级要求在这里很重要，因为它们提出了一个问题，即 FIAT 在多大程度上基于 FIAT 的决策支持系统可以将其考虑为内置的信息处理能力。最后，FIAT 主要用于以下方面的支持决策：①理解大数据 4V 的日益复杂的情况；②提高信息质量（QoI）以减少和应对不确定性；③支持分布式决策和行动的执行；④确保适当的整体系统的可靠性和可信赖性。

参 考 文 献

[1] Walker, G. H., et al., “A Review of Socio-Technical Systems Theory: A Classic Concept for New Command and Control Paradigms,” *Theoretical Issues in Ergonomics Science*, Vol. 9, November 2008, pp. 479–499.

[2] Liu, Z., et al., “Cyber-Physical-Social Systems for Command and Control,” *IEEE Intelligent Systems*, Vol. 26, 2011, pp. 92–96.

[3] Rinaldi, S. M., J. P. Peerenboom, and T. K. Kelly, “Identifying, Understanding, and Analyzing Critical Infrastructure Interdependencies,” *IEEE Control Systems*, Vol. 21, 2001, pp. 11–25.

[4] Doorman, G. L., et al., “Vulnerability Analysis of the Nordic Power System,” *IEEE Trans. on Power Systems*, Vol. 21, 2006, pp. 402–410.

[5] Lee, E. A., "Cyber Physical Systems: Design Challenges," *11th IEEE Intl. Symp. on Object Oriented Real-Time Distributed Computing (ISORC)*, 2008, pp. 363–369.

[6] Sridhar, S., A. Hahn, and M. Govindarasu, "Cyber-Physical System Security for the Electric Power Grid," *Proc. of the IEEE*, Vol. 100, 2012, pp. 210–224.

[7] Poovendran, R., "Cyber-Physical Systems: Close Encounters Between Two Parallel Worlds [Point of View]," *Proc. of the IEEE*, Vol. 98, 2010, pp. 1363–1366.

[8] IBM, "A New Intelligence for a Smarter Planet," 2012. http://www.ibm.com/smarterplanet/us/en/?ca=v_smarterplanet.

[9] Sztipanovits, J., et al., "Toward a Science of Cyber-Physical System Integration," *Proc. of the IEEE*, Vol. 100, 2012, pp. 29–44.

[10] Karnouskos, S., "Cyber-Physical Systems in the Smartgrid," *9th IEEE Intl. Conf. on Industrial Informatics (INDIN)*, 2011, pp. 20–23.

[11] CFD, "The Future Security Environment 2008-2030," January 27, 2009. http://publications.gc.ca/collections/colecction_zoll/dn-nd/D4-8-1-2-10-eng.pdf.

[12] Malinowski, A., and H. Yu, "Comparison of Embedded System Design for Industrial Applications," *IEEE Trans. on Industrial Informatics*, Vol. 7, 2011, pp. 244–254.

[13] Shi, J., et al., "A Survey of Cyber-Physical Systems," *2011 Intl. Conf. on Wireless Communications and Signal Processing (WCSP)*, 2011, pp. 1–6.

[14] Gill, H., "From Vision to Reality: Cyber-Physical Systems," *HCSS National Workshop on New Research Directions for High Confidence Transportation CPS: Automotive, Aviation and Rail*, 2008.

[15] Miorandi, D., et al., "Internet of Things: Vision, Applications and Research Challenges," *Ad Hoc Networks*, Vol. 10, 2012, pp. 1497–1516.

[16] Benghozi, P. -J., S. Bureau, and F. Massit-Folléa, *L'internet des objets: quels enjeux pour l'Europe* : Maison des Sciences de l'homme, 2009.

[17] Bohn, J., et al., "Social, Economic, and Ethical Implications of Ambient Intelligence and Ubiquitous Computing," in *Ambient Intelligence*, New York: Springer, 2005, pp. 5–29.

[18] Conti, M., et al., "Looking Ahead in Pervasive Computing: Challenges and Opportunities in the Era of Cyber-Physical Convergence," *Pervasive and Mobile Computing*, Vol. 8, 2012, pp. 2–21.

[19] Cukier, K., "Data, Data Everywhere: A Special Report on Managing Information," *The Economist*, 2010.

[20] McFedries, P., "The Coming Data Deluge [Technically Speaking]," *IEEE Spectrum*, Vol. 48, 2011, p. 19.

[21] Bryant, R., R. H. Katz, and E. D. Lazowska, "Big-Data Computing: Creating Revolutionary Breakthroughs in Commerce, Science and Society," December, 2008. http://cra.org/ccc/wp-content/uploads/sites/2/2015/05/Big_Data.pdf.

[22] Marx, V., "Biology: The Big Challenges of Big Data," *Nature*, Vol. 498, 2013, pp. 255–260.

[23] Zikopoulos, P., and C. Eaton, *Understanding Big Data: Analytics for Enterprise Class Hadoop and Streaming Data*, New York: McGraw-Hill Osborne Media, 2011.

[24] Schroeck, M., et al., "Analytics: The Real-World Use of Big Data," 2012.http://www-03.ibm.com/systems/hu/resources/the_real_word_use_of_big_data.pdf.

[25] Hitzler, P., and K. Janowicz, "Linked Data, Big Data, and the 4th Paradigm," *Semantic Web*, Vol. 4, 2013, pp. 233–235.

[26] Pedrycz, W., and S. -M. Chen, *Information Granularity, Big Data, and Computational Intelligence*, New York: Springer, 2014.

[27] Blasch, E., É. Bossé, and D. A. Lambert, (eds.), *High-Level Information Fusion Management and Systems Design*, Norwood, MA: Artech House, 2012.

[28] Alberts, D. S., "The Agility Imperative: Precis," Unpublished white paper, http://www. dodccrp.org, 2010.

[29] Petre, L., K. Sere, and E. Troubitsyna, *Dependability and Computer Engineering: Concepts for Software-intensive Systems*, Engineering Science Reference, Hershey, PA, 2011.

[30] Avizienis, A., J.-C. Laprie, and B. Randell, Fundamental Concepts of Dependability, University of Newcastle upon Tyne, Computing Science, Newcastle University Report no. CS-TR-739, 2001.

[31] Nicol, D. M., W. H. Sanders, and K. S. Trivedi, "Model-Based Evaluation: From Dependability to Security," *IEEE Trans. on Dependable and Secure Computing*, Vol. 1, 2004, pp. 48–65.

[32] Alberts, D. S., *The Agility Advantage: A Survival Guide for Complex Enterprises and Endeavors*, CCRP Publication Series, Washington DC, 2010.

[33] Alberts, D. S., R. K. Huber, and J. Moffat, "NATO NEC C2 Maturity Model," NATO SAS-065, www.dodccrp.org, 2010.

[34] Endsley, M. R., and D. J. Garland, *Situation Awareness Analysis and Measurement*, Boca Raton, FL: CRC Press, 2000.

[35] Bossé, É., J. Roy, and S. Wark, *Concepts, Models, and Tools for Information Fusion*, Norwood, MA: Artech House, 2007.

[36] Liggins, M., D. Hall, and J. Llinas, *Handbook of Multisensor Data Fusion: Theory and Practice*, 2nd ed., London, U.K.: Taylor & Francis, 2008.

[37] Apte, C. V., et al., "Data-Intensive Analytics for Predictive Modeling," *IBM Journal of Research and Development*, Vol. 47, 2003, pp. 17–23.

[38] Laursen, G. H. N., and J. Thorlund, *Business Analytics for Managers: Taking Business Intelligence Beyond Reporting*, New York: Wiley, 2010.

[39] Klein, G. A., et al., *Decision Making in Action: Models and Methods*, Stamford, CT: Ablex Publishing, 1993.

[40] Waltz, E., *Knowledge Management in the Intelligence Enterprise*, Norwood, MA: Artech House, 2003.

[41] Jeschke, S., "Cyber-Physical Systems - History, Presence and Future," Aachen, Germany, 2013.

[42] Koubâa, A., and B. Andersson, "A Vision of Cyber-Physical Internet," *Proc. of the Workshop of Real-Time Networks (RTN 2009), Satellite Workshop to ECRTS 2009*, July 2009.

[43] Liu, Z., et al., "Cyber-Physical-Social Systems for Command and Control," *IEEE Intelligent Systems*, July–August 2011, pp. 92–96.

[44] Wang, F.-Y., "The Emergence of Intelligent Enterprises: From CPS to CPSS," *IEEE Intelligent Systems*, Vol. 25, 2010, pp. 85–88.

[45] Conley, S. F., "Test and Evaluation Strategies for Network-Enabled Systems," DTIC Document, ITEA Journal, 2009, Vol. 30, pp. 111–116.

[46] Solano, M. A., S. Ekwaro-Osire, and M. M. Tanik, "High-Level Fusion for Intelligence Applications Using Recombinant Cognition Synthesis," *Information Fusion*, Vol. 13, 2012, pp. 79–98.

[47] Ghosh, S., *Algorithm Design for Networked Information Technology Systems*, New York: Springer, 2004.

[48] Elm, W. C., et al., "Applied Cognitive Work Analysis: A Pragmatic Methodology for Designing Revolutionary Cognitive Affordances," *Handbook of Cognitive Task Design*, 2003, pp. 357–382.

[49] Solaiman, B., et al., "A Conceptual Definition of a Holonic Processing Framework to Support the Design of Information Fusion Systems," *Information Fusion*, 2013.

[50] Blasch, E., et al., "High-Level Information Fusion Developments, Issues, and Grand Challenges," in *Proceedings of the 13th International Conference of Information Fusion*, Edinburgh, Scotland, 2010.

[51] Rogova, G. L., and E. Bosse, "Information Quality in Information Fusion," *13th Conf. on Information Fusion (FUSION)*, 2010, pp. 1–8.

[52] Llinas, J., "A Survey of Automated Methods for Sensemaking Support," *SPIE Sensing Technology+ Applications*, 2014, pp. 912206-1–912206-13.

[53] Pirolli, P. L., *Information Foraging Theory: Adaptive Interaction with Information*, Oxford, U.K.: Oxford University Press, 2007.

[54] Barès, M., *Maîtrise du savoir et efficience de l'action*, Pais, France: Editions L'Harmattan, 2007.

[55] Guitouni, A., "A Time Sensitive Decision Support System for Crisis and Emergency Management," NATO RTO-IST-086, C3I for Crisis, Emergency and Consequence Management, Bucharest, Romania, May 2009.

[56] U.S. Department of Defense, "The DoDAF Architecture Framework Version 2.02," http://dodcio.defense.gov/Portals/0/Documents/DODAF/DoDAF_v2-02_web.pdf2010, 2010.

[57] Alghamdi, A. S., "Evaluating Defense Architecture Frameworks for C4I System Using Analytic Hierarchy Process," *Journal of Computer Science*, Vol. 5, 2009, p. 1075.

[58] Atzori, L., et al., "The Social Internet of Things (SIOT)–When Social Networks Meet the Internet of Things: Concept, Architecture and Network Characterization," *Computer Networks*, Vol. 56, 2012, pp. 3594–3608.

[59] Solano, M. A., and G. Jernigan, "Enterprise Data Architecture Principles for High-Level Multi-Int Fusion: A Pragmatic Guide for Implementing a Heterogeneous Data Exploitation Framework," *15th Intl. Conf. on Information Fusion (FUSION)*, 2012, pp. 867–874.

[60] Agoulmine, N., *Autonomic Network Management Principles: From Concepts to Applications*, Elsevier Science, 2010.

[61] IBM, "Autonomic Computing," white paper, June 2005. http://www-03.ibm.com/autonomic/pdfs/AC%20Blueprint%20whote%20paper%20V7.pdf.

[62] Parashar, M., and S. Hariri, *Autonomic Computing: Concepts, Infrastructure, and Applications*, Boca Raton, FL: CRC Press, 2006.

[63] Bernard Weil, E., “Transcendance, an Essential Concept for System and Complexity Sciences to Spread Out,” *Complexity*, Vol. 6, pp. 23–35, 2000.

[64] Bernard-Weil, E., “Reconsidérer la nature de la violence et les objectifs de son contrôle grâce à la science des systèmes ago-antagonistes,” *Colloque La violence: du biologique au social*, 2000.

[65] Bernard-Weil, É., “Ago-Antagonistic Systems,” in *Quantum Mechanics, Mathematics, Cognition and Action*, New York: Springer, 2002, pp. 325–348.

[66] Gharavi, H., and R. Ghafurian, Smart Grid: The Electric Energy System of the Future, *Proceedings of the IEEE 99(6)*: pp.917–921, May 2011, New York: IEEE Press.

[67] Anderson, R. N., et al., “Adaptive Stochastic Control for the Smart Grid,” *Proc. of the IEEE*, Vol. 99, 2011, pp. 1098–1115.

[68] Overman, T. M., et al., “High-Assurance Smart Grid: A Three-Part Model for Smart Grid Control Systems,” *Proc. of the IEEE*, Vol. 99, 2011, pp. 1046–1062.

[69] Ilic, M. D., “Dynamic Monitoring and Decision Systems for Enabling Sustainable Energy Services,” *Proc. of the IEEE*, Vol. 99, 2011, pp. 58–79.

[70] Ilic, M. D., et al., “Modeling of Future Cyber–Physical Energy Systems for Distributed Sensing and Control,” *IEEE Trans. on Systems, Man and Cybernetics, Part A: Systems and Humans*, Vol. 40, 2010, pp. 825–838.

[71] Ostrom, E., “A General Framework for Analyzing Sustainability of Social-Ecological Systems,” *Proc. R. Soc. London Ser. B*, 2007, p. 1931.

第 2 章　态势感知和决策支持

本章的目的是描述各种决策模型和需要支持的态势感知过程。理解决策过程是任何决策支持解决方案设计的先决条件。我们回顾信息融合与分析技术（FIAT）的模型和框架，FIAT 的相关技术可以集成为面向问题（如大数据和物联网）的决策支持解决方案，这些问题将与复杂环境，如网络物理和社会系统（CPSS），与互联网演化相关联。

2.1　概　　述

决策涉及我们生活的各个方面，并且对于图 2.1 所示重要的 CPSS 尤其重要：健康、运输、能源以及国防。随着信息和通信技术（ICT）的进步，这四个环境变得越来越复杂，构成了决策方面的真正挑战。图 2.1 所示的过于简化的 Boyd 观察-判断-决策-行动（OODA）循环[1]用于描述决策过程。尽管 OODA 循环可能给人的印象是，活动是以顺序方式执行的，但实际上，这些活动是并发的并且是层次结构的。该循环的过程通常在非常动态和复杂的环境中执行，并且受到诸如不确定性、信息和知识不完善以及时间压力等因素的严重影响。

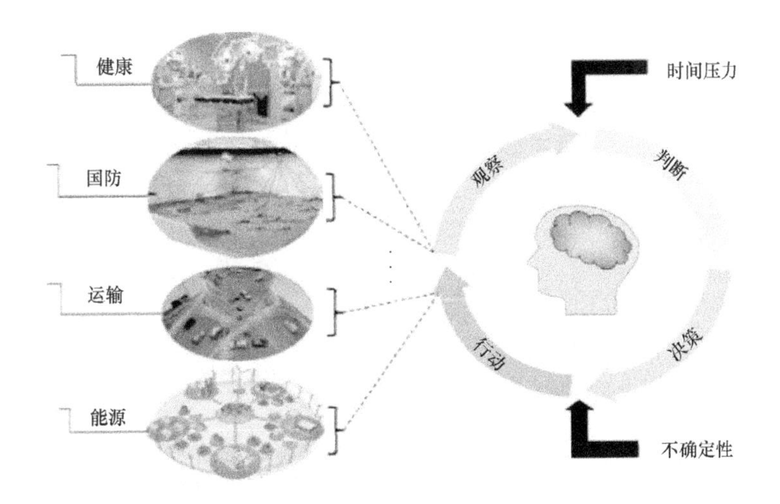

图 2.1　Boyd 的 OODA 循环和 4 个 CPSS 示例

图 2.1 中的 4 个 CPSS 环境呈现这样的情况，其中相互依赖的决策发生在由于决策者的先前行为或由于决策者控制之外的事件而随时间变化的环境中[2]，在这个意义上，除了传统的一次性决策，CPSS 展现动态决策。动态决策通常比一次性决策更复杂。它们实时发生，并涉及观察范围，以此人们能够利用他们的经验来控制一个特别复杂的系统，包括随着时间的推移导致更好决策的经验类型。在 4 个 CPSS 中，最具约束力的环境可以说是军事和公共安全背景中的指挥和控制活动，将其视为本书中不同讨论的主要参考环境。如果我们能够为这个特定环境提供解决方案，就可以促进在其他 3 个环境中的转换应用。

在针对复杂环境（如 CPSS）的问题解决方法中，最重要的一步是理解和构建问题。多年来，为了更好地理解和解释决策过程，已经进行了多项努力。用决策科学、管理科学、行政科学、社会选择、心理学或自然决策等领域是建模和理解个人以及组织决策的不断增长努力的例子。用决策过程的知识去指导对于通过提供基于 ICT 的支持（如 FIAT）来制定适当的决策支持至关重要。

一个组织应努力确定在其业务的不同方面进行决策的需求和限制（缺乏信息，缺乏时间），再确定最适合这些条件的具体决策策略。可澄清各种决策策略（如分析和直观）之间联系的工具和程序，有潜力在所有级别（如战略、运作和战术）上增强完善所制定的计划和决策。决策过程可定义为直接或间接支持决策者的一套活动和任务。过程及其活动可能是好的或不明确的，合理的或不合理的，也可能是基于明确的假设或默认假设。

2.2 国防和安全 CPSS 中的决策

现代军事行动在极其复杂的环境中进行，以完成从人道主义援助到高强度战斗的各种冲突中的任务。在过去的几十年里，战场空间已经大大扩展，去应付越来越强大和准确的武器，这些武器能够在逐步扩大的目标范围内发射。与此同时，随着战争的逐步推进，行动的速度和范围不断扩大。为应对这些挑战，在海上、岸上和太空部署了强大的新型传感器，同时通信系统的容量成倍增加，为指挥官及其工作人员提供大量数据和信息。因此，移动性、范围、杀伤力和信息获取方面的技术改进继续压缩时间和空间，从而迫使对更高的操作节奏和对决策制定提出更高的要求，这可能是决策制定的最受限制的环境。

通常，将防御和安全 CPSS 称为 C^4ISR（指挥、控制、通信、计算机、情报、监视和侦察）。在这个范围中没有使用网络物理和社会系统这个术语，但这是 CPSS 的一个很好的代表性例子。对于军事界来说，C^4ISR 是：“用于收集、分析和传递信息，计划和协调行动，并提供指挥部队实现指定任务所需能力的系统。” C^4ISR

世界可以用图 2.2 中在 OODA 循环（用于描述军事或公共安全行动中的指挥和控制（C^2）过程）和情报循环之间的链接和相似性进行总结。指挥官通过在时间、空间和目的上同步军事行动来实现 C^2，以达成在军事决策环境中主导的两个主要限制因素（不确定性和时间）内实现军队内部的统一努力目标。

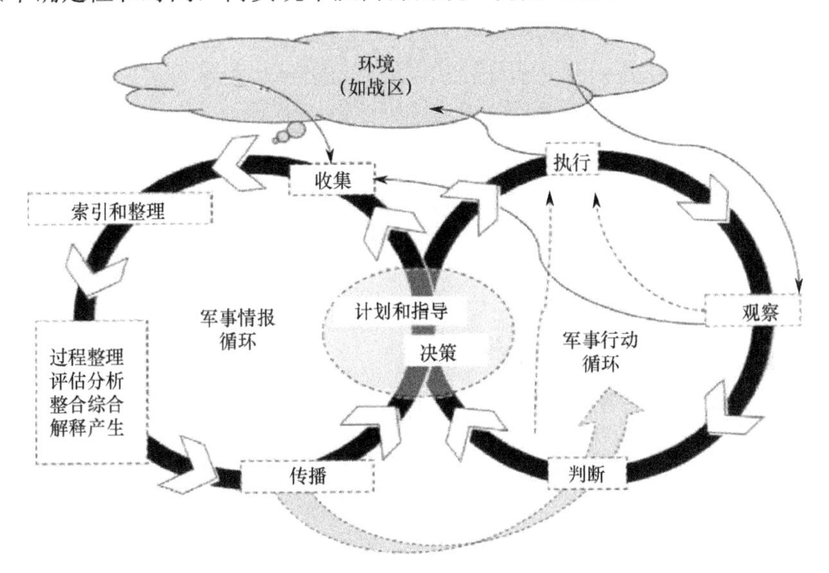

图 2.2　C^4ISR 决策和智能循环

OODA 循环（Ops：行动）和情报循环是信息和决策过程的两个核心模型。两个环节取决于两大功能的完成：首先，一支部队内的所有指挥官对通过战斗空间（态势）感知产生的战斗空间达到共享和一致的理解；其次，通过共同意图在整个接合和联合力量中实现（决策）统一努力的目标。

多年来已经提出了 C^2 过程的几种模型，并且已经在指挥和控制研究计划（CCRP）（http：//www.dodccrp.org/index.htm）下发表了关于该主题的许多文献。在这些文件中，C^2 是指“指定指挥官在完成部队任务时对指定部队行使权力和指挥。”另一个定义指出，C^2 是“指挥官可以计划、指挥、控制和监视任何他们负责行动的过程。”（http：//www.dodccrp.org/index.htm）。无论定义如何，人们普遍认为 C^2 是由许多动态和循环的感知的、程序性的和认知的活动组成，由人类、计算机系统或它们两者实现。在很高的层面上，这些活动可以概括为对环境的感知、态势的评估、行动方案的决策以及所选计划的实施。

提供战略和行动情报成果的过程通常以循环形式描述，具有不同的阶段[3]。图 2.2 显示了与 OODA 环路相邻的情况。当政策和决策者在高度抽象的基础上定义了做出决策所需的知识时，这一过程就开始了。将请求解析为所需的信息，然后对必须收集的数据进行估计或推断所需的答案。数据需求用于建立收集计划，其详细说明了所需数据的元素以及可从中获取数据的目标（人员，地点和事物）。根据该计划，人力和技术数据来源的任务是收集所需的原始数据，收集的数据在信息库中进行处理（如机器翻译、外语翻译或解密）、索引和组织。监测满足收集计划要求的进展，并且可以基于所接收的数据来改进任务。

有组织的信息库是结合全源数据的技术进行处理的，以尝试回答请求者的问题，分析数据并合成解决方案。对研究的题目或主题（情报目标）进行建模，可以进行额外收集和处理请求以获得足够的数据，并达到足够的理解水平以回答消费者的问题。完成的情报以各种格式传播给消费者，为查询提供答案并估计所交付产品的准确性。虽然这里以经典的循环形式介绍，但实际上该过程是一个连续的行动，具有更多的反馈（和前馈）路径，需要消费者、收集者和分析师之间的协作。

Boyd OODA 循环[1]，如图 2.3 所示，展示了 Boyd 实际提出的内容[4]。在判断分析中，存在用户参与分析和综合态势的附加信息。判断阶段是对我们的遗传遗产、文化传统和以前的经历的回归。Boyd 的定位是 OODA 循环中最重要的部分，因为它形成了我们观察、决定和行动的方式。OODA 环路模型已广泛用于表示军事环境以及民用领域的决策制定。OODA 应用包括信息融合[5-7]、分析[8]、自主系统[9-12]、文化建模[13]、商业情报[14-15]、网络安全[16]和半自动决策[7,17]。

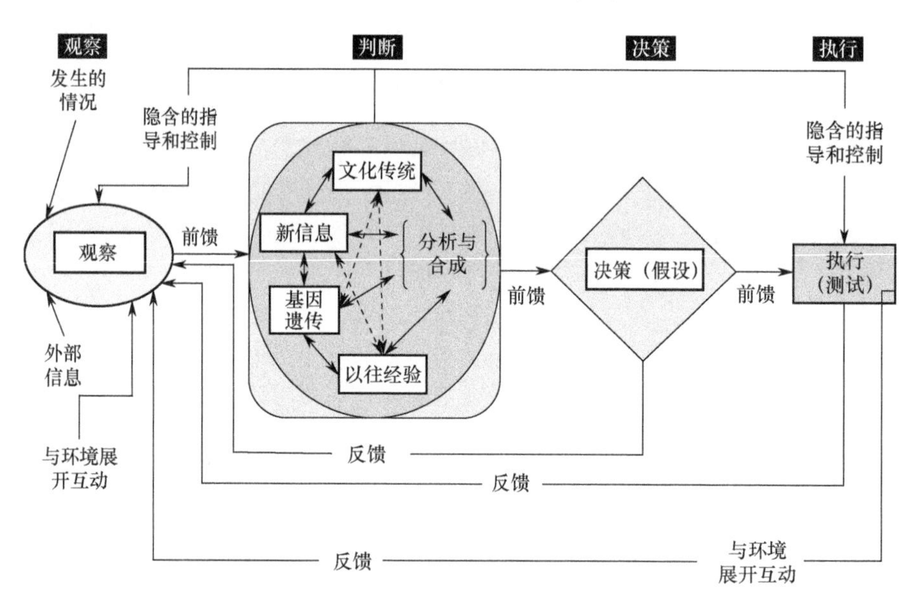

图 2.3 扩展的 OODA 循环（改编自文献[1]）

将经典军事决策模型称为运行计划流程（OPP），如图 2.4 所示。可以将 OPP 描述为深思熟虑的、分析性的，或者涉及在某些背景中权衡的选项推荐和评估，最终导致对行动方案（CoA）的选择。传统上，提供决策支持意味着支持 OPP，因此它主要支持 OODA 循环的下半部分。运筹学和优化界为帮助解决不同应用领域（如物流，资源分配和调度）中的重要问题做出了非常重要的贡献。

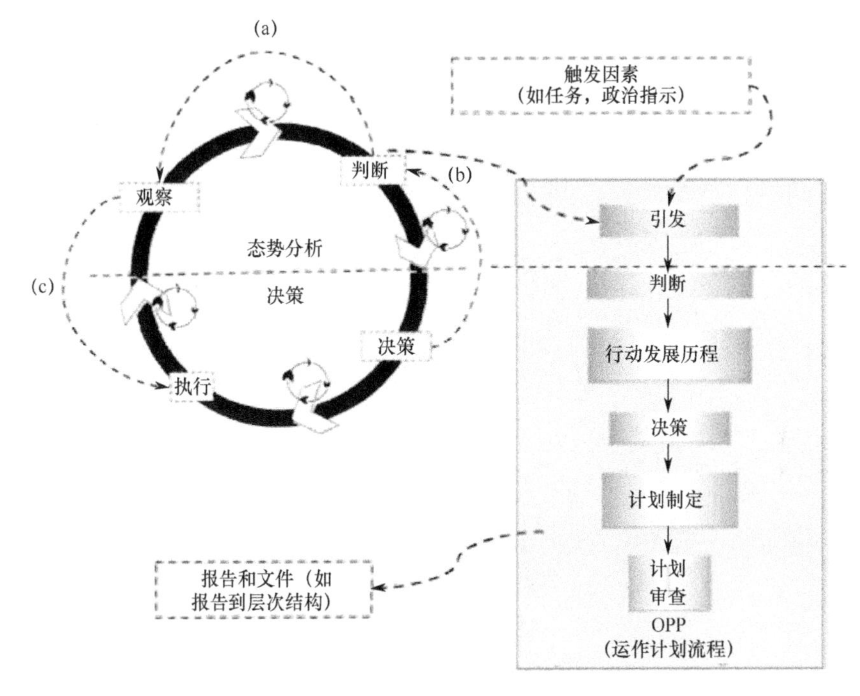

图 2.4　军事 OPP 与 OODA 循环

开发 CoA 意味着图 2.2 中的军事情报循环（Intel）成果的利用。对于许多人来说，可能将军事决策过程视为 OPP 和战斗空间的情报准备的完全整合（如 Intel 循环的结果）。然而，面对当今复杂态势的挑战，完全整合意味着很多。CPSS 中的决策将是高度非均匀动态的（如不同的节奏），与简单和传统的一次性决策不同，动态决策通常更复杂并且实时发生，并且涉及人们能够使用他们的经验来控制特定复杂系统的观察范围，包括随着时间推移可以做出更好决定的经验类型。

决策是一个持续流式处理，其目标、资源、不确定性和风险需要不断评估和决策。完全集成地解决了 OODA 循环的两部分及其所有相互依赖性。它假定必须管理许多反馈循环、不同的节奏、分布式控制和任务协议，如图 2.4 和图 2.5 中的多个循环所示。反馈循环特别重要，因为执行可能会改变态势理解，需要调整计划，要采取新的决策，以及修改方向。将其称为动态决策环境[2]，这是当前和未来大多数现有军事战区的特征[19-22]。实际上，网络技术和 ICT 的发展通常会产生复杂性（如大数据问题）。在军事 CPSS 和类似的民用 CPSS 中，ICT，尤其是网络技术，对组织结构产生了影响。例如，战术、运作和战略的界限趋于改变，如图 2.5 所示，导致不同方式运作成为更扁平化的组织结构。扁平化的组织可以在 Albert 的意义[20]上展现更多敏捷性来面对未知，因此需要更多的自主权。在网络化战争环境中，行动循环（Ops）和情报（Intel）倾向于更为联合地工作，在同一历史阶段上，最终表示为协调 OODA 循环网络。

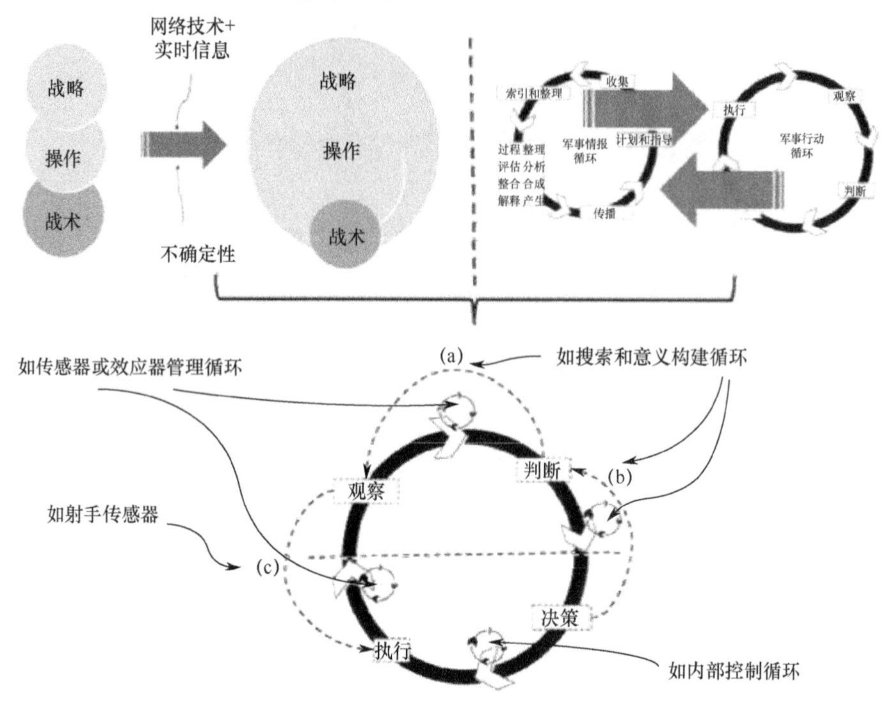

图 2.5　未来军事 CPSS 中的 OODA 循环网络

2.3　决 策 模 型

多年来，已经采取了多种措施来更好地理解和解释决策。研究界提出了基于决策科学、人为因素、认知科学、组织行为和社会科学的不同决策模型。规范性、描述性、规定性或分析性、自然主义或直觉、行为、社会、团队和启发式模型是用于表示和理解决策的这种多样性观点的几个例子。在这些模型中，通常认为两个主要的有影响力的流派[23-26]可以理解决策。第一个流派是基于这样一个前提，即人类决策可以根据概率和逻辑的规范理论预测的形式分析过程来建模。第一组的理论认为，良好的决策遵循一种理性的方法，在这种方法中，决策是基于预期的结果，并且有一种尝试选择一种能够带来最佳结果的行动方案。第二种流派，称为自然主义或直觉理论，其基础是人们使用非正式程序或启发式方法在可用时间、有限信息和有限认知处理的限制内做出决策。

Guitouni 等[26]将这两个流派分类为描述性和规范性。他们回顾了大量的决策模型，并对文献中报道的看似不同的方法进行了全面的了解。他们意识到每个模型都对理解指挥官决策过程有一定的贡献，但缺乏共同的背景。他们提出了一个统一的决策框架，该框架为理解决策过程建模的许多贡献提供了一个环境。它围绕决策活动的 4 个领域发展：认知、知识（信息）、组织和可观察的影响。该框架可以围绕决策过程的 4 个基本阶段进行映射：感知（观察）、理解（意识）、决策和行动。他们假设许多反馈循环以及控制和任务协议管理框架。

分析或理性决策过程与军事态势估计密切相关。根据这种分析方法，指挥官生成若干选项，然后确定评估这些选项的标准，根据这些标准对选项进行评级，然后选择最佳选项作为未来计划和行动的基础。它旨在寻找最佳解决方案，但这是耗时且信息密集的。模型的范围从纯粹的规范模型（如预期的实用模型）到更具描述性的模型。文献[23]的第 2 章介绍了最著名的方法：期望效用理论[27]、前景理论[28]、后悔理论[29]、有限理性[24,30-31]和多属性启发式[32-33]方法。

自然决策（NDM）[34]强调知识的获得、专业知识的拓展以及人类从过去经验中概括的能力，它强调模式识别、创造力、经验和自发性。直觉或自然主义决策依赖于指挥官根据经验和判断来识别问题关键因素的能力。该方法侧重于态势评估，并努力寻找解决所考虑问题的第一个解决方案。直观模型的假设是，通过借鉴个人经验和判断，指挥官将产生第一个可行的解决方案。如果时间允许，指挥官可以用更加分析的方式评估他们的决定；如果他们发现有缺陷，他们会转向下一个合理的解决方案。文献[23]第 2 章介绍了最著名的模型：识别引导决策模型[35]、图像理论[36]和论证驱动模型[37-38]。

当时间不是约束并且可以收集大量信息时，分析方法具有广泛的军事适用性。它适用于应急计划和行动准备，这是传统的运筹学方法。在态势超出指挥官先前经验范围的情况下，它也可能具有优点。然而，直觉的方法似乎更适用于大多数典型的战术或作战决策：当时间和不确定性是影响决策的主要因素时，在高度流动和动态的战斗条件下此方法做出决策。然而，我们必须说，如果缺乏经验或遇到一个完全崭新的场景，则使用识别引导决策（RPD）模型的自然主义决策在理论上是失败的[39]。任何与这种经验不尽相似的态势出现，都需要适应和学习。

Bryant 等[25]坚持决策策略的连续性以便采用最适合态势的方法，并可同时使用两种方法的因素，如图 2.6 所示。正如文献[25]中所解释的那样："连续性是基于决策方法的形式，是由程序的详尽性、定量性和补偿性，以及评估的选项数量所定义，以及是否考虑选项顺序地遵循标准或同时通过逐个特征的评估。分析方法是通过详尽、定量和补偿性的基于特征的分析来评估多个选项的方法。直觉方法是通过顺序比较过程来全面评估替代方法的方法，该过程通常是定性的、非补偿性的而且是非详尽的"。最后，Bryant 等[25]发表了以下有关决策的评论，与 Guitouni 等[26]的论述一致，为决策支持提供有用的全面指导原则：

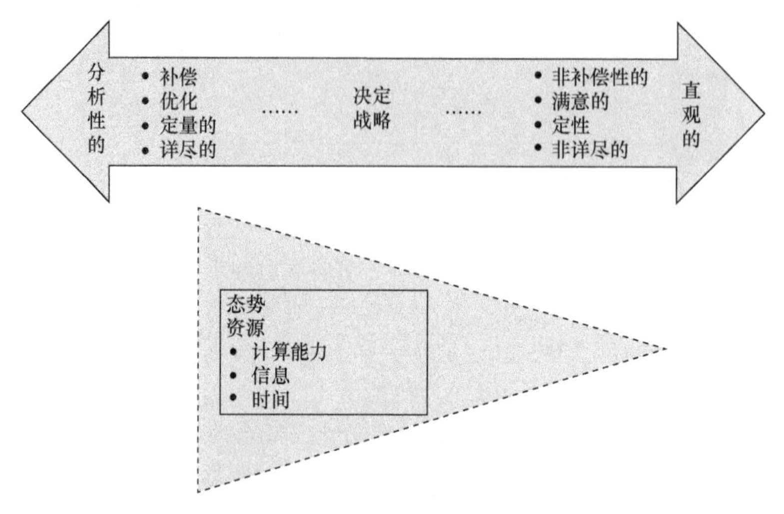

图 2.6　决策策略的连续方法（改编自文献[25]）

完全分析方法或完全直觉的方法似乎不太可能成为军事决策在每个方面的有用模型。因此，应该努力利用每种方法的有利方面……，认识到分析和直觉策略之间的协同作用，以促进整体决策的成功。具体而言，分析策略可用于规划，为预期问题生成高质量的行动方案，以便在关键事件期间通过直觉的、基于识别的决策快速选择和实施这些行动方案。通过这种方式，分析决策的优势可以间接导入心理压力和时间压力下的直观决策中。因此，决策支持设计的一个主要机会领域是改善计划与行动之间的联系……，分析模型可能适用于有明确目标以及可明确定义因素和选项的环境……，直觉理论的优势在于与专家决策者在现实世界环境中的实际情况密切相关，并适用于动态、不确定和高风险的环境……，直觉的方法当然更适合时间和数据是有限的态势……，而且，直观理论本质上比规定性的更具描述性，使得它们对于理解人类决策是有效的，但对于开发系统去帮助/支持实际决策则绩效更少。

2.3.1 OODA 循环依赖关系：态势分析与决策

Llina[18]提出了复杂决策环境的态势分析过程（如融合、意义构建）和决策过程之间相互依赖的问题。他主张需要对过程间（态势分析和决策制定）的相互依赖性进行关键检查，设计决策支持系统（DSS）以获得最佳绩效。他建议采用综合的多学科方法（认知科学、人的因素、决策科学和计算机科学）；否则，DSS 设计将处于脱节和次优的。图 2.7 试图说明 Llinas 确定的相互关联的进程。从文献[18]中略做修改的下列摘录清单描述了这些过程。

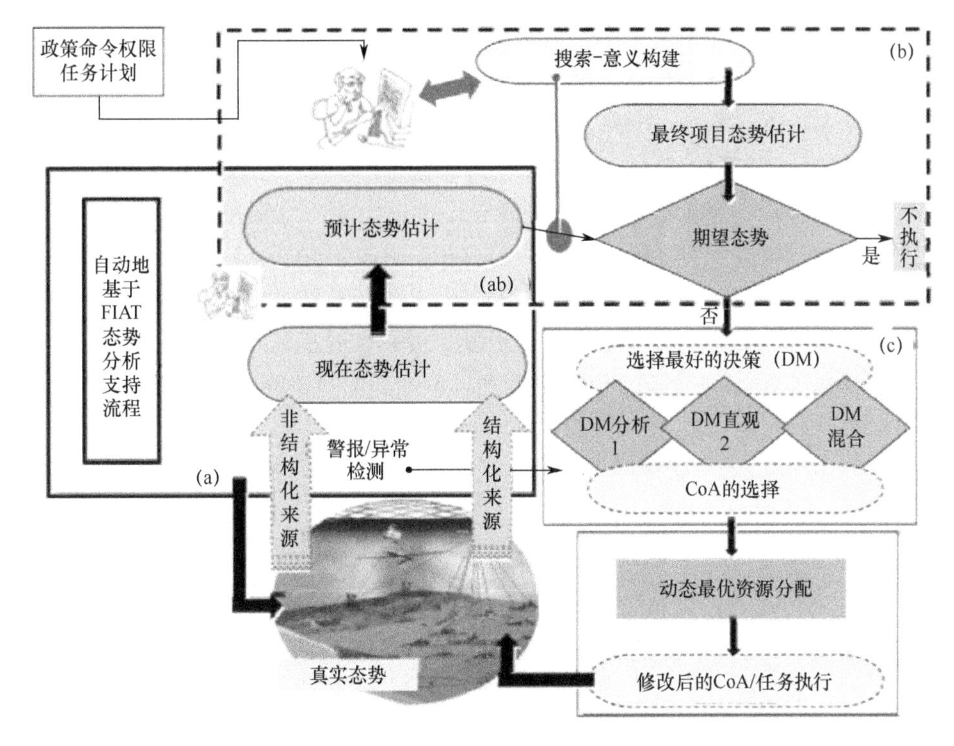

图 2.7　态势分析和决策中的互联/相关过程（改编自文献[18]）

（1）基于 FIAT 平台的自动态势分析过程：Llinas 使用信息和数据融合（IDF）来命名该过程，他在信息融合过程定义中包括了分析，一种很大程度上自动的推断/估计过程，该过程提供算法开发的态势估计、有组织的原始观测数据（结构化和非结构化）以及观测数据的可控收集管理。

（2）意义构建和信息搜寻：进一步阅读见文献[40-42]。这是一个半自动化的“人在循环中”的过程，它考虑了自动态势分析提供的估计、对这些假设以及数据的搜寻、评估手头问题的性质、考虑可能的政策、权威和任务因素，并以最终预测的态势结束，也可判断为可接受性；如果不是，这个假设就是管理态势的决策和采取行动的出发点。

（3）决策：这是一个半自动、“人在循环中”的过程，在系统 1（分析）、系统 2（直觉）或杂交/混合决策模式下运行，产生一个选定的行动方案（CoA），触发一个资源优化过程，以定义具体的资源，从而在物理上使所选 CoA 符合实际态势。

态势评估是一种分析、估计和推断过程，可由自动化方法（如基于 FIAT 的方法）支持，理想情况下产生态势估计，作为人类分析师考虑的假设[42]。在复杂的环境中，如 CPSS，即使是目前最好的自动化 FIAT（图 2.7（a））的能力也有限，因此只能产生 Llinas[42]所称的态势片段：将态势子结构表示为模式的部分假设。

Llinas 还说，目前工具套件的发展主要是为了构建这些态势片段，将几乎完全基于人类的假设合成为一个完整的态势。即使是自动化的方法，虽然可以支持这些片段的合成，也还不够成熟。

意义构建过程（图 2.7（b））是一个阶段，在这个阶段，形成最终的态势评估和理解（在人类头脑中）。意义构建过程（见 Pirolli 的框架[41]）组织两个主要的活动循环：一个搜寻循环，涉及寻找信息、搜索和过滤信息、阅读和提取信息的过程，可能转换到模式，以及一个意义构建循环，包括从最符合证据的模式中迭代开发一个心理模型。意义构建内的搜寻功能意味着基于 FIAT 的态势分析过程必须开放并启用一系列查询，在可能的其他运行时间交互操作过程中，这些查询涉及原始或处理过的观测数据、信息融合和分析功能操作（如数据关联、数据预测）以及指定的态势假设。为了进一步阅读，Roy 等人[43-45]进行了大量与上述讨论相符的意义构建工作。

2.3.2 最佳决策模型的选择

如图 2.7（c）所示，存在多个模型来表示决策过程，每个模型从稍微不同的角度来处理未知问题。选择的决策模型会影响技术解决方案。例如，基于 FIAT 的自动化态势分析所需的支持在很大程度上取决于要完成的任务。必须从多个角度（物理、信息、社会和认知）看待决策者面临的挑战。仅从一个角度理解决策过程将导致仅从该角度获得支持。关联多个模型有助于获得对复杂环境的真实理解，从而为决策者提供更好的支持解决方案。

在多种模型方法中，Guitouni 等[26]提到社会理论模型和博弈论，其中有集体福利功能。他们非常简要地讨论了 Bernard Roy[46]发明的多标准决策辅助方法，其中不同的决策模型称为构造模型。他们通过一系列与图 2.7 中的部分（c）相关的开放且仍然有效的问题总结了他们的文献评述：是需要单个模型还是多个模型？有没有更好的方式来表示决策过程？我们是否需要一些模型用来理解以及其他模型用于应用？理解和应用之间存在什么关系？

2.4 态势和态势分析

态势和态势分析的定义基于 Roy 的众多著作，主要来自文献[23,47]。他将态势分析定义为："一个过程，对态势、其因素及其关系的检查，来为决策者提供和维护结果，即态势感知状态，" 以及态势作为 "特定的境况组合，即某个时刻的条件、事实或事件的状态。"

态势分析过程涉及了解世界。环境中存在真实态势，态势分析过程将在决策者的心中产生和维持心理表征。感知的想法与掌握某些知识有关。除了认知方面，感知也与知觉和了解/理解的概念联系在一起。态势感知中涉及的两个基本因素是图 2.8 中所示的态势和人。态势可以根据事件、实体、系统、其他人及其相互作用来定义。可以根据态势感知（SAW）中涉及的认知过程来定义人，或者仅仅通过代表该态势的心理或内部状态来定义人。

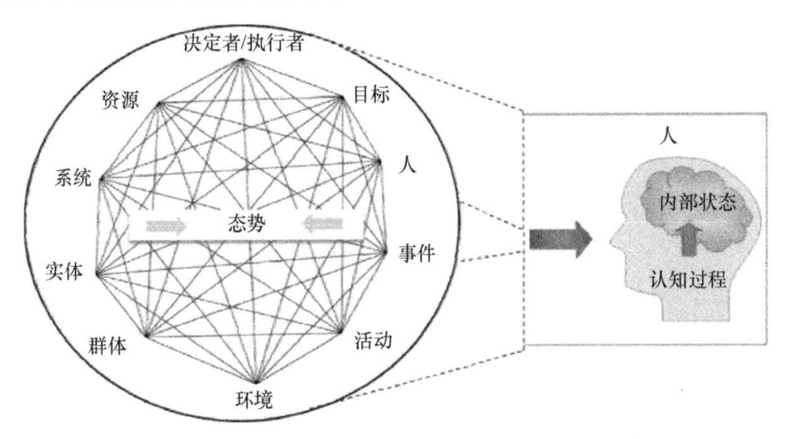

图 2.8　态势因素与人的关系（改编自文献[23]）

Roy[47]指出，主要的两个基本态势因素是实体和事件。他追求对态势的因素的描述（图 2.9）："……一个实体是一个存在的事物（与其属性形成对比），即具有独立的、分开的、自立的和/或明确的存在和目标或概念性的事实。事件是发生的事情（尤其是值得注意的事情）。因此，实体存在，而事件发生。定义场景为一系列事件。一个群组表示集合在一起或具有某种统一关系的若干个体（实体和/或事件），即对象/事件的聚合视为一个单元。行动一词是指行动、移动和运动的概念。当某物体具有活跃的性质或状态时，也就是说，当某物体以行动或表达行动为特征，以区别于单纯的存在或状态时，行动一词是适当的。最后，人们可能会认为全局态势是由一系列局部态势组成的。术语场景，即这组中的单一态势，可以用来指一个局部态势。

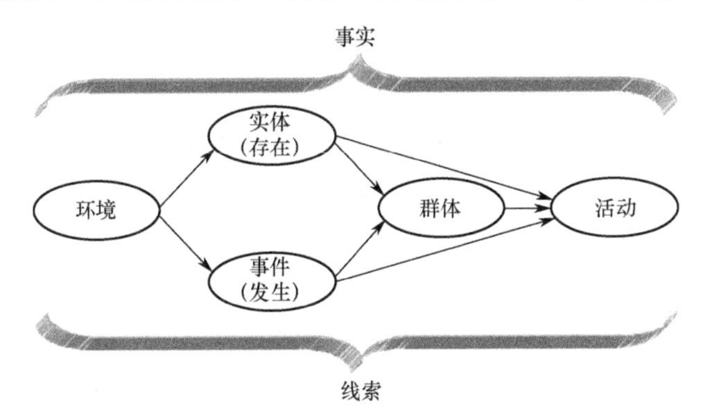

图 2.9　局部态势的基本因素（来自文献[23]）

Roy[47]下列说明终止了对态势基本因素的描述（图 2.9）：“定义事实为具有实际存在或实际发生的事物。它是一条表现为具有客观现实性的信息。显然，事实与真理、真实和现实的概念有关。数据确实是作为推理、讨论或计算基础的实际信息。从各种数据/信息源生成和接收提示，即指示所感知事物的性质特征。因此，SA 过程操控数据和信息，包括从外部来源获得的关于事实的线索，以及系统本身得出的推论。”如果我们谈论的是态势分析支持系统，我们指的是能够提供全部或部分答案的系统（如基于 FIAT）。图 2.10 中列出了从 Sulis 文献[48]中摘录的 6 个基本认知问题。这些问题的措辞不同，Nicholson 文献[49]中也出现了类似的关于态势感知的问题：“感兴趣的对象是什么？他们在哪里？他们如何移动？他们去哪了？他们会去哪里？”对象可以是指诸如车辆之类的物理对象，也可以是诸如非传统安全威胁计划之类的象征性对象。

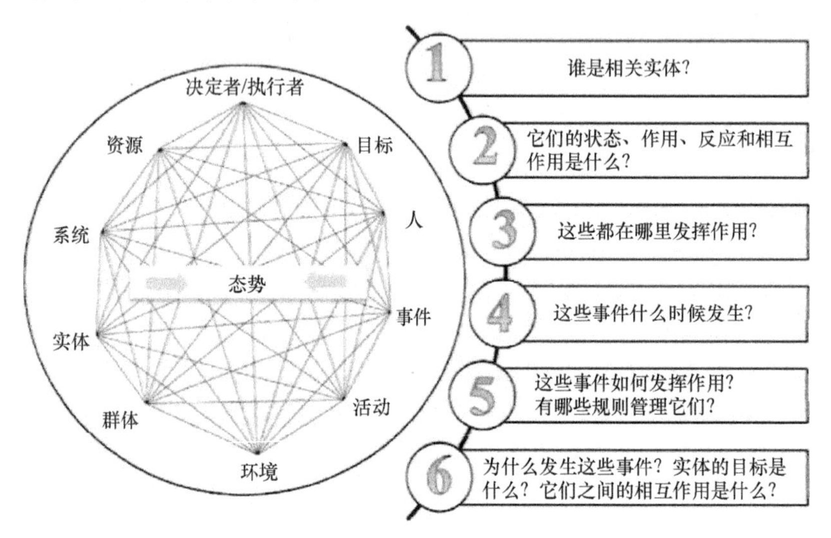

图 2.10　态势评估的 6 个认知问题

2.4.1 复杂事件和信息颗粒

一个复杂的事件是一个事件的组合，表明更复杂的环境。这些事件可能发生在组织的各种层面，如“销售线索、订单或客户服务电话。或者，它们可能是新闻、短信、社交媒体帖子、股市提要、交通报告、天气报告或其他类型的数据。”复杂事件处理（CEP）方法[50-51]跟踪和处理来自多个事件源的信息流（数据），在它们之间建立时间和因果依赖关系、推断模式，并从所有这些中得出结论（如机会或威胁）。这是 FIAT 非常重要的一套分析方法和技术，应用于系统健康监测、异常和欺诈检测、物联网和一般态势分析。CEP 提供了实时分析模式的方法，在企业的服务组合中具有重要意义。另请注意，事件也可定义为状态变化，因此 CEP 方法与变化检测方法有共同点[52-54]，这是 C^4ISR 领域中更常用的术语。

颗粒计算[55-57]是近年来出现的另一组分析方法和技术，涉及信息颗粒的复杂信息实体的表示、构造和处理。信息颗粒是数据抽象过程和从信息或数据中衍生知识的产物。可以将它们视为对象或实体的链接集合，这些目标或实体通常起源于数字级别，通过不可分辨性、相似性、接近性或功能性、一致性等标准结合在一起。“作为一种理论观点，它鼓励采用一种方法来处理数据，以不同的分辨率或尺度识别和利用数据中存在的知识。从这个意义上说，它包含了所有在解决知识或信息的提取和表示时提供灵活性和适应性的方法。” Zadeh[58]指出，粒化是人类认知的 3 个基本概念之一：粒化、组织和因果关系。非正式地说，粒化包括将整体分解成部分；组织包括将部分整合成整体；因果关系包括原因与结果关系。

2.4.2 意义构建

Pirolli 的意义构建（SM）框架[41,59]在基于 FIAT 的态势分析支持系统的开发中非常重要，Roy 等人[45, 60]承认 Pirolli 的工作启发了他们的多假设意义构建方法用于态势分析。意义构建是在高度复杂的态势中创造态势感知和理解的过程。意义构建是一种迭代操作，涉及支持信息/证据空间和演化态势假设空间之间的有希望收敛的动态过程。在这里，认为前者是由自动化的 FIAT 过程自动构建的，认为后者是发生在人类大脑中，可能由自动化的实用程序（如基于 FIAT 的）辅助。在 Pirolli 文献[59]中，将整个意义构建过程“组织成两个主要的活动循环”：①一个搜寻循环，涉及旨在寻找信息和/或假设的过程，搜索和过滤这些信息和/或假设，可能进入一些态势模式；②一个意义构建循环“涉及从最符合证据的模式中迭代开发心理模型（概念化）。” Klein 等人[61-62]的数据框架模型与 Pirolli 的框架有许多相似之处。

在图 2.11 的模型中，矩形框表示近似数据流。圆环表示过程流。这是一个包含很多回环的过程，它似乎有一组围绕着寻找信息的循环活动，另一组活动围绕着信息进行循环，在他们之间有着丰富的交互。数据流显示了信息从原始信息向分析师做出的可报告结果流动时的信息转换[59]。“鞋盒”是与处理相关的外部数据的小得多的子集。“证据”文件指从鞋盒中的项目里提取的片段。模式是信息的表示或有组织的编组，以便更容易地使用它得出结论。假设是这些结论的初步表示，并带有支持性的论点。最终，有一个演示或其他工作结果。基本上，数据流表示将信息从原始状态转换为一种形式的信息转换，可以应用专门知识，然后再将其转换为更适合通信的另一种形式。

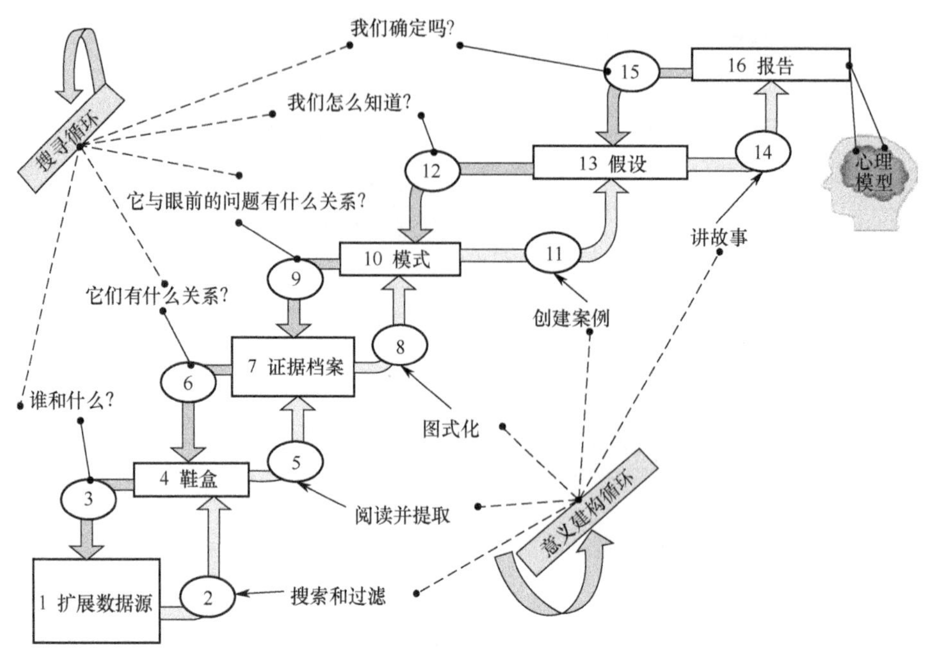

图 2.11 Pirolli 文献[41，59]提供的意义构建框架

在当今复杂的态势下（如不对称威胁、非传统安全威胁），很难获得可靠的先验模型或预期对抗动态的程序性知识，基于演绎的分析（融合方法）可能是相当有限的。因此，对这类问题的分析方法需要混合范式，其中任何可用的（可靠的）先验知识都可以在演绎框架中使用，但同时，涉及学习和发现操作的归纳和引证方法以及工具也是任何现代分析和信息融合工具套件的一部分（FIAT）。基于 FIAT 的系统及其底层自动化技术应该支持假设合成、态势迭代和推荐，以及示例开发等功能。Llinas 文献[42]中确定的这 3 类主要功能是动态的和迭代的，并且依赖于与自动 FIAT 的有效界面，以支持图 2.7 和图 2.11 中的搜寻和意义构建迭代。这些操作涉及人类的智能，因此需要有效和高效的界面和可视化设计，以便使基于 FIAT 的系统与人类分析人员或决策者进行交互。

2.5 态势感知

态势感知（SAW）[63-64]已经成为军事和民用复杂环境（如公共安全、电力网络、卫生网络、交通）中动态人类决策的一个重要概念。态势分析是为决策者提供并保持态势感知状态的过程，智能系统（如数据挖掘、机器学习、信息融合、分析）是满足当前和未来复杂环境中态势分析苛刻需求的关键推动者。SAW 是人类思维中的一种状态（图 2.8）。这一过程的核心是向决策者提供决策优质信息，从而实现及时的态势感知。由于第 1 章中讨论的大数据特性（多样性、体量、速度、真实性和价值），这是一个永恒的需求而变得无比复杂。Blasch 在文献[65]的第 2 章题为“态势评估和态势感知”提供了这一主题的最新技术。

图 2.12 说明了由 Endsley 文献[64]推导出的 SAW 基于其在动态人类决策中的作用的理论模型。定义 SAW 为对环境中因素的知觉，在一定的时间和空间内，对其含义的理解，以及它们在不久将来的状态预测。SAW 的第一级产生对环境中相关因素的状态、属性和动态的知觉。Endsley 将理解过程描述如下：“理解态势是基于脱节的 1 级因素的综合。”SAW 的第 2 级不仅仅是简单地感知存在的因素，还包括根据相关的操作员目标去理解这些因素的重要性。基于对 1 级因素的了解，特别是当某些因素组合在一起形成与其他因素的模式时，决策者勾画出环境的整体情况，理解了对象和事件的重要性。实现态势感知的第 3 步也是最后 1 步是预测环境中各因素的未来行动。这是通过了解感知和理解态势因素的状态和动态来实现的。

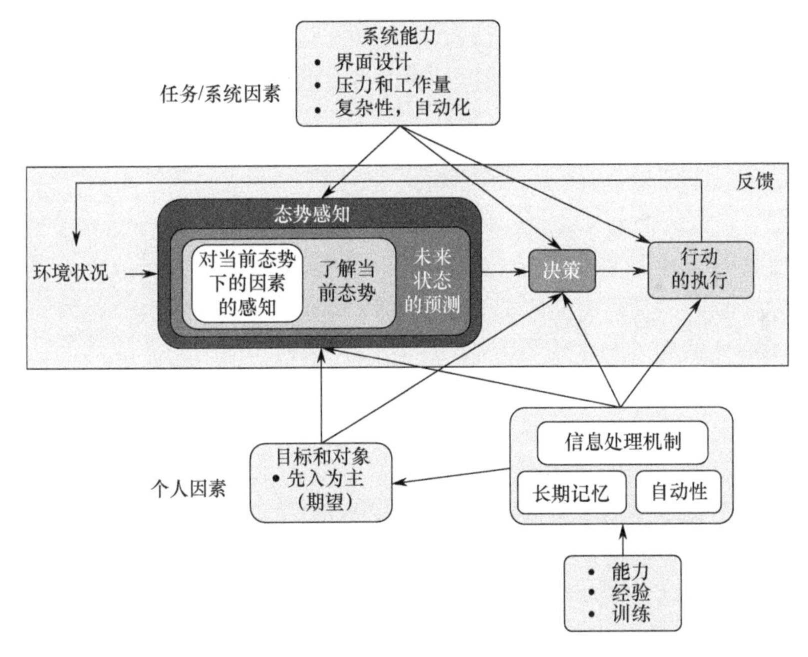

图 2.12　Endsley 的态势感知模型（来自文献[23]）

Endsley 描述的态势感知过程是由感知者环境中存在的对象启动的。然而，与态势感知相关的过程也可以由先验知识、感觉或直觉触发。在这些态势下，如果能在环境中发现任何当时还没有察觉到的事件，则情况是可以理解的，未来的预测也是可能的，因此，构想出与对象可能存在相关的假设。然后，感知者在环境中启动搜索过程，以确认或否定这些假设。请注意，只有当与可能对象相关的心理模型可用时，才可能使用这种类型的 SAW。

如果将 OODA 循环与 Endsley 的 SAW 模型进行比较，就可以直接看到一个非常相似的结果。在这两个模型中，一个是决策部分，另一个是行动部分。在 Endsley 模型中，SAW 是决策的主要输入之一。在 OODA 循环中，过程观察和判断为决策过程提供输入。然而，我们应该记得，在 Endsley 的模型中看到 SAW 是一种知识状态，而不是一个过程。在她的 SAW 理论中，Endsley 清楚地假定了模式和更高层次因素的存在，据此可以构造和表达态势。因此，可以解释 SAW 为环境所有相关方面（过程、状态和关系）的操作者心理模型。

这种用来构造和表达态势因素的心理模型与实现感知水平的认知过程之间有着紧密的联系。称这种联系为认知契合，需要了解人类如何知觉一项任务，涉及哪些过程，人类的需求是什么，以及将任务的哪些部分实现自动化，或给予相应的支持。这种理解是至关重要的，只有通过一些专门的人为因素调查，即认知工程分析才能实现。

2.6 认知系统工程（CSE）

在识别认知过程的程序中，有认知任务分析（CTA）[59,66-68]和认知工作分析（CWA）[69-73]。这两个程序之间只有细微的、不明确的区别。此外，它们的称号在文献中经常以可互换的方式使用。然而，可以将 CWA 看作是比 CTA 更广泛的分析。根据 Vicente 文献[74]，传统的任务分析方法通常会导致公开行为的单一时间序列。这一描述代表了执行任务的规范方法，然而，传统方法不能考虑初始条件的变化、不可预测的干扰以及多种策略的使用等因素。使用传统的任务分析会产生一个工件，它只支持一种执行任务的方法。

认知系统工程（CSE）[75,76]，将分析定义为一种方法，旨在开发人类信息处理能力和局限性与技术信息处理系统之间相互作用的知识。一个系统的有用性与它与人类信息处理的兼容性密切相关。因此，CSE 分析关注于世界强加的认知需求，以明确如何利用技术（如 FIAT）向决策者的大脑直观地揭示问题。

2.6.1 认知工作分析（CWA）与应用 CWA

Vicente[74]提出了一种生态学的方法，可以看作一种 CWA，它起源于心理学理论。这项研究提升了研究人类有机体与环境相互作用的重要性。对环境中对象的感知是一个直接的过程，只是在这个过程中检测到信息而不是将其构造出来。人与环境是耦合的，不能孤立地研究。这种方法的一个核心概念是可见性的概念。可见性是一个对象的一个方面，它使如何使用对象变得显而易见。例如，门上的推板表示推，垂直把手表示拉。当一个对象的启示是显而易见的，就很容易知道如何与其互动。执行任务的环境对公开行为有直接影响。因此，生态学方法从研究环境中与操作者相关的约束开始。这些约束会影响观察到的行为。

生态方法与 Rasmussen 的抽象层次结构[75,77]可相比较并兼容，该抽象层次结构通过手段-目的关系表示，并以若干抽象层次结构化，表示工作域因素与其目的之间的功能关系。Rasmussen 提出了一种综合方法，它考虑到现实生活中复杂工作领域的绩效变化，克服了传统认知任务分析（CTA）的局限性。CWA 似乎是回答与理解 C^2（决策）任务相关的问题的最佳选择。根据研究 CWA 对 C^2 的适用性的可行性研究，以证实这一问题[78-79]。研究表明，该方法非常适合处理决策支持设计问题，但在实践中，如果为一个小问题而在全尺度上处理（所有顺序 CWA 阶段），则耗时和非常昂贵，调查结果的质量取决于主题专家的可利用性和对它进行处理的人的技能。此外，研究还没有显示认知分析与设计之间的差距，使得 DSS 工程过程效率低下。

应用认知工作分析（ACWA）方法[70,80]强调一个逐步的过程，将差距缩小为一系列小的、合乎逻辑的工程步骤，每个步骤都是容易实现的。在每个中间点，最终以决策为中心的工件创建了一个设计桥的跨径，将认知分析所揭示的领域需求与决策辅助的因素联系起来。ACWA 方法是一种结构化的、原则性的方法，用于系统地将问题从分析某个领域的需求，转变为确定可视化和决策辅助概念，从而提供有效的支持。方法步骤的更详细描述如图 2.13 所示，见文献[81]，该过程中的步骤如下。

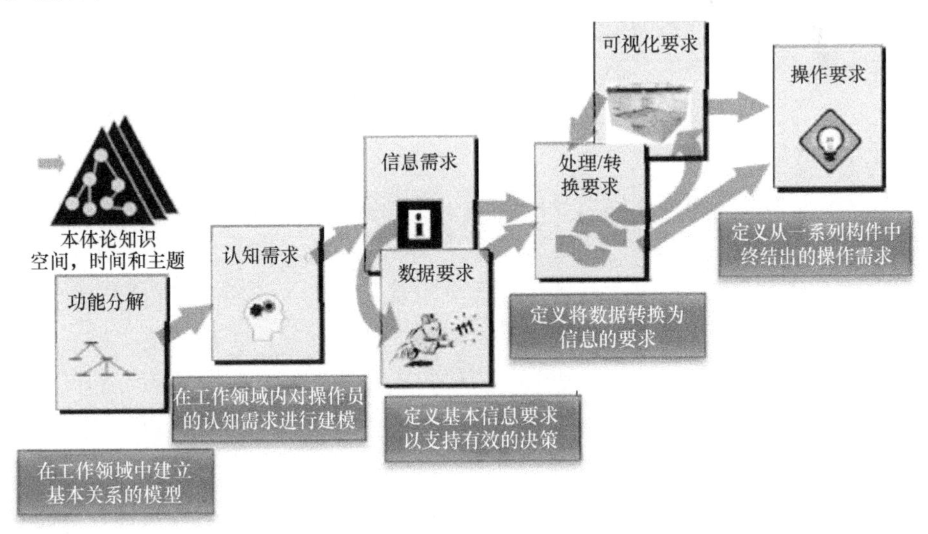

图 2.13　ACWA 方法：（FAN-CWR-IRR-RDR-PDC）步骤（改编自文献[81]）

（1）使用功能抽象网络（FAN）模型来捕获用于定义该领域从业者所面临的问题空间的基本领域概念和关系。

（2）覆盖功能模型上的认知工作需求（CWR），作为识别该领域中出现的、需要支持的认知需求、任务和决策的一种方式。

（3）确定信息/关系要求（IRR）以便在这些认知工作需求下成功执行。

（4）指定表示设计要求（RDR），以定义如何向从业者表示信息/关系的塑造和处理。

（5）开发演示设计概念（PDC），探索将这些表示需求实现到演示形式的语法和动态中的技术，以向从业者产生信息传输。

2.6.2 本体论工程与 CWA 对比

态势感知通常与拥有对世界的知觉、理解力和预测知识有关。支持态势分析的一个重要问题是理解人类表达世界的方式，以及对世界相关方面的有效机器表达的开发和利用。人类现实有三个领域：物理领域（如质量和能量、人体、基础设施）、认知领域（如情感、情绪、意图）和符号领域（明确信息、媒体内容）。

本体论工程的规范方法可以应用于产生世界的可防御表示的目标（如态势结构）。我们的目标不是抓住世界相关方面的“这个”含义，而是制定这些方面的“每一个”含义，足以设计态势分析支持系统。有必要将整个世界（世界的所有方面）与某些决策者感兴趣的世界（仅感兴趣的方面）区分开来。与给定任务或使命相关的世界感兴趣状态的范围，受到用户的信息需求的限制，并且与用户的信息需求相关。在这点上，可以基于认知工程技术构建工作领域模型，来理解和规范地记录决策者的信息需求。

本体论工程可以用来生成世界的表示，尽管认知工程技术可以用来捕获用户的信息需求，如自我解释的图 2.14 所示。显然，可以说，用于开发用户信息需求的规范的认知工程技术，可以告知本体论者开发这些需求（本体论的范围）的相应限定的本体论描述，如一组本体论描述的状态所反映的那样。本体建模中确定的概念可以映射到工作域建模中确定的概念，以确保两个模型结构之间和内部的一致性。从此运作将产生一个空间，在这个空间上 FIAT 过程可以使用本体表示语言进行推理。CSE 方法的内部工作和本体工程技术的详细描述超出了本书的范围。有许多文献资料可以更详细地解释这些，如下面推荐的关于本体论工程的读物文献[82-85]，关于认知系统工程文献[75，76，86]，以及更具体的，关于认知工作分析文献[69，71，73]。

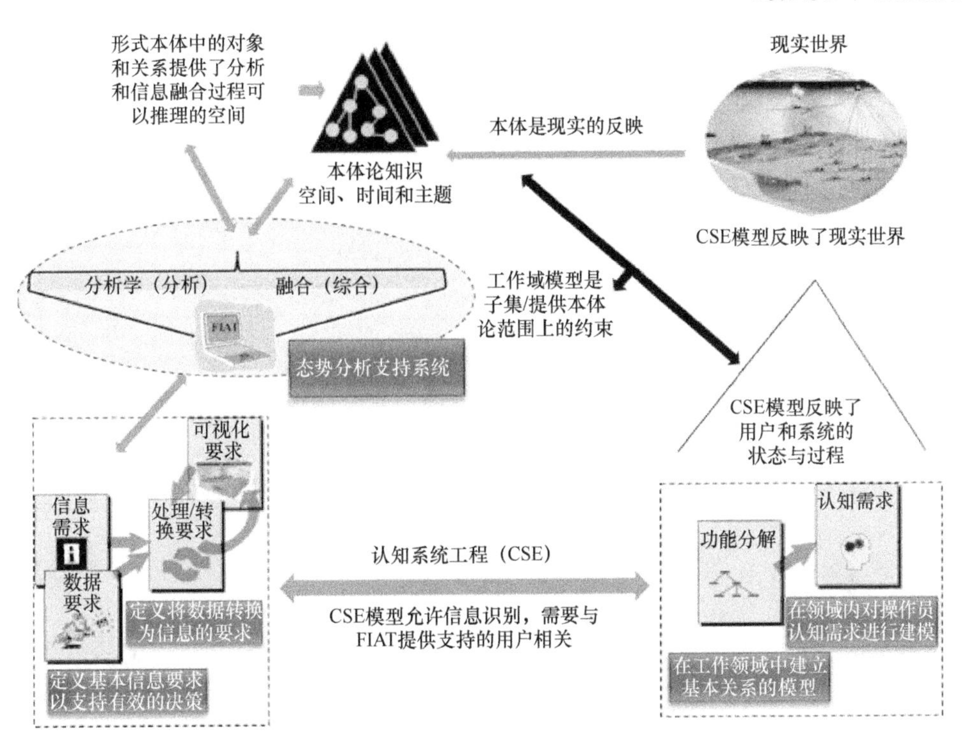

图 2.14　本体论工程与认知系统工程

2.7　背景定义

数据通过背景获取意义。背景为辨别其主体的意义奠定了基础，并且可能在许多层面上发生。开发背景知识对于态势分析是必要的，因此也需要通过基于 FIAT 的系统提供支持。最广泛接受的背景定义来自 Dey 文献[87]，其措辞如下："背景是可用于表征实体态势的任何信息。将实体认为是与用户和应用程序之间（包括用户和应用程序本身）交互相关的人、地点或对象。"

Zimmermann 等人[88]已经扩展了这种背景的一般定义，他介绍了一个包含 3 个规范部分的定义：一般意义上的定义、描述背景表象的正式定义和表征背景的使用及其动态行为的操作定义。图 2.15 显示了正式定义的 5 个类别以及操作扩展的因素，Zimmermann[88]通过以下 5 类因素的描述扩展了定义：个性、活动、地点、时间和关系。这 5 个基本背景类别决定了背景模型的设计空间。表 2.1 列出了 5 类因素的描述。我们推荐读者参考 Zimmermann 等人的文献[88]，了解有关更全面的细节。他们的潜在动机是提供一种结构，将用户易于理解的一般概念（如 Dey 的定义）与软件开发人员的工程设计之间的用户–开发人员的间隙弥合。对支持态势分析而言，这不仅仅是设计 FIAT 工具套件所必需的。

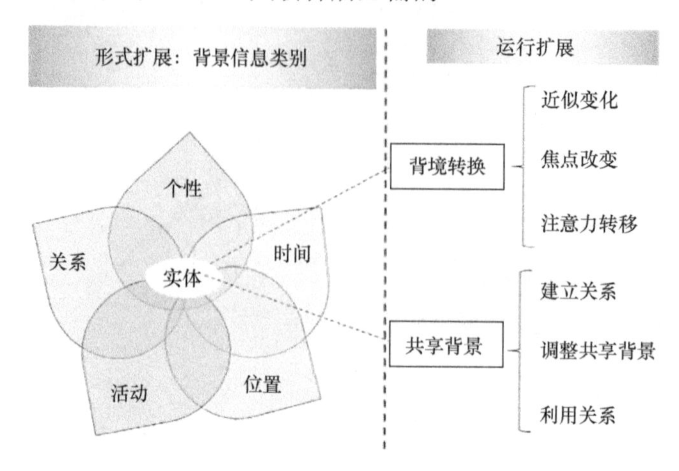

图 2.15　Zimmermann 等人文献[88]的背景定义

表 2.1　5 类背景因素的说明

个性（包含任何可以观察到的实体，通常是其状态）	自然实体背景：包括所有生物和非生物的特征，这些特征是自然发生的，不是任何人类活动或干预的结果。 人类实体背景：涵盖了人类的特征（如用户的必然性、用户行为、语言偏好、色彩配置和互动方式）。 人工实体背景：表示由人类行为或技术过程产生的产品或现象。从广义上讲，此类别涵盖了任何人造事物的描述，如建筑物、计算机、车辆、书籍以及所有测量物理或化学特性的传感器。 群组实体背景：是实体的集合，它们共享某些特征，彼此交互或在彼此之间建立某种关系
活动	涵盖实体当前和未来所涉及的活动，并回答问题：实体想要实现什么以及如何实现？它可以通过明确的目标、任务和行动来描述
位置	描述位置的模型，用于将实体的物理或虚拟（如 IP 地址作为计算机网络内的位置）地址的分类，以及其他相关的空间信息的分类，如速度和方向
时间	包含时间信息，如客户的时区，当前时间或任何虚拟时间（时间间隔），面向过程的时间视角（如工作流程）
关系	社会关系：描述当前实体背景的社会方面。通常，人际关系是两个或更多人之间的社会性关联、联系或从属关系。例如，社交关系可以包含有关朋友、中立者、敌人、邻居、同事和亲戚的信息。 功能关系：表示一个实体为了某种目的而利用另一个实体并具有某种效果（如将特定输入转移到特定输出中）。 组合关系：是整体与其各部分之间的关系。在聚合体中，如果包含对象已销毁，则部件将不再存在。例如，人体拥有手臂、腿等。该关联是一种较弱的组合形式
注：资料来源于文献[88]	

Dey 的定义明确指出背景总是与实体绑定的，描述实体态势的信息就是背景。这些活动主要确定背景因素在特定态势下的相关性，位置和时间主要是创建实体之间的关系，并且实现在实体之间的背景信息交换。任务本身也是背景的一部分，因为它描述了用户的态势。

必须将背景感知与上面讨论的态势感知区分开来。在部分文献中，该术语一直是对移动设备的限制，这是对位置感知的补充（如智能电话的用户）。从维基百科[89]来看，背景感知与不同的领域有关："背景感知起源于普遍存在的计算或所谓的普适计算，它试图利用计算机系统将环境中的变化联系起来，否则是静态的。该术语也适用于与背景应用设计和商业流程管理问题相关的商业理论中。"

2.8 信息融合和分析的定义

在军事和民用复杂（如公共安全和电力网络）环境中，态势感知已成为围绕动态人类决策的重要概念。定义态势分析是为决策者提供和维持态势感知状态的过程，基于 FIAT 的智能系统是满足当前和未来复杂环境中态势分析苛刻要求的关键因素。

管理态势理解和决策空间的复杂性是一项至关重要的挑战。宽泛的频谱和数据的多样性加剧了这一挑战，这些必须进行处理、融合并最终转化为可操作的理解，并且这需要考虑协作维度以寻求理解实际态势的复杂性。出现的先进传感方式以及来自多种来源和形式（非结构化和开放源、语音记录、照片、视频序列、社交网络）数据的多样性和数量都呈现爆炸式增长。决策者/分析师无法应对物质流，可能对决策质量和操作过程产生严重影响。

因此，为了支持军事决策者/分析师从数据中获取信息，大约 25 年前开始了一个称为信息融合（IF）的研究领域，并且在建立基础科学和标准化工程方法方面已经慢慢成熟。IF 技术的总体目标则是在不断增加的数据量和复杂性情况下支持决策者/分析师；提高信息质量，减少不确定性，支持实时决策和行动；以及确保并提高可靠性，以应对不断增加的复杂性（网络化方面和异构性）。

在国防和民用商业（案例）中，态势分析（SA）为规划和行动提供了背景和知识。在军事领域，由智能技术构建的 IF 系统已成为在复杂环境（敌对或合作）中为 SA 提供支持的关键作用。在一般商业和工业领域，术语"分析"[90,91]用于在考虑不同的焦点和约束的情况下追求大致相同的目标。随着网络技术的进步，限制似乎越来越接近，因此这两个应用领域的融合有预见的好处。信息融合和分析都是计算机科学和技术、运筹学、认知工程以及数学途径和方法的应用，以支持态势理解。

2.8.1 实验室联合理事会（JDL）数据融合模型

由实验室联合理事会所属数据和信息融合组（JDL DIFG）维护的数据融合模型是最广泛使用的方法[92]，用于对数据融合相关函数进行分类。图 2.16 中，融合级别之间的 JDL 区别提供了一种有价值的差异化的方法，用于区分与对象、态势、威胁和过程等细化相关的数据融合过程。定义如下。

0 级，子对象数据评估：基于像素/信号级数据关联和表征，来估计和预测信号/对象可观察状态；0 级任务包括假设信号存在（检测）并估计其状态。

1 级，对象评估：1 级数据融合将来自单个或多个传感器的数据和信息源的数据组合在一起，根据其位置、运动（如轨道）、身份或识别特征，提供战斗空间中对象和事件的最佳估计；1 级涉及跟踪和识别，包括可靠的位置、跟踪、作战 ID（身份识别）和目标信息。这样的信息可以是高质量的，特别是当它利用多个传感器来提供应对假冒或欺骗的鲁棒性，在传感器故障的情况下的可靠性，以及由于观察的多样性而延伸的时空覆盖范围。

2 级，态势评估：2 级数据融合侧重于态势评估。这需要在感兴趣的区域中识别对象/实体，以及识别这些对象的活动，并推断它们之间的关系。在这个层面上必须解决的问题包括：自动目标/对象识别；从多个传感器识别自动化活动，收集和存储报告以进行历史分析；根据身份或协调行为和历史分析推断场景中对象的关系；自动化系统评估对象身份和活动的确定性的能力；以及从传感器或数据库请求人工辅助或附加信息以解决歧义的能力。

3 级，影响评估：第 3 级融合估计所评估态势的影响，即推断对象/实体，或对象组，在感兴趣区域的意图，和/或各种计划相互作用和与环境相互作用时的结果。影响评估可以包括可能性和与参与者计划行动的潜在结果相关的成本/效用度量。需要解决的问题包括：构建和学习各种威胁行为模型的方法；具有不确定和不完全信息的推理方法，用于评估来自对象活动的威胁；以及对数据库进行有效数据挖掘的方法。

4 级，过程优化：自适应数据采集和处理，以支持任务目标。第 4 级处理涉及计划和控制，而不是估算。第 4 级还包括为任务分配资源。

在大多数国防应用中，由于国防组织和行动中内在的层次结构，数据融合处理在本质上趋于层次化。因此，融合过程还通过一系列不同抽象层级的分级推理（数据、信息、知识，如图 2.16 所示）进行。推理过程中背景的开发目标是语义的增加，而语义的增加只能通过对信息（可操作知识）的处理来获得。有许多书可以提供更多的定义，详细解释概念，并开发与图 2.15 相关的数学技术和模型。有关更详细的见解，请使用以下有关数据和信息融合方面的推荐阅读书目[23，65，93-96]。

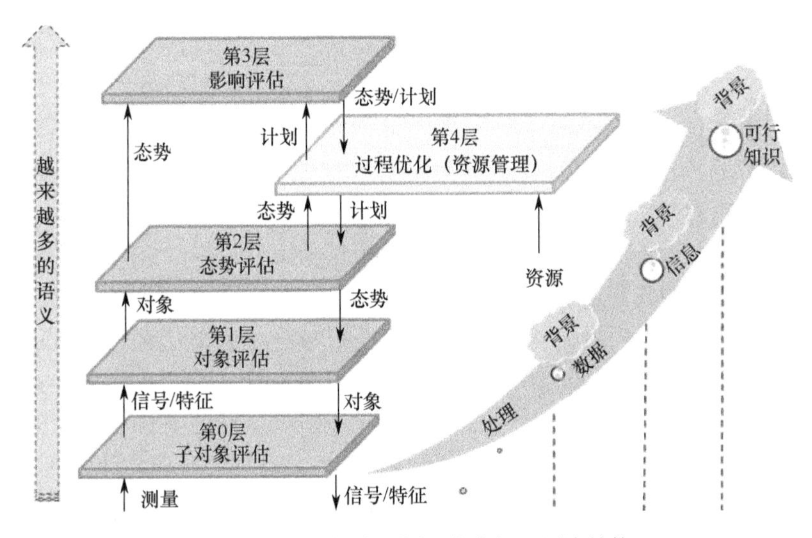

图 2.16　JDL 模型和数据-信息知识层次结构

2.8.2 分析的定义

Eckerson[97]将分析定义为："将数据转化为见解并付诸行动所涉及的一切"。这是一个相当宽泛的定义，可能包括前一节的数据和信息融合，但无助于从应用的角度理解分析。与信息融合领域不同，分析领域没有受益于像 JDL 这样的结构良好的组织来确定术语，以便简化领域之间的通信。与大数据相关的分析定义变得越来越混乱，不同的供应商、顾问和行业出版物定义和提供新技术。正如 Sheikh 在他的书[98]中指出的那样，分析是当今技术领域（也称为大数据）的热门话题之一。分析并不是新的，而是来自商业情报。大数据让它焕发了活力。图 2.17 说明了 Sheikh 所提出的建议[98]，以商业和技术实现的角度定义分析。

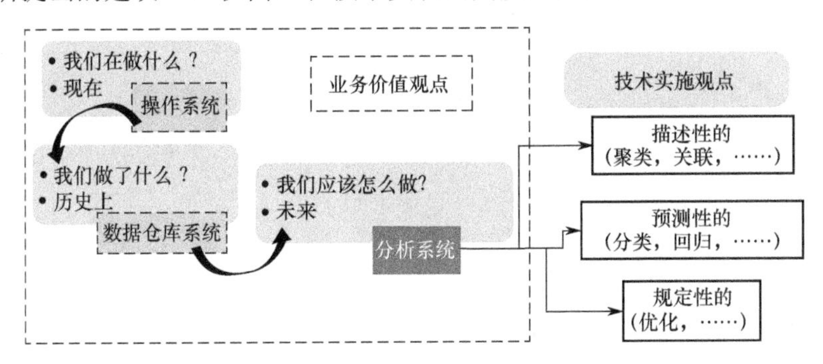

图 2.17　Sheikh 建议的分析定义

从商业价值的角度来看，数据是通过正常的商业行为生成的。对于这些数据，有 3 种价值变化，即现在的、过去的和未来的，其顺序如图 2.17 所示。当在正常商业活动过程中创建、引用、修改和删除数据时，数据就存在于操作系统中。操作系统在任何时候都能告诉我们现在做什么。将日常操作（如销售商品、审查应用）的数据进行累积以备记录，并开始在数据仓库中建立历史记录。然后可以进行报告，以帮助了解企业在上个月、季度或年度的表现（如总销售额）。这些分析报告为管理者提供了解其部门绩效的工具。这就引出了一个分析应该帮助回答的问题：我们应该在部门和商业单位内做些什么来提高商业绩效？任何有助于解决这个问题的工具、技术或系统都有资格进入分析领域。

Sheikh 文献[98]中描述的技术实现视角也是 Das 文献[8]在其有关计算商业分析的书中采用的话题。Das 的书描述了分析的特点，在技术方面用来实现分析的解决方案，如图 2.17 所示。在分析文献中，尽管术语可能不同，但 3 种一般类型的分析方法是一致的，这反映在图 2.17 和图 2.18 中：描述性的、预测性的和规定性的。有很多好的参考书可以用来描述这些技术，特别是在数据挖掘和机器学习领域[99-103]。

如图 2.18 所示，描述性的和预测性的分析与 OODA 循环中的定向步骤相联系，而决定步骤对应于规定性分析。虽然 OODA 循环最初是为军事应用而开发的，但由于其决策的常识性方法，所以在私营工业部门得到了频繁的应用。Das 文献[8]实例化了商业域中的 OODA 循环：①观察到收入数字正在下降；②判断是为了找出收入下降的原因，充分了解公司整体财务态势及其他相关因素；③决定可以加强营销活动，升级产品或引进新产品；④行动是营销活动或新产品的发布。现实世界中的一项行动会产生进一步的观察结果，如营销活动带来的收入或客户群的增加。

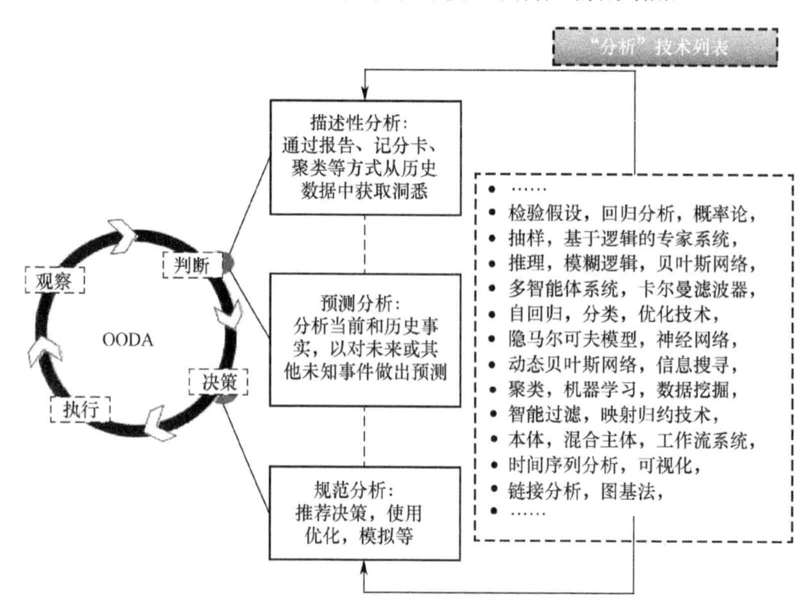

图 2.18　Das 对定义分析以及具有 OODA 循环的关系的看法

商业团队取代了“比喻中的单独飞行员”，但行为和好处是一样的。Deitz 指出[104]：“在战争和商业中，OODA 循环的执行速度成为在战场上干扰敌人及在商业领域竞争的最大因素”。Gartner 副总裁及杰出分析师 Roy Schulte 指出，打乱对手通常来自使用缩短自己 OODA 循环的系统方法，这样你就可以进入对手的流程。移动、社交和大数据的压力使得迫切需要通过强大的分析软件来支持 OODA 循环步骤。

Das 文献[8]讨论了一种基于模型的分析方法，它有助于定义和理解分析。他将计算模型描述为问题的符号、子符号和数值表示的组合。这是通过描述、预测和对策的一系列推论（如图 2.19 的推论循环）获得的：树型分析。业务数据形式的结构化输入提供给推理循环中，用于模型生成分析结果。如果输入是非结构化文本，则需要提取结构化序列，如图 2.19 所示。基于隐含事实推理的知识库由规则形式的计算模型和事实形式的结构化关系数据组成。图 2.19 说明了这种方法。

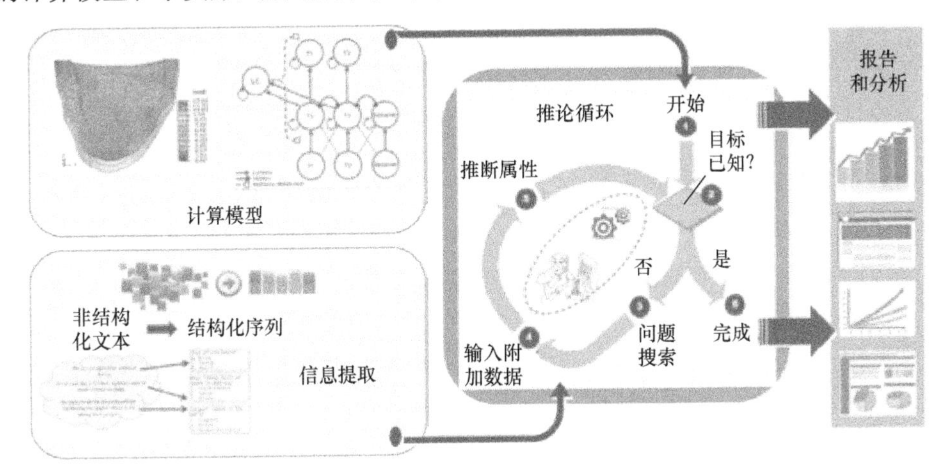

图 2.19　Das 基于模型的分析

Das 文献[8]解释了如何通过模仿人类的推理来建立这些计算模型。其中一个步骤是通过表达式图形结构、语言学变量和商业分析人员内部心理模型来表示他们观察到的以及与之互动的事物。计算模型也可以看作是嵌入在由许多业务处理系统不断生成的大量业务数据中的模式。因此，可以通过自动学习方法提取或学习此类模型。

2.9　态势分析模型（信息融合与分析）

多年来，人们给出了数据融合的若干定义以及许多模型和架构，其中大多数是来自军事和遥感领域[3,93,96,105-110]。重要的例子是基于信息的模型，如 JDL 及其修订版[92,111-114]，Dasarahy 文献[115]的 DFD（数据-特征-决策）模型，如 Boyd[1]OODA 循环的基于活动模型，Shulsky 和 Schmitt[116]的情报循环以及 Omnibus 模型[117]。概念、模型、工具、趋势、关于决策支持和态势感知的高级别和低级别信息融合的全面和广泛的交叉分析和调查，可在相关书[3,93,96,105-107]、调查和展望论文[118-122]中找到。文献的主要部分集中在：

（1）IF 技术和算法，用于整合来自潜在故障、冗余或不准确传感器和源的同类或异构集合的数据；

（2）实施 IF 系统的过程、功能和形式模型；很少有人关注处理各种融合问题的通用框架；

（3）基于语义的方法[123-125]对 IF 框架的任何定义都非常重要，因为没有背景和域表示，就不可能有人类意义构建的计算机支持。

如前所述，IF 流程旨在将数据转换为可操作的知识，以支持数据的理解，减少不确定性并提高系统的可靠性。因此，意义和感知与任何智能体：人或机器，的行为，密切相关。目标驱动或基于活动的方法听起来适合 IF 框架。在 IF 文献中很少有人可以将其视为通用 IF 框架。接下来介绍其中一些的简要描述和分析。

2.9.1 基于 OODA 的模型

OODA 循环[1]是一个表示军事指挥与控制（C^2）的经典决策循环模型。对应了 Omnibus 模型[117]中从 OODA 到 JDL 的模型：观察是 0 级；判断包括 1 级、2 级和 3 级；决定对应于 4 级；行动超出了 JDL 模型的范围。OODA 循环中行动的含义比第 4 级的含义范围更广，即需要使用资源，但仅用于完成第 1~3 级的过程优化。Shahbazian 等 [6]通过扩展 OODA，将原始 JDL 的第 4 级扩展到 C^2 资源管理（如规划）。Roy 和 Bose[126]在海军战术应用的信息处理方案建模中确认了多个 OODA 循环的存在。最近，Gustavsson 和 Planstedt[127]认识到，多 OODA 循环结构存在于更广泛和复杂的应用中，即军事 NEC 概念（相当于 CPSS 环境）。他们已经将 JDL 层次整合到他们的思想中，并提出了 OODA 分形信息融合（FIF）模型，以支持系统体系结构，该体系结构在概念上与以网络为中心的方法保持一致，如图 2.20 所示。

Guitouni 等 [129]还使用 OODA 模型为信息融合与资源管理实验室（INFORMLab）试验构建了一种多智能体方法，旨在开发和评估用于大容量监视的 NEC 方法。最后，将 OODA 应用于 JDL 修订版[114]的 5 级建模。认知 OODA[7]是一种用户和团队分析方法，用于支持及时决策。所有这些受 OODA 影响的工作都有助于定义一个通用的 IF 处理框架，但是仍然需要更多的工作来生成一个框架，该框架能够处理复杂 IF 系统设计所需的所有级别的抽象和特定任务。

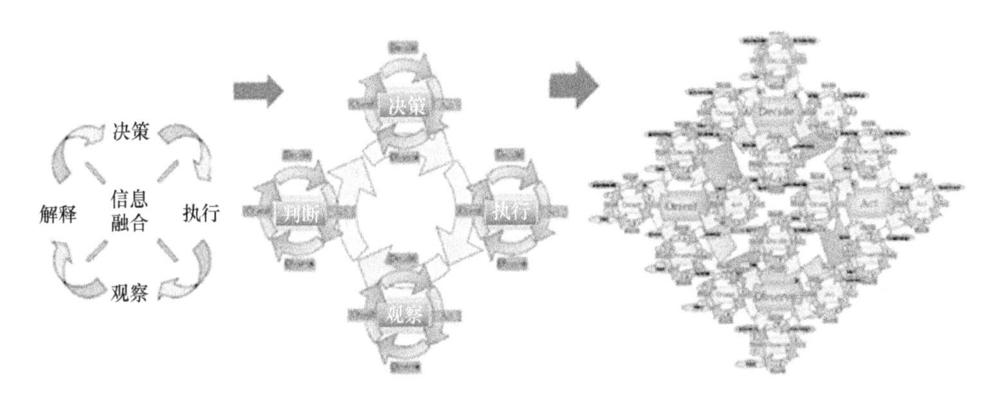

图 2.20　分形信息融合建模（改编自文献[128]）

2.9.2 修改后的 JDL 模型的双节点网络（DNN）体系结构

Bowman 和 Steinberg[130]的双节点网络（DNN）架构基于美国国防部（DoD）系统工程架构框架[131]。他们使用 JDL 模型来定义数据融合（DF）和资源管理（RM）处理节点的双重网络，如图 2.21 所示。DNN 融合节点构造的一个非常重要的方面是在 IF 进程的任何级别（0~4）上处理构造普遍性的认识。在 JDL 融合模型的框架中引入了处理节点的概念，如图 2.21 所示。根据该融合节点范例，该节点处理在输入端源（或其他先前融合节点）提供的数据/信息，以在输出端产生用户（或其他后续融合节点）感兴趣的某些信息产品的复合、高质量版本。任何数据/信息融合节点，无论融合层次如何，都包含 3 个子过程：对齐、关联和融合。实现这些功能的方法以及它们之间的数据和控制流因为节点和系统的不同而异。

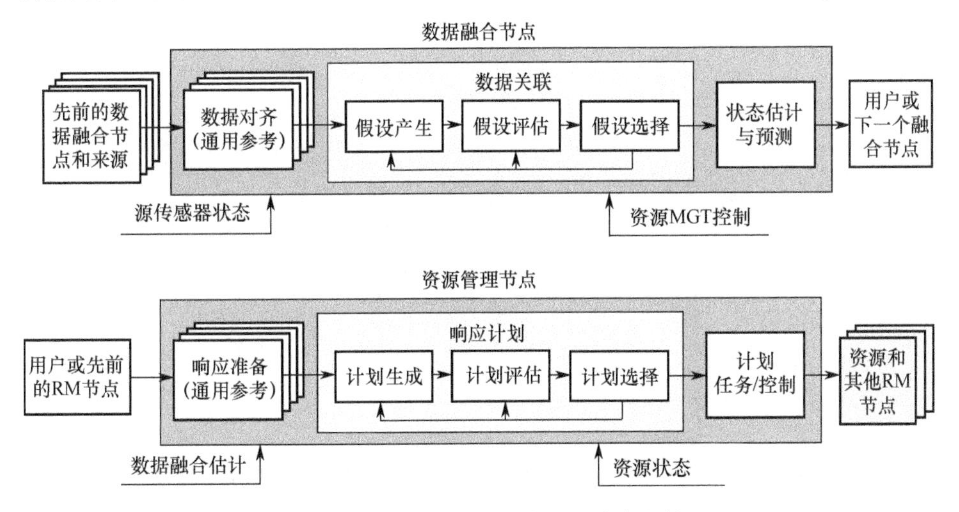

图 2.21　任一数据/信息融合节点（改编自文献[92]）

JDL 领域经常强调数据融合和资源管理之间的双重性。这种双重性可以扩展到包括数据融合和资源管理的体系结构和功能，从而产生资源管理节点的概念，如图 2.21 所示。资源管理节点涉及与数据融合节点的功能直接对应的功能。常见的参考涉及规范化给定问题的性能度量和规范化可用资源的性能模型，以及任何控制格式、时空和语义对齐。方案生成是将候选问题划分为从属问题和候选资源任务。方案评价是对有条件净成本的评价，方案选择是对决策策略的确定。最后，控制（方案执行）是关于生成控制命令来实现所选的资源分配方案。

Roy 在文献[23]的第 4 章中将融合节点的概念概括为态势分析节点。Llinas[132]提出了双节点构造，但发现了一些差距，如自适应节点间反馈、各级之间的流量控制逻辑以及背景信息的整合，最终得出结论，需要研究更高层次的 IF 推理和估计过程，将此视为一个普遍的 IF 框架。

2.9.3 状态转换数据融合（STDF）模型

Lambert[133]提出的状态转移数据融合（STDF）模型是一种功能模型，旨在统一对象、态势和影响（1~3 级）JDL 融合。它把 k 时刻的世界看作是一个由状态 s（k）组成的。在时间 k，将世界理解为状态转变到时间 k 之前的历史。在时间 k+1，由传感器可以感测到世界的不同状态。输入这些新的数据到观测过程中，进行识别检测，将检测标准化为参考系，然后利用预测过程将新的观测与一个或多个先前预测的世界状态相匹配。世界的一个对象实例是在时间 t 上表示为测量值的状态向量 $u(t)$，并且在时间 k 对该对象的理解描述为一组过渡状态向量。态势是在时间 t 上用某种正式语言表示为一组关于世界（事件的状态）的陈述[134]，理解为在时间 k 上的一组事件的过渡状态。最后，STDF 中的影响评估提供了依据场景表示对世界的理解。时间 t 的场景实例表示为一组投射到未来的过渡态势。STDF 中的场景预测包括对智能体的意图、感知和能力的评估。

STDF 模型从更广泛的意义上描述了 IF 过程。它提供了对象、态势和场景的定义良好的概念，并在抽象的功能模型中表征了 IF 过程。然而，STDF 并没有提供一个计算模型来表示如何实现该功能。STDF 模型根据一组经过时间变换的抽象状态来看待底层系统。这似乎是一个正确的抽象，人们需要集中精力对 IF 过程进行建模，但没有提供一个全面的正式框架用于实际建模和设计系统。事实上，STDF 明确地让实践者选择这样一个框架。有关 STDF 的详细信息见文献[65]第 3 章。

2.9.4 解释系统态势分析（ISSA）方法

Fagin 等[135]引入了解释系统的概念，作为多智能体系统中知识和不确定性推理的规范语义框架。Maupin 和 Jousselme[136-137]提出使用解释系统作为态势分析的一般框架，这里称为 ISSA。根据文献[135]，多主体系统在概念上可分为两个部分：

智能体 $A=\{1,\cdots,n\}$ 和环境 e，环境 e 可视为一个特殊的智能体。将具有 n 个智能体系统的全局状态定义为（n+1）数组 $(s_e,s_1,\cdots,s_n)$，其中 s_e 是环境的状态，s_i 是智能体的局部状态。系统的所有全局状态集定义为δ：$L_e\times L_1\times\cdots\times L_n$，其中 L_e 是环境的可能状态集，L_i 是智能体 i 的所有可能局部状态集。为了对系统的全局状态的变化及时进行建模，引入了运行的概念，作为从时间到全局状态 δ 的函数，假设时间范围覆盖自然数。

系统 R 覆盖 δ 定义为 δ 上的一组运行。智能体和环境通过执行行动来更改全局状态。联合操作是环境和智能体集采取的行动的数组 $(a_e,a_1,\cdots,a_n)$。联合行动使系统改变其全局状态。智能体根据某些协议采取行动，这是选择行动的规则。协议通常通过用某些编程语言编写的程序来描述。为了将知识纳入框架，引入了解释系统的概念。解释系统 I 是一对 $(R;\pi)$，其中 R 是全局状态集之上的系统，π 是 δ 之上一组公式 Φ 的解释（确定）。一旦我们对场景建立了适当的模型，就可通过模型检查方法[138]得到的各种类型查询并用于态势分析。

ISSA 方法提供了一个规范的框架，用于推理知识和不确定性，以及在分布式系统背景中处理置信变化概念。与 STDF 不同，ISSA 附带了一个用于建模分布式系统的计算底层规范框架。ISSA 将并发和反应系统的分布式计算视为状态的演化，假设多个计算智能体彼此交互以及与其代表外部世界的操作环境相互作用。ISSA 中的底层计算模型将分布式系统的行为定义为所有可允许运行的集合，这些运行源自一组可分辨的初始系统状态集。

ISSA 中底层系统行为的观点是适合于系统建模的理论方面，建立在似乎远离实际系统设计和开发的抽象数学概念的基础上。实际的设计和开发需要一个规范的框架，不仅提供态势分析概念和过程的规范模型，而且还支持已建立的系统设计概念，如模块化、细化、验证和高级模型的检验。为了系统地探索态势分析概念在有意义的应用场景中的实用性，受控实验需要抽象的可执行模型作为快速原型设计和实验验证的基础。关于 STDF 的详细信息可以在文献[65]的第 4 章和第 14 章中找到。

2.9.5 原型动力学框架

信息融合领域对原型动力学几乎一无所知。Sulis[139]引入原型动力学如下：“原型动力学是研究复杂系统中充满意义信息流的一个规范框架。”这是一个研究系统、框架及其表示之间相互关系以及在不同实体中的信息流的正式框架。该框架由语义框架（表示）、实现（系统）和解释（智能体/用户）三部分组成。真实系统通过该三元空间的一个维度与语义框架相关。

以下自 Sulis 文献[139]的摘录阐明了三元组维度解释-表示-实现之间的区别：“将表示理解为特定态势，涉及作为一种通用对象的表征框架，其实现可能与以某种方式与其他语义框架的实现和解释相关联。表示本身不是一种实现或解释。实现和解释是本体论的结构，而表征是如同象征和符号的认识论结构。

原型动力学的观点是意义与行动紧密相关。底层的动态是基于组合博弈[139]的思想，关于 ISSA 框架[140]，可以将其中解释的系统语义视为状态空间和博弈建模方法的结合。语义框架是一种组织原则，它以连贯一致的方式将意义归因于已解析为不同实体、存在模式、行为模式以及行为和交互模式的现象。语义框架全部或部分地提供了对图 2.10 中呈现的 6 个基本认知问题的答案。

原型动力学的一个重要方面是看到信息的方式[139]："不在香农意义上理解，即仅关注信息量，而且是关注其主动的意义……通知行为或通知的状态，这意味着赋予特殊的品质或特征，通过渐进的指导去灌输、注入、传授……信息所具有的内容并引出意义。"这方面将在下一章进行更多讨论。

原型动力学是用于研究出现的复杂系统中信息流建模的规范方法。态势分析的有趣之处在于挂毯模式的数学框架，这是一种规范化的表达性系统。挂毯模式通过表示几何（形式或符号）和逻辑（语义）的多层、递归、互连图形结构来表示信息流。Sulis[141]对特定的挂毯模型进行了详细的数学描述，该模型是用于描述行为系统的因果挂毯模式。可观察性由挂毯信息元（见第 5 章）表示，而将主观或隐藏的组成部分（如智力和情感过程）结合到确定挂毯动态的现实博弈中。

2.10　感知质量和决策：信息的质量和数量

SAW 质量可能与个人可获得的信息量有关：没有信息会导致差的 SAW，因此决策质量非常低，如图 2.22 左下方所示。在这种情况下，自然的反应是提供机制来增加决策者可用于提高 SAW 质量的信息量。人们甚至可以声称，达到更好的 SAW 和决策的好方法是提供尽可能多的信息，并"随时随地提供所有信息"，但更多的信息并不能自动意味着更好的 SAW。首先，所有这些信息可能超出人类信息处理能力，导致认知过载（图 2.22 中的右下部分）。其次，不是所有环境中可获得的数据和信息对于达到最优决定是相关的和有用的。实际上，在某些态势下，大多数数据对于决策者来说是干扰因素和噪声，因此可能降低他/她的 SAW 水平。决策者必须检测并只使用特殊的一小部分，称此信息为图 2.22 中的"有用带宽"，来增强他或她的 SAW 和决策过程。这些考虑导致正确信息的概念，在正确的地点、恰当的时间，继而产生信息相关的概念，其总体目标是只向决策者提供有用的信息（可行的知识）（图 2.22 中期望的操作区域）。

信息质量（QoI）的一个非常关键的方面是信息的相关性：在大数据环境中，相关性应该是任何智能过滤和背景感知处理概念的背后因素，并严重影响决策质量和信息量问题。信息相关性分析[142-146]是建立任何基于 FIAT 的支持系统的一个非常重要的先决条件。在图 2.22 中，FIAT 由分析和信息融合过程表示，以支持数据、信息和知识的测量、组织、理解和推理。借用信号处理领域的一个类比，如图 2.22 所示，我们可以想象一个有用的信息带宽，其总体目标是只向决策者提供有用的信息。概念上的多维有用带宽可以通过组装适当的 FIAT 来定义，如智能过滤[147-150]和元数据方法[148,151]。事实上，在大量泛滥数据存在的情况下，需要对给定任务执行所需的信息进行分类和优先排序[152]："随着数据变得丰富，主要问题不再是寻找信息本身，而是轻松、快速地掌握相关信息。"

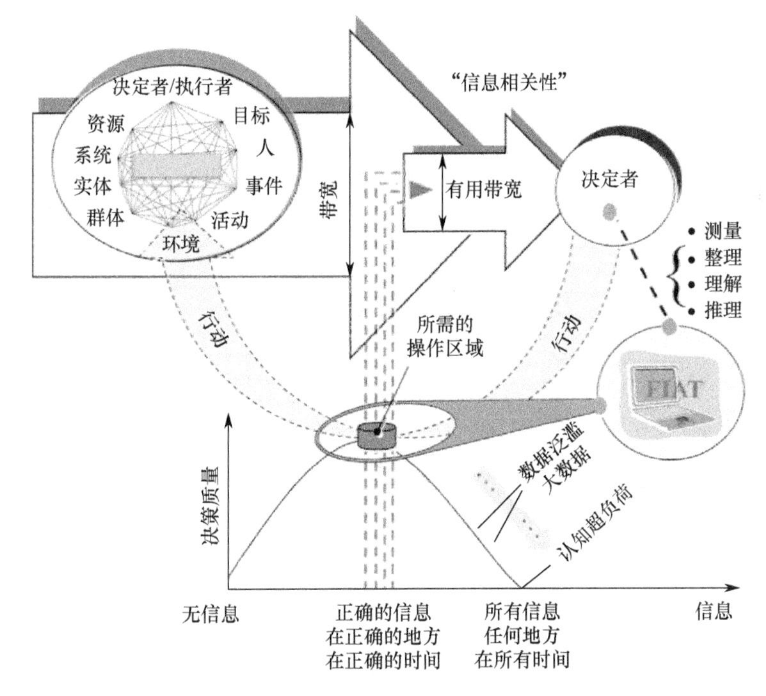

图 2.22　在所需的操作区域内 FIAT 支持决策器

基于 FIAT 的支持系统处理数据、信息和知识及其不完善之处。对于这种基于 FIAT 的支持系统的设计，应采用整体方式考虑 3 个主要方面[153]：多智能体系统（MAS）理论，以便分布式方面可以充分规范化，广义信息论（GIT）[154]用于知识表示和信息的不完善，以及决策理论，由图 2.23 中的运筹学（OR）表示，以明确说明行动及其对环境的影响。基于 FIAT 的系统设计完全取决于背景和应用领域。面临的挑战是组装适当的技术，以支持：在给定的复杂环境中有关态势的测量、组织、理解和推理（如图 2.1 中的关键 CPSS）。上面提出了许多集成框架，但大多数框架还没有足够掌握，因此仍需要进行大量分析工作，以便在实施支持解决方案时从中获益。

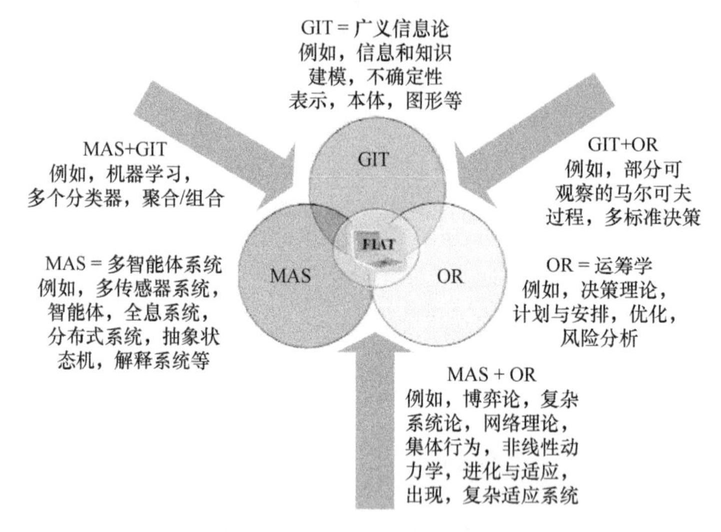

图 2.23　基于 FIAT 系统的多学科技术主要类别

2.11 小　　结

本章涉及态势感知和决策过程。理解决策过程是任何决策支持解决方案设计的先决条件。决策过程是一项多方面的工作，需要从多个角度处理其所有细微差别和复杂性。没有一种普遍的决策模式能够充分体现这一进程的复杂性。例如，一种基于决策理论范式的决策理论认为，决策是一种与态势估计密切相关的分析过程。基于此估计，决策者生成多个选项，然后确定评估这些选项的标准，根据这些标准对选项进行评级，并选择最佳选项作为未来计划和行动的基础。第二种决策理论强调更具归纳性的方法，强调知识的获取、专业知识的发展以及人类从过去经验中总结的能力。它强调模式识别、创造力、经验和自发性。最近的研究建议在这两种方法之间建立一个连续的模型。

很大一部分决策支持系统旨在帮助运行者和分析师为其决策活动实现适当的态势感知状态，并支持执行最终行动。仅凭技术视角会导致系统设计人员提出缺乏与人类所需认知契合的解决方案。在过去认知工程中缺乏知识已危害旨在补充和支持人类认知任务的计算机辅助工具的设计。此外，大多数情况下，这种缺乏知识在设计工具中产生了新的信任问题。

因此，解决决策问题需要平衡人的因素与其中的系统设计师的观点，并协调设计一个认知适合的系统以支持决策者的努力。设计一个符合认知的决策支持系统的问题就是认知系统工程界的问题，他们正在提出方法来达到这个目的。了解人类如何获得态势感知的过程，可以为在何处以及如何支持底层的态势分析过程提供线索。让我们回顾一下，态势分析是对态势、态势因素及其关系进行审查的一个过程，以提供和维持一个结果（提供给决策者的态势感知状态）。

多学科 FIAT 是建立基于计算机的态势分析支持的关键促成因素。在分析过程开始，人的因素的整合是一个重要方面。态势分析过程必须同时处理知识和不确定性，由于支持是通过计算机实现的，因此规范化是必要的。我们回顾了最近提出的将 FIAT 整合为计算机支持系统的框架，这些框架中没有一个已经开发或成熟到足以满足所有需求。我们必须说，这些要求本身并没有得到充分理解，因为它们与决策过程本身一样具有多方面性。然而，可以说一个集中知识、信息和不确定性，可以进行表示、组合、管理、减少和更新的框架是非常必要的。应考虑 3 个主要方面：①分布式方面可以充分规范化，如通过多智能体系统理论化；②决策理论，以明确说明行动及其对环境的影响；③知识和不确定性表示的广义信息论。信息和不确定性是下一章的主题。

参考文献

[1] Boyd, J. R., *A Discourse on Winning and Losing,* unpublished set of briefing slides available at Air University Library, Maxwell AFB, Alabama, http://www.ausairpower.net/APA Boyd-Papers.html, 1987.

[2] Ghosh, S., *Algorithm Design for Networked Information Technology Systems*, New York: Springer, 2004.

[3] Waltz, E., *Knowledge Management in the Intelligence Enterprise*, Norwood, MA: Artech House, 2003.

[4] Richards, C., "Boyd's OODA Loop," Slideshow, http://www. dni. net/fcs/ppt/boyds_ooda_loop. ppt, 2001.

[5] Valin, P., et al., "Testbed for Distributed High–Level Information Fusion and Dynamic Resource Management," *Intl. Conf. on Information Fusion*, 2010.

[6] Shahbazian, E., D. E. Blodgett, and P. Labbé, "The Extended OODA Model for Data Fusion Systems," *Proc. of the 4th International Conference on Information Fusion (FUSION2001)*, Montreal, 2001.

[7] Blasch, E., R. Breton, and É. Bossé, "User Information Fusion Decision Making Analysis with the C-OODA Model," in *High-Level Information Fusion Management and Systems Design*, E. Blasch, É. Bossé, and D. A. Lambert, (eds.), Norwood, MA: Artech House, 2012, pp. 215–232.

[8] Das, S., *Computational Business Analytics*, New York: Taylor & Francis, 2013.

[9] Strassner, J., et al., "A Semantic Architecture for Enhanced Cyber Situational Awareness," *Secure and Resilient Cyber Architectures Conference*, 2010.

[10] Strassner, J., J. -K. Hong, and S. van der Meer, "The Design of an Autonomic Element for Managing Emerging Networks and Services," *Intl. Conf. on Ultra Modern Telecommunications &*

Workshops 2009 (ICUMT'09), 2009, pp. 1–8.

[11] Strassner, J., S. -S. Kim, and J. W. -K. Hong, "The Design of an Autonomic Communication Element to Manage Future Internet Services," in *Management Enabling the Future Internet for Changing Business and New Computing Services*, New York: Springer, 2009, pp. 122–132.

[12] Strassner, J., "Knowledge Representation, Processing, and Governance in the FOCALE Autonomic Architecture," *Autonomic Network Management Principles: From Concepts to Applications,* 2010, p. 253.

[13] Blasch, E., et al., "Implication of Culture: User Roles in Information Fusion for Enhanced Situational Understanding," *12th Intl. Conf. on Information Fusion 2009 (FUSION'09)*, 2009, pp. 1272–1279.

[14] Taylor, J., *Decision Management Systems: A Practical Guide to Using Business Rules and Predictive Analytics*, Boston, MA: Pearson Education, 2011.

[15] Minelli, M., M. Chambers, and A. Dhiraj, *Big Data, Big Analytics: Emerging Business Intelligence and Analytic Trends for Today's Businesses*, New York: John Wiley & Sons, 2012.

[16] Dittrich, D., A. Center, and M. P. Haselkorn, "Visual Analytics in Support of Secure CyberPhysical Systems," 2009, https://staff.washington.edu/dittrich/papers/dhs-cps-ws-2009-uw. pdf.

[17] Breton, R., "The Modelling of Three Levels of Cognitive Controls with the CognitiveOODA Loop Framework," *Def. Res. & Dev. CA-Valcartier, DRDC TR,* Vol. 111, 2008.

[18] Llinas, J., "Reexamining Information Fusion-Decision Making Inter-Dependencies," *2014 IEEE Intl. Inter-Disciplinary Conf. on Cognitive Methods in Situation Awareness and Decision Support (CogSIMA)*, 2014, pp. 1–6.

[19]Alberts, D. S., "The Agility Imperative: Precis," Unpublished white paper, http://www. dodccrp. org, 2010.

[20] Alberts, D. S., *The Agility Advantage: A Survival Guide for Complex Enterprises and Endeavors*, Washington DC: CCRP Publication Series, 2010.

[21] Alberts, D. S., "Agility, Focus, and Convergence: The Future of Command and Control," DTIC Document, 2007.

[22] Alberts, D. S., R. K. Huber, and J. Moffat, "NATO NEC C2 Maturity Model," NATO SAS-065, www.dodccrp.org, 2010.

[23]Bossé, É., J. Roy, and S. Wark, *Concepts, Models, and Tools for Information Fusion*, Norwood, MA: Artech House, 2007.

[24] Gigerenzer, G., "Bounded Rationality Models of Fast and Frugal Inference," *Revue Suisse D' Economie Politique et de Statitisique,* Vol. 133, 1997, pp. 201–218.

[25] Bryant, D. J., R. D. Webb, and C. McCann, "Synthesizing Two Approaches to Decision Making in Command and Control," *Canadian Military Journal,* Vol. 4, 2003, pp. 29–34.

[26] Guitouni, A., K. Wheaton, and D. Wood, "An Essay to Characterize Models of the Military Decision-Making Process," *11th ICCRT Symposium*, Cambridge, U.K., 2006.

[27] Von Winterfeldt, D., and W. Edwards, *Decision Analysis and Behavioral Research,* Vol. 604, Cambridge, U.K.: Cambridge University Press, 1986.

[28] Kahneman, D., and A. Tversky, "Prospect Theory: An Analysis of Decision Under Risk," *Econometrica: Journal of the Econometric Society,* 1979, pp. 263–291.

[29] Loomes, G., and R. Sugden, "Regret Theory: An Alternative Theory of Rational Choice Under Uncertainty," *The Economic Journal,* 1982, pp. 805–824.

[30] Simon, H. A., "Rational Choice and the Structure of the Environment," *Psychological Review,* Vol. 63, 1956, p. 129.

[31] Todd, P. M., and G. Gigerenzer, "Bounding Rationality to the World," *Journal of Economic Psychology,* Vol. 24, 2003, pp. 143–165.

[32] Rieskamp, J., and U. Hoffrage, "Inferences Under Time Pressure: How Opportunity Costs Affect Strategy Selection," *Acta Psychologica,* Vol. 127, 2008, pp. 258–276.

[33] Hoffrage, U., *When Do People Use Simple Heuristics, and How Can We Tell?* New York: Oxford University Press, 1999.

[34] Zsambok, C. E., and G. Klein, *Naturalistic Decision Making*, Abington, Oxford, UK: Taylor and Franics Group, 2014.

[35] Klein, G., "The Recognition-Primed Decision (RPD) Model: Looking Back, Looking Forward," *Naturalistic Decision Making,* 1997, pp. 285–292.

[36] Beach, L. R., and T. R. Mitchell, "Image Theory: Principles, Goals, and Plans in Decision Making," *Acta Psychologica,* Vol. 66, 1987, pp. 201–220.

[37] Lipshitz, R., "Converging Themes in the Study of Decision Making in Realistic Settings," in *Decision Making In Action: Models and Methods*, G.A. Klein et al. (eds.), Norwood, NJ: Ablex, 1993.

[38] Lipshitz, R., and O. Strauss, "Coping with Uncertainty: A Naturalistic Decision-Making Analysis," *Organizational Behavior and Human Decision Processes,* Vol. 69, 1997, pp. 149–163.

[39] Diaz, S. K., "Where Do I Start? Decision Making in Complex Novel Environments," DTIC Document, Naval Post-Graduate School, Monterey, CA, 2010.

[40] Budiu, R., C. Royer, and P. Pirolli, "Modeling Information Scent: A Comparison of LSA, PMI and GLSA Similarity Measures on Common Tests and Corpora," *Proc. of RIAO'07*, Pittsburgh, PA, 2007.

[41] Pirolli, P. L., *Information Foraging Theory: Adaptive Interaction with Information*, Oxford, U.K.: Oxford University Press, 2007.

[42] Llinas, J., "A Survey of Automated Methods for Sensemaking Support," *SPIE Sensing Technology+ Applications*, 2014, pp. 912206–912206-13.

[43] Roy, J., "Combining Elements of Information Fusion and Knowledge-Based Systems to Support Situation Analysis," *Defense and Security Symposium*, 2006, pp. 624202–624202-14.

[44] Roy, J., and A. Auger, "The Multi-Intelligence Tools Suite-Supporting Research and Development in Information and Knowledge Exploitation," DTIC Document, 16th International Command and Control Research and Technology Symposium, "Collective C2 in Multinational Civil-Military Operations," Quebec City, Canada, June 21–23, 2011.

[45] Roy, J., and A. B. Guyard, "Multiple Hypothesis Situation Analysis Support System Prototype," *13th Conf. on Information Fusion (FUSION)*, 2010, pp. 1–8.

[46] Giard, V. E., and B. Roy, *Méthodologie multicritère d'aide à la décision*, Paris, France: Editions Economica, 1985.

[47] Roy, J., "From Data Fusion to Situation Analysis," *4th Conf. on Information Fusion (FUSION)*, 2001, pp. 1–8.

[48] Sulis, W., "Archetypal Dynamics," in *Formal Descriptions of Developing Systems,* Vol. 121, J. Nation, et al., (eds.), Boston, MA: Kluwer Academic Publishers, 2003, pp. 180–227.

[49] Nicholson, D., "Defence Applications of Agent-Based Information Fusion," *The Computer Journal,* Vol. 54, 2011, pp. 263–273.

[50] Cugola, G., and A. Margara, "Processing Flows of Information: From Data Stream to Complex Event Processing," *ACM Computing Surveys (CSUR),* Vol. 44, 2012, p. 15.

[51] Wang, F., et al., "Bridging Physical and Virtual Worlds: Complex Event Processing for RFID Data Streams," *Advances in Database Technology (EDBT 2006)*, 2006, pp. 588–607.

[52] Klein, M., et al., "Ontology Versioning and Change Detection on the Web," in *Knowledge Engineering and Knowledge Management: Ontologies and the Semantic Web*, New York: Springer, 2002, pp. 197–212.

[53] Krishnamurthy, B., et al., "Sketch-Based Change Detection: Methods, Evaluation, and Applications," *Proc. of 3rd ACM SIGCOMM Conf. on Internet Measurement*, 2003, pp. 234–247.

[54] Lunetta, R. S., and C. D. Elvidge, *Remote Sensing Change Detection: Environmental Monitoring Methods and Applications*, London, UK: Taylor & Francis, 1999.

[55] Pedrycz, W., *Knowledge-Based Clustering: From Data to Information Granules*, New York: John Wiley & Sons, 2005.

[56] Pedrycz, W., *Granular Computing: Analysis and Design of Intelligent Systems*, Boca, Raton, FL: CRC Press, 2013.

[57] Pedrycz, W., and S. -M. Chen, *Information Granularity, Big Data, and Computational Intelligence*, New York: Springer, 2014.

[58] Zadeh, L. A., "Toward a Theory of Fuzzy Information Granulation and Its Centrality in Human Reasoning and Fuzzy Logic," *Fuzzy Sets and Systems,* Vol. 90, 1997, pp. 111–127.

[59] Pirolli, P., and S. Card, "The Sensemaking Process and Leverage Points for Analyst Technology as Identified Through Cognitive Task Analysis," *Proc. of Intl. Conf. on Intelligence Analysis*, 2005, pp. 2–4.

[60] Roy, J., and A. B. Guyard, "A Knowledge-Based System for Multiple Hypothesis Sensemaking Support," *Proc. of 14th Intl. Conf. on Information Fusion (FUSION)*, 2011, pp. 1–8.

[61] Klein, G., B. Moon, and R. R. Hoffman, "Making Sense of Sensemaking 2: A Macrocognitive Model," *IEEE Intelligent Systems*, Vol. 21, 2006, pp. 88–92.

[62] Klein, G., et al., "A Data-Frame Theory of Sensemaking: Expertise Out of Context," *Proc. of 6th Intl. Conf. on Naturalistic Decision Making*, 2007, pp. 15–17.

[63]Endsley, M. R., and D. J. Garland, *Situation Awareness Analysis and Measurement*, Boca Raton, FL: CRC Press, 2000.

[64] Endsley, M. R., "Toward a Theory of Situation Awareness in Dynamic Systems," *Human Factors: The Journal of the Human Factors and Ergonomics Society,* Vol. 37, 1995, pp. 32–64.

[65] Blasch, E., E. Bosse, and D. A. Lambert, *High-Level Information Fusion Management and Systems Design*: Norwood, MA: Artech House, 2012.

[66] Clark, R. E., et al., "Cognitive Task Analysis," *Handbook of Research on Educational Communications and Technology,* Vol. 3, 2008, pp. 577–593.

[67] Crandall, B., G. A. Klein, and R. R. Hoffman, *Working Minds: A Practitioner's Guide to Cognitive Task Analysis*, Cambridge, MA: MIT Press, 2006.

[68] Schraagen, J. M., S. F. Chipman, and V. L. Shalin, *Cognitive Task Analysis*, New York: Taylor and Francis Group, 2000.

[69] Bisantz, A. M., and C. M. Burns, *Applications of Cognitive Work Analysis*, Boca Raton, FL: CRC Press, 2008.

[70] Elm, W. C., et al., "Applied Cognitive Work Analysis: A Pragmatic Methodology For Designing Revolutionary Cognitive Affordances," *Handbook of Cognitive Task Design,* 2003, pp. 357–382.

[71] Jenkins, D. P., *Cognitive Work Analysis: Coping with Complexity*, Surrey, UK: Ashgate Publishing, 2009.

[72] Naikar, N., A. Moylan, and B. Pearce, "Analysing Activity in Complex Systems with Cognitive Work Analysis: Concepts, Guidelines and Case Study for Control Task Analysis," *Theoretical Issues in Ergonomics Science,* Vol. 7, 2006, pp. 371–394.

[73] Vicente, K. J., *Cognitive Work Analysis: Toward Safe, Productive, and Healthy Computer Based Work*, Boca Raton, FL: CRC Press, 1999.

[74] Vicente, K. J., "A Few Implications of an Ecological Approach to Human Factors," in *Global Perspectives on the Ecology of Human-Machine Systems, Volume 1: Resources for Ecological Psychology*, J. M. Flach et al. (eds.), Hillsdale, NJ England: Lawrence Erlbaum Associates, Inc. 1995.

[75] Rasmussen, J., A. M. Pejtersen, and L. P. Goodstein, *Cognitive Systems Engineering*, New York: Wiley, 1994.

[76] Woods, D. D., and E. Hollnagel, *Joint Cognitive Systems: Patterns in Cognitive Systems Engineering*, Boca Raton, FL: CRC Press, 2006.

[77] Rasmussen, J., "Information Processing and Human-Machine Interaction. An Approach to Cognitive Engineering," *Series in System Science and Engineering*, New York: North Holland, Vol. 12, 1986.

[78] Burns, C. M., D. J. Bryant, and B. A. Chalmers, "Scenario Mapping with Work Domain Analysis," *Proc. of the Human Factors and Ergonomics Society Annual Meeting*, 2001, pp. 424–428.

[79] Chalmers, B., and C. Burns, "A Model-Based Approach to Decision Support Design for a Modern Frigate," *TTCP Symp. on Coordinated Maritime Battlespace Management, Space and Naval Warfare Systems Center,* San Diego, CA, 1999.

[80] Paradis, S., et al., "A Pragmatic Cognitive System Engineering Approach to Model Dy┐ namic Human Decision-Making Activities in Intelligent and Automated Systems," DTIC Document, 2003. RTO HFM Symposium, NATO RTO-MP-088, Warsaw, Poland, 2003.

[81] Bossé, É., S. Paradis, and R. Breton, "Decision Support in Command and Control: A Balanced Human-Technological Perspective," *Data Fusion for Situation Monitoring, Incident Detection,*

Alert and Response Management, Vol. 16, 2005, pp. 205–222.

[82] Corcho, O., M. Fernández-López, and A. Gómez-Pérez, "Ontological Engineering: Principles, Methods, Tools and Languages," in *Ontologies for Software Engineering and Software Technology*, New York: Springer, 2006, pp. 1–48.

[83] Fernandez-Lopez, M., and O. Corcho, *Ontological Engineering: With Examples from the Areas of Knowledge Management, E-Commerce and the Semantic Web*, New York: Springer, 2010.

[84] Gomez-Perez, A., M. Fernández-López, and O. Corcho-Garcia, "Ontological Engineering," *Computing Reviews,* Vol. 45, 2004, pp. 478–479.

[85] J. Roy and A. Auger, "Knowledge and Ontological Engineering Techniques for Use in Developing Knowledge-Based Situation Analysis Support Systems," *Defence R&D Canada–Valcartier Tech. Mem,* Vol. 757, 2006.

[86] Hollnagel, E., and D. D. Woods, *Joint Cognitive Systems: Foundations of Cognitive Systems Engineering*, Boca Raton, FL: CRC Press, 2005.

[87]Dey, A., "Understanding and Using Context," *Personal and Ubiquitous Computing,* Vol. 5, 2001, pp. 4–7.

[88] Zimmermann, A., A. Lorenz, and R. Oppermann, "An Operational Definition of Context," in *Modeling and Using Context*, New York: Springer, 2007, pp. 558–571.

[89] "Context Awareness," http://en.wikipedia.org/wiki/Context_awareness, last accessed April 22, 2015.

[90] Apte, C. V., et al., "Data-Intensive Analytics for Predictive Modeling," *IBM Journal of Research and Development,* Vol. 47, 2003, pp. 17–23.

[91] Laursen, G. H. N., and J. Thorlund, *Business Analytics for Managers: Taking Business Intelligence Beyond Reporting*, New York: Wiley, 2010.

[92] Steinberg, A. N., C. L. Bowman, and F. E. White, "Revisions to the JDL Data Fusion Model," *The Joint NATO/IRIS Conference*, Quebec City, 1998.

[93] Hall, D. L., and J. M. Jordan, *Human-Centered Information Fusion*, Norwood, MA: Artech House, 2010.

[94] Hall, D. L., and S. A. H. McMullen, *Mathematical Techniques in Multisensor Data Fusion*, Norwood, MA: Artech House, 2004.

[95] Liggins, M., D. Hall, and J. Llinas, *Handbook of Multisensor Data Fusion: Theory and Practice*, 2nd ed., New York: Taylor & Francis, 2008.

[96] Das, S., *High-Level Data Fusion*, Norwood, MA: Artech House, 2008.

[97] Eckerson, W. W., *Secrets of Analytical Leaders*, Westfield, NJ:Technics Publications, 2012.

[98] Sheikh, N., *Implementing Analytics: A Blueprint for Design, Development, and Adoption*, Walthan, MA, Morgan Kaufman, 2013.

[99] Chen, Z., *Data Mining and Uncertain Reasoning: An Integrated Approach*, New York: Wiley, 2001.

[100] Tan, P. -N., M. Steinbach, and V. Kumar, *Introduction to Data Mining, Vol. 1*, Boston, MA: Pearson Addison Wesley, 2006.

[101] Witten, I. H., and E. Frank, Data Mining: Practical Machine Learning Tools and Techniques, Burlington, MA: Morgan Kaufmann, 2005.

[102] Bishop, C. M., Pattern Recognition and Machine Learning, Vol. 4, New York: Springer, 2006.
[103] Han, J., M. Kamber, and J. Pei, Data Mining, Southeast Asia Edition: Concepts and Techniques, San Francisco, CA: Morgan Kaufmann, 2006.
[104] Burstein, F., and C. Holsapple, Handbook on Decision Support Systems: Variations, Vol. 2, New York: Springer Science & Business Media, 2008.
[105] Blasch, E., É. Bossé, and D. A. Lambert, (eds.), High-Level Information Fusion Management and Systems Design, Norwood, MA: Artech House, 2012.
[106]Bossé, É., J. Roy, and S. Wark, Concepts, Models and Tools for Information Fusion, Norwood, MA: Artech House, 2007.
[107]Liggins, M. E., D. L. Hall, and J. Llinas, (eds.), Handbook of Multisensor Data Fusion, Boca Raton, FL: CRC Press, 2009.
[108] Hall, D. L., Mathematical Techniques in Multisensor Data Fusion, Norwood, MA: Artech House, 1992.
[109] Klein, L. A., Sensor and Data Fusion Concepts and Applications, Bellingham, WA: SPIE Optical Engineering Press, 1993.
[110] Luo, R. C., and M. G. Kay, (eds.), Multisensor Integration and Fusion for Intelligent Machines and Systems, Norwood, NJ: Ablex Publishing Corporation, 1995.
[111] White, F. E., "Data Fusion Lexicon," Joint Directors of Laboratories, Technical Panel for C3, Data Fusion Sub-Panel, Naval Ocean Systems Center, San Diego, CA, 1987.
[112] Llinas, J., et al., "Revisiting the JDL Data Fusion Model II," Proc. of 7th Intl. Conf. on Information Fusion (FUSION 2004), Stockholm, Sweden, 2004.
[113] Steinberg, A. N., and C. L. Bowman, "Rethinking the JDL Data Fusion Levels," Proc. of the National Symposium on Sensor and Data Fusion, John Hopkins Applied Physics Laboratory, 2004.
[114] Blasch, E., and S. Plano, "Level 5: User Refinement to Aid the Fusion Process," SPIE Proceedings, Vol. 5099, Multisensor, Multisource Information Fusion: Architectures, Algorithms, and Applications, 2003.
[115] Dasarathy, B. V., "Sensor Fusion Potential Exploitation-Innovative Architectures and Illustrative Applications," Proc. of the IEEE, 1997, pp. 24–38.
[116] Shulsky, A. N., and G. J. Schmitt, Silent Warfare: Understanding the World of Intelligence, Washington DC: Potomac Books, 2002.
[117] Bedworth, M. D., and J. C. O'Brien, "The Omnibus Model: A New Model for Data Fusion?" Proc. of the 2nd Intl. Conf. on Information Fusion (FUSION1999), 1999.
[118] Khaleghi, B., et al., "Multisensor Data Fusion: A Review of the State-of-the-Art," Information Fusion, Vol. 14, 2013, pp. 28–44.
[119] Nakamura, N. E. F., A. A. F. Loureiro, and A. C. Frery, "Information Fusion for Wireless Sensor Networks: Methods, Models, and Classifications," ACM Computing Surveys, Vol. 39, 2007.
[120] Blasch, E., et al., "High Level Information Fusion Developments, Issues, and Grand Challenges," Proc. of the 13th Intl. Conf. of Information Fusion (FUSION2010), Edinburg, 2010.
[121] Salerno, J. J., et al., "Issues and Challenges in Higher Level Fusion: Threat/Impact Assessment and

Intent Modeling (A Panel Summary)," Proc. of 13th Intl. Conf. of Information Fusion (FUSION2010), Edinburg, 2010.

[122] Blasch, E., et al., "Top Ten Trends in High-Level Information Fusion," Proc. of 15th Intl. Conf. of Information Fusion (FUSION2012) Singapore, 2012.

[123] Kokar, M. M., J. A. Tomasik, and J. Weyman, "Formalizing Classes of Information Fusion Systems," Information Fusion, Vol. 5, 2004, pp. 189–202.

[124] Kokar, M. M., C. J. Matheus, and K. Baclawski, "Ontology-Based Situation Awareness," Information Fusion, Vol. 10, 2009, pp. 83–98.

[125] Little, E., and G. Rogova, "Designing Ontologies for Higher Level Fusion," Information Fusion, Vol. 10, 2009, pp. 70–82.

[126] Roy, J., and É. Bossé, "Conflict Management in the Shipboard Integration of Multiple Sensors," Proc. of 1st Intl. Conf. on Information Fusion (FUSION1998) Las Vegas, NV, 1998.

[127] Gustavsson, P. M., and T. Planstedt, "The Road Towards Multi-Hypothesis Intention Simulation Agents Architecture-Fractal Information Fusion Modeling," Proc. of Winter Simulation Conf., 2005.

[128] Gustavsson, P. M., and T. Planstedt, "The Road Towards Multi-Hypothesis Intention Simulation Agents Architecture Fractal Information Fusion Modeling," Proc. of 37th Conf. on Winter Simulation, 2005, pp. 2532–2541.

[129] Guitouni, A., P. Valin, É. Bossé, and H. When, "Information Fusion and Resource Management Testbed," in High-Level Information Fusion Management and Systems Design, E. Blasch, É. Bossé, and D. A. Lambert, (eds.), Norwood, MA: Artech House, 2012, pp. 155–172.

[130] Bowman, C. L., and A. N. Steinberg, "Systems Engineering Approach for Implementing Data Fusion Systems," in Handbook of Multisensor Data Fusion, M. E. Liggins, D. L. Hall, and J. Llinas, (eds.), Boca Raton, FL: CRC Press, 2009, pp. 561–596.

[131] U.S. Department of Defense, "The DoDAF Architecture Framework Version 2.02," http://dodcio.defense.gov/Portals/0/Documents/DODAF/DoDAF_v2-02_web.pdf, 2010.

[132] Llinas, J., "A Survey and Analysis of Frameworks and Framework Issues for Information Fusion Applications," Proc. of 5th Intl. Conf. on Hybrid Artificial Intelligence Systems, Hybrid Artificial Intelligence Systems, Lecture Notes in Computer Science Volume 6076, 2010, pp. 14–23.

[133] Lambert, D. A., "A Blueprint for Higher-Level Fusion Systems," Information Fusion, Vol. 10, 2009, pp. 6–24.

[134] Lambert, D., and C. Nowak, "The Mephisto Conceptual Framework," Defence Science and Technology Organisation, DSTO-TR-2162, Australia, 2008.

[135] Fagin, R., et al., Reasoning About Knowledge, Cambridge, MA: MIT Press, 2003.

[136] Maupin, P., and A.-L. Jousselme, "A General Algebraic Framework for Situation Analysis," Proc. of 8th Intl. Conf. on Information Fusion (FUSION2005), Philadelphia, PA, 2005.

[137] Maupin, P., and A.-L. Jousselme, "Interpreted Systems for Situation Analysis," Proc. of 10th Intl. Conf. on Information Fusion (FUSION2007) Quebec City, Canada, 2007.

[138] Baier, C., and J.-P. Katoen, Principles of Model Checking, Cambridge, MA: MIT Press, 2008.

[139] Sulis, W. H., "Archetypal Dynamics: An Approach to the Study of Emergence," in Formal Descriptions of Developing Systems, NATO Science Series Volume 121, 2003, pp. 185–228.

[140] Maupin, P., et al., "A Toolbox for the Evaluation of Surveillance Strategies Based on Interpreted Systems," in High-Level Information Fusion Management and Systems Design, E. Blasch, É. Bossé, and D. A. Lambert, (eds.), Norwood, MA: Artech House, 2012, pp. 215–232.

[141] Sulis, W., "Causal Tapestries," Bulletin of the American Physical Society, Vol. 56, 2011.

[142] Breton, R., et al., "Framework for the Analysis of Information Relevance (FAIR)," IEEE Intl. Multi-Disciplinary Conf. on Cognitive Methods in Situation Awareness and Decision Support (CogSIMA), 2012, pp. 210–213.

[143] Hadzagic, M., et al., "Reliability and Relevance in the Thresholded Dempster-Shafer Algorithm for ESM Data Fusion," 15th Intl. Conf. on Information Fusion (FUSION), 2012, pp. 615–620.

[144] Pichon, F., D. Dubois, and T. Denoeux, "Relevance and Truthfulness in Information Correction and Fusion," International Journal of Approximate Reasoning, Vol. 53, 2012, pp. 159–175.

[145] Saracevic, T., "Relevance: A Review of the Literature and a Framework for Thinking on the Notion in Information Science. Part III: Behavior and Effects of Relevance," Journal of the American Society for Information Science and Technology, Vol. 58, 2007, pp. 2126–2144.

[146] White, H. D., "Relevance Theory and Citations," Journal of Pragmatics, Vol. 43, 2011, pp. 3345–3361.

[147] Jain, P., "Intelligent Information Retrieval," SETIT 2005 3rd INternational Conference: Sciences of Electronic Technologies of Information and Telecommunications, Vol. 3, 2005.

[148] Boutell, M., and J. Luo, "Bayesian Fusion of Camera Metadata Cues in Semantic Scene Classification," Proc. of 2004 IEEE Computer Society Conf. on Computer Vision and Pattern Recognition (CVPR 2004), Vol. 2, 2004, pp. II-623–II-630.

[149] Lemire, D., et al., "Collaborative Filtering and Inference Rules for Context-Aware Learning Object Recommendation," Interactive Technology and Smart Education, Vol. 2, 2005, pp. 179–188.

[150] Yu, Z., et al., "Supporting Context-Aware Media Recommendations for Smart Phones," IEEE Pervasive Computing, Vol. 5, 2006, pp. 68–75.

[151] Johnson, M., and C. N. Dampney, "On Category Theory as a (Meta) Ontology for Information Systems Research," Proc. of Intl. Conf. on Formal Ontology in Information Systems-Volume 2001, 2001, pp. 59–69.

[152] "Data, Data Everywhere," The Economist: A Special Report on Managing Information, http://www.economist.com/node/15557443, February 2010.

[153] Bossé, É., A. L. Jousselme, and P. Maupin, "Situation Analysis for Decision Support: A Formal Approach," 10th Intl. Conf. on Information Fusion, 2007, pp. 1–3.

[154]Klir, G. J., "Generalized Information Theory," Fuzzy Sets and Systems, Vol. 40, 1991, pp. 127–142.

第 3 章　信息与不确定：定义和表示

本章的目的是，回顾基于信息融合与分析技术（FIAT）的智能态势分析与决策支持系统设计中可以利用的信息与不确定性的基本概念和前瞻性概念。

3.1　关于信息定义的各种观点

什么是信息？如文献[1]所述，一些调查[2-6]没有就信息定义达成一致意见。Floridi[1]指出：“信息是一个众所周知的多态现象和多义概念，因此，作为一个术语，它可以与几个解释联系起来，依赖于所采用的抽象级别以及需求的集群和面向理论的需求。” Floridi[1]添加了表述“很难预料到，单一的信息概念将令人满意地解释这一一般领域的众多可能应用”。Shannon 香农[7]的信息评论：“信息一词在一般信息理论领域中由不同的作者赋予了不同的含义。这些含义中至少有一些可能在某些应用中证明足够有用，值得进一步研究和永久认可。”

从文献[1]中恰当的复制于此，Weaver[8]关于香农信息的三重分析：“①由香农理论处理的有关信息量化的技术问题；②与意义和真实性有关的语义问题；③他所说的‘有影响力’问题，涉及信息对人类行为的影响和有效性，他认为这些问题必须发挥同等重要的作用。”

在《信息哲学》中，读者进行了一次有关“信息”一词意义演变的历史之旅，“信息”一词来源于柏拉图思想（或形式）理论背景中的拉丁语。如文献[9]所述，Cicero 使用 informare 是指植入大脑的一种表示。15 世纪，法语中的“信息”一词具有以下含义：调查、教育、告知行为、传播知识和情报。这次历史之旅使我们从抽象哲学到定量科学、计算到逻辑学和语言学。在文献[9]中，给出了信息理论技术文献中的 3 个主要观点：信息-A，知识、逻辑，信息答案中传达的内容；信息-B，概率、信息理论、定量测量；信息-C，算法、编码压缩、定量测量。表 3.1，完全由文献[9]构建，给出了与这 3 个方面相关的示例和重要参考。

文献[9]使读者了解大量利用多个学科获取信息的途径和方法：逻辑、计算机科学、数学、认知科学和物理学。所有这些分支尚未集成到当前的计算机科学环境中。根据文献[9]的说法，内容没有揭示 A-B-C 之间的不兼容，而是互补的观点。话虽如此，如果大量的研究工作致力于系统科学或文献[25]中提到的集成科学，那么某种统一是可能的。是通过协同学①科学[26-29]吗？还是通过控制论②的演变[30-33]？这个问题是开放的，答案有望提供从互补观点中受益的方法，该观点是关于信息更新的逻辑 A 立场、关于传输事件的 B 立场以及关于编码和解码计算活动的 C 立场的。

这本书是关于前瞻性信息技术的，在上一章中标记为 FIAT。赋予信息的意义是通知行为：通知谁/什么（一件事），关于谁/什么，做什么（决定、行动或任务）。系统中的超越是通过转换数据的动态过程（基于 FIAT）来执行的任务。来自文献[34]所述："信息是影响其他模式形成或转换的任何类型的模式。"对于 FIAT 的发展前景，信息需要可操作以支持决策和行动，即在 Barwise 和 Perry[13]意义上，信息对在特定态势下智能体（机器或人类）执行的任务产生影响。数据结构与操作它们的动态过程以及它们应该执行的任务相关联。没有转换就没有信息。与这个转换概念相关的是熵这个非常重要的概念，希腊语"entropia"的意思是转换。这个词由德国物理学家 Rudolph Clausius 在 1850 年使用，来自处理能量的热力学原理。这个想法是宇宙中的一切最终都会从有序变为无序，而熵是这种变化的度量：从有序到无序会增加熵。这是对熵的统计解释，Claude E.Shannon③（1940）[35]，以及后来的 Weaver、Kolmogorov 和 Chaitin[8,17,21-23,36,37]在客观观点（观点 B-C）方面，使信息论取得了相当大的进步。

表 3.1 信息论的三个主要观点

观点 A_B_C	描述示例（摘录自文献[9，第 11 页]）
信息-A A 是认知逻辑和语言语义的世界[10-16]。 A-观点是关于信息更新的	典型的基于逻辑的设置让智能体通过观察、语言交流或推理行为获取有关现实世界的新信息。一个简单的例子是，智能体提出一个问题并从答案中了解事情是什么样的。因此，3 个特征至关重要：表示和使用信息的智能体、信息变化的动态事件和相关性：信息总是关于一些相关描述的态势或世界。在这里，我们根据智能体可以真正说出新事物，定性地衡量信息质量：定量衡量可能很方便，但不是必需的。最后，该理论的规范范式是数学或计算逻辑
信息-B B 是香农信息论的世界，与物理学中的熵有关系[7,17-20]。 B-观点是关于传输事件的	典型的香农场景是关于一个源发射具有特定频率的信号。例如，一种视为全球文本生成者的语言，接收者从中获取的信息是根据预期的不确定性减少来衡量的。在这种意义上，看到公平骰子的特定滚动会提供 3 位信息。这里似乎没有特定代理参与，但该场景确实分析了逻辑方法中不存在的通信的主要特征，如信号的概率（源的长期行为，可能是接收者所看到的）、最佳编码和信道容量。最后，该理论的数学范式是概率论和物理学

① 协同学是对转换中系统的实证研究，重点是任何孤立组件的行为无法预测整个系统行为，包括人类作为参与者和观察者的角色(http://en.wikipedia.org/wiki/Synergetics_(Fuller))。

② 控制论是一种跨学科的方法，用来探索监管系统、结构、约束和可能性(http://en.wikipedia.org/wiki/Cybernetics)。

③ 熵有效地测量了物质实际微观状态的不确定性。在 20 世纪 40 年代，香农讨论了一种与电报线路传输信息的能力有关的信息。用概率来定义信息的数学公式与 50 年前 Boltzmann 用来定义熵[35]的公式相同，甚至乘法常数也是一样的。

（续）

观点 A_B_C	描述示例（摘录自文献[9，第 11 页]）
信息-C C 是 Kolmogorov 复杂性的世界，与计算的基础有关[21-24]。 C-观点是关于编码和解码的计算活动	在基本的 Kolmogorov 场景中，我们收到一个代码字符串并询问它的信息值。答案是，字符串的算法复杂度，定义为在某个固定的通用图灵机上计算它的最短程序的长度。虽然这看起来与前两个设置完全不同，但有一个直接链接到场景 B。使用所有无前缀程序的可枚举集，我们可以轻松找到相关的概率分布。这样，字符串的最短程序就成为香农意义上的最优代码。因此，出现了以下流程：信息 B 以概率为基础的概念开始，并推导出最佳代码。信息-C 以最短代码的概念为基础，并从中推导出先验概率。更多细节可以在文献[9]的第 133 页、171 页和 281 页中找到

FIAT 旨在将数据转换为可操作的信息。文献[9]中提供了此类数据转换的示例：从问题和答案[38]、观察[39]、交流[40]、学习[41, 42]、置信修正[43]、计算[44]和推理[45]到博弈论交互[46]。许多其他数据转换可以在分析、数据挖掘和信息融合文献[47-54]中找到。对于所有这些转换，消息容器（传输）和内容（意义）都很重要。然而，要变得可操作，信息需要意义（观点-A）。意义源于人们对信息的处理，与哲学中的观点相一致，如 David Lewis 的名言“意义就是意义的作用”。FIAT 就是支持行动中的决策[55]，因此，通过扩展为可能涉及单个智能体（机器或人）或多个智能体过程的行为提供有意义的信息。这可能会导致更一般的信息定义（GDI），如 Floridi 文献[1，56]：信息=数据+意义。似乎即使是关于 Floridi 的信息语义概念也没有达成共识[57]。发展 FIAT 需要 3 个观点 A-B-C。有大量数学工具可以解决客观观点（B-C），但需要做出重要的努力来解决含义-A 在网络物理和社会系统（CPSS）背景下的主观性质所带来的巨大挑战。

Klüver 文献[58]提到，香农和 Weaver 著名的信息度的定义使用了一个客观的概率概念（对于接收特定消息的所有系统都有相同的概率）。他表示，这在技术领域和自然科学中是有意义的，但在人类行为者之间的社会交流背景中没有意义。Klüver[58]继续说道：“作为社会互动过程的人类交流不仅取决于某个消息的意义和信息的程度，而且还取决于对接收系统来说消息的相关性或重要性。如果一个消息与接收系统有很大的相关性，则对该消息的相应反应将与对不重要消息的反应大不相同。此外，相关的消息会比不重要的消息受到更多关注。”在 CPSS 中，人和机器通过支持 3 种主要通信类型的复杂网络进行交互：机器–机器、人–机器和人–人。可以在这种背景（如社交网络、物联网）下工作的通信理论必须考虑 Klüver 提出的人类通信过程的重要方面。

以下来自文献[59]的重要摘录提供了本节的适当结尾：

试图理解如何将信息内容包括在生物圈能量通量的计算中，得出结论：在信息传输中，一个部分、语义内容或“消息的意义”，除了编码、传输和翻译产生的成本之外，没有增加热力学负担。以下 3 个假设提供了讨论一些主题的基础，这些主题展示了一些重要的结果：①通过任一途径的信息传输都具有与数据存储和传输相关的热力学成分；②语义内容不增加额外的热力学成本；③对于所有语义交换，意义只能通过翻译和解释获得，并且只有在背景中才具有价值。

最后，需要对信息的定义及其属性进行更多的研究。对于 FIAT 的开发来说，对信息有一个普遍而独特的定义有多重要还有待论证。在许多流行的著作中，人们可以找到可以区分的层次的概念：数据、信息、知识和智慧[60-63]。这些区别是非常清楚的或者是有价值的吗？再次说明，在这里，它仍然需要在基于 FIAT 的系统设计和信息理论的贡献中得到证明。从 Floridi 的著作来看，似乎至少对信息的一般定义存在共识：数据+意义[1,56,57]。图 3.1 中的图表对此进行了总结，作为本节的结论。我们希望读者注意图 3.1 中显示的虚假信息①的概念，因为这是大数据问题的真实性维度的一个非常重要的方面。

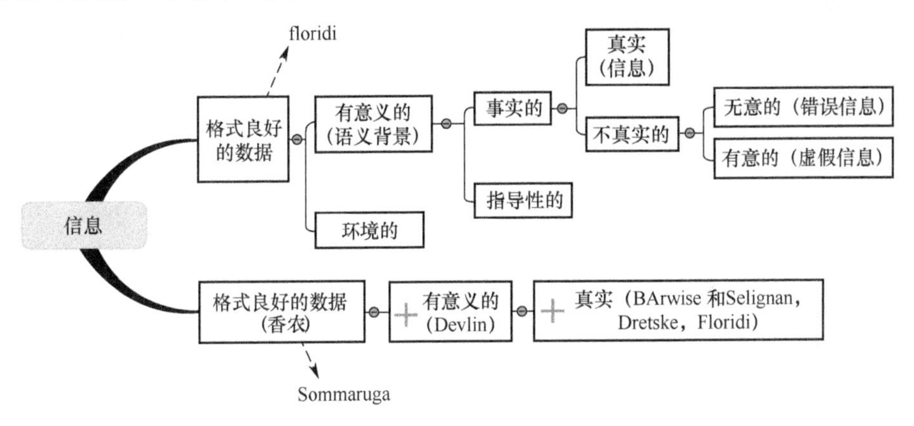

图 3.1　Floridi 信息图[56]（改编自 Sommaruga 文献[64]）

3.2 符 号 学

熵衡量无知情况的不确定性。无知和信息是两个相反的概念：衡量一个概念也衡量另一个概念。香农的理论对信息存储、数据压缩、信息传输和编码技术产生了巨大的影响，并将对 FIAT 的发展产生重要影响。很容易称香农的理论为信息的句法理论，但一些作者声称它也可以解决语义问题[65]。Graben 文献[65]从“通信的数

① 对于虚假信息，我们包括不可知论的概念。[178,179]

学理论”[17]中回忆了 3 个层次的通信问题（A-B-C）：技术问题 A 是通信符号的传输准确度。语义问题 B 是传输的符号如何精确地传达所需的含义。有效性问题 C 是接收到的意义如何有效地以期望的方式影响行为。Graben[65]与 Morris[66]讨论的 3 个符号维度建立了以下直接联系。

（1）句法：规范符号在形式结构中如何相互关联的规则。通过引入消息的元素（符号）之间的相关性的冗余码，可以解决具有噪声通信信道的技术问题 A。

（2）语义学：符号和它们所表示的概念（它们的指称）之间的关系（语义问题 B 解决了传输符号与其所需含义之间的关联）。

（3）语用学：对符号使用的系统研究（有效性问题 C 对应于语用学，解决符号之间的关系及其对用户的影响）。

这就需要对符号一词进行定义，它是代表者[67]、解释者（纯粹概念上的）和指称对象（解释者所指的实际对象，代表者所代表的对象）之间的三元关系。这种三分法（图 3.2）由 Ogden 和 Richards[68]描绘成今天所熟知的符号三角。

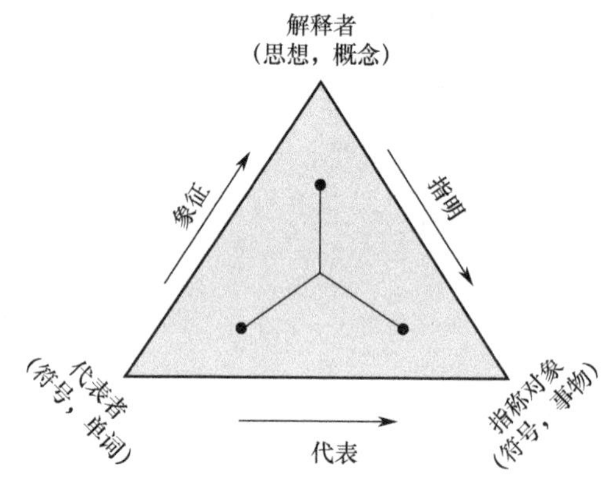

图 3.2　Ogden 和 Richards 符号学三角形

3.3　信息和不确定性

首先，对于不同领域的许多人来说，信息、不确定性和熵这三个词似乎具有不同的含义[69]。例如，看看普通用法的“信息”一词与“信息论”中“信息”一词的混淆。大多数时候，信息通过它的流行使用与知识的想法相关联。信息论中的信息，也称为香农信息，是狭义的，与不确定性和不确定性的解决有关。有时作者会混淆这两个词。“熵”这个词也是如此。作者经常使用熵这个词，而不会说明他们是在谈论热力学熵还是香农熵，反之亦然。“不确定性”一词的定义也存在同样的差异。例如，在经济学文献[70]中，存在不同的不确定性概念，涉及不同类型和不同程度的不确定性，以及不同标签下的相似概念。Dequech[70]甚至建议不要单独使用名词“不确定性”，而应附上修饰词来指定其类型，从而减少误解。

3.3.1　信息论和熵

香农使用了两种不同（但相关）的信息度量：熵和互信息。熵 $H(X)$ 是离散时间离散字母表随机过程$\{X_n\}$的信息量。H（X）的详细定义可以在几本优秀的信息论参考书中找到，如文献[71-72]。香农证明了一个编码定理，表明如果一个人希望将$\{X_n\}$编码成一个二进制符号序列，查看二进制序列的接收者可以几乎完美地重建原始过程。互信息是对一个过程$\{X_n\}$中包含的关于另一个过程$\{Y_n\}$的信息的度量，以对其做出决策：一个随机过程$\{X_n\}$代表信息源，另一个$\{Y_n\}$代表通信介质的输出，其中编码源遭到噪声的随机过程破坏。香农引入了两个过程之间的平均互信息的概念：

$$I(X,Y)=H(X)+H(Y)-H(X,Y) \tag{3.1}$$

式中：I（X，Y）为两个自熵之和减去这对熵。平均互信息也可以根据条件熵来定义（详见文献[71]的第 3 章）。

$$I(X,Y)=H(X)-H(X|Y)=H(Y)-H(X|Y) \tag{3.2}$$

我们可以用另一种方式来解读这个方程式：

$$H(X|Y)=H(X)-I(X,Y)$$
$$H(X|Y)=H(Y)-I(X,Y)$$

对于概率分布$p(.)$定义在有限集χ上的随机变量X，香农熵定义为

$$H(X)=-\sum_{x\in\chi}p(x)\log_2 p(x)\geqslant 0 \tag{3.3}$$

它量化了概率分布p的不均匀性。特别是，对于恒定随机变量（等概率随机变量），达到了最小值$H(X)=0$。熵也表示为[73]

$$S(p)=-\sum_{i=1}^{|x|}p(x_i)\log_2 p(x_i) \tag{3.4}$$

这强调了熵是概率分布p的一个特征。生成输入$x\in\chi$的源由概率分布$p(x)$表征。香农熵$S(p)$表现为平均缺失信息，即当接收者知道分布p时指定结果x所需的平均信息。它等效地测量由概率分布表示的不确定性量。在通信理论的背景中，它相当于应该传输以指定x的最小位数。以下来自 JR Pierce 文献[72]的摘录显示了消息所传达的信息量与不确定性之间的紧密联系："十个可能消息之一的消息，传达的信息量少于百万个可能消息之一的可能消息的信息量。我们越了解源要产生的消息，不确定性就越小，熵越少，信息也就越少。"

条件熵H（$X|Y$）显示为条件概率分布$p(X\mid Y=y)$的熵的平均值（遍及Y）：

$$H(X\mid Y)\equiv H(X,Y)-H(Y)=\sum_{y\in Y}p(y)[-\sum_{x\in X}p(x\mid y)\log_2 p(x\mid y)] \tag{3.5}$$

当随机变量X和Y具有相同的状态空间χ，具有各自的分布p_x和p_y时，可以考虑相对熵

$$S_{\text{rel}}(p_X\mid p_Y)=-\Sigma_x p_X(x)\log_2[p_X(x)/p_Y(x)] \tag{3.6}$$

相对熵的相反值定义了在同一空间χ上的两个概率分布p和q的 Kullback-

Leibler 散度[74]：

$$D(p\|q) = -S_{\text{rel}}(p|q) = \sum_{x} p(x)\log_2[p(x)/q(x)] \geqslant 0 \tag{3.7}$$

Kullback-Leibler 散度是定义信息或不确定度的一个重要量。到目前为止，大多数不确定性的测量方法都基于香农的熵[75-78]。然而，当多个信息的含义（第 2.1 节）悄悄进入讨论时，前面提到的熵的概念可能不足以涵盖更加严重的不确定性的所有方面。产生物理熵和香农熵的想法是完全不同的，尽管它们可以用相似的数学术语使用不确定性来描述。这仍然是一个融合的问题，看看是否可以在两个熵之间建立重要和有用的关系[19,79]。

3.3.2 不确定性和风险

不确定性①是一个术语，在许多领域以微妙而不同的方式使用，包括哲学、物理学、统计学、经济学、金融学、保险、心理学、社会学、工程学和信息科学。几种不确定性分类法存在于每个领域，并且经常发生不确定性与风险的概念相混淆的情况②。

在图 3.3 中标记为“不确定性冰屋”的示意性方法中，我们区分了无知和知识的开放和封闭形式，并界定了一个既涉及风险又涉及危险的不确定领域。危险是根据给定态势的可能结果来定义的。两者之间的一个决定性区别是，无论选择如何，危险都存在，因此可以避免或抵消，而风险则可以选择接受或强加。我们建议读者参考文献[85-86]中的示例以及对图 3.3 中所呈现概念的更详细讨论，如开放和封闭的知识，以及无知、风险和危险。文献[85-86]中作者讨论了关于风险的封闭和开放知识，与关于危险的封闭和开放无知，以及将危险转化为风险的先决条件之间的区别。

当某种态势涉及危险和风险时，重要的是通过研究或学习来减少知识差距。FIAT 的发展支持这一精确目标。解决知识差距的策略首先需要洞察特定类型的不确定性。表 3.2 列出了不确定性的分类、其原因的描述及其相关的决策类型。呈现了两层：两种基本形式（客观的、主观的），这两种形式又进一步分为两个子形式（认识论、本体论、道德、规则）。

---

① 不确定性应用于对未来事件的预测、相对于已经进行的物理测量或相对于未知。由于无知和/或懒惰，不确定性出现在部分可观察的和/或随机环境中（http://en.wikipedia.org/wiki/Uncertainty）。

② 关于什么是风险以及它如何与不确定性相比较，对于风险，我们不知道接下来会发生什么，但我们知道分布是什么样子的。对于不确定性，我们不知道接下来会发生什么，也不知道可能的分布是什么样子的。换句话说，未来总是未知的，但这并不会使它不确定（http://www.ritholtz.com/blog/2012/12/defining-risk-versus-uncertainty/）。

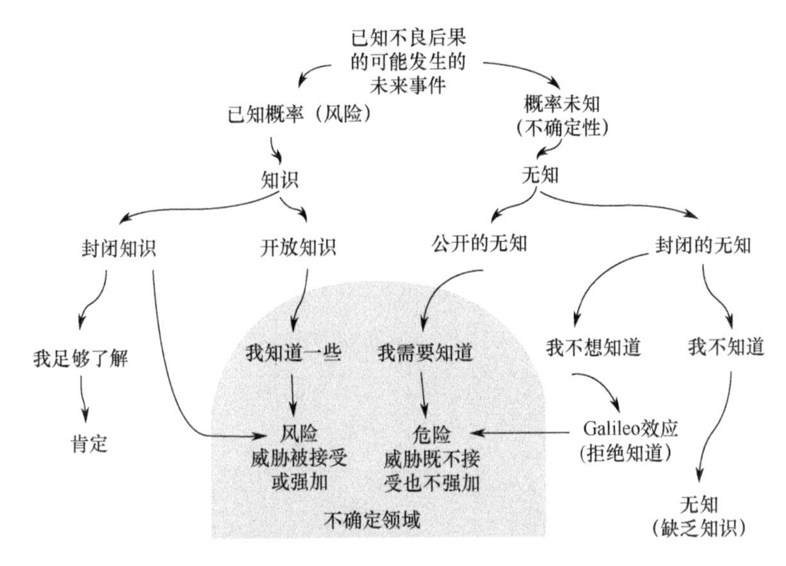

图 3.3　不确定性的冰屋　（改编自文献[85-86]）

表 3.2　不确定性和决策的分类

不确定性	客观的	认识论 由研究可以弥补的知识差距造成的	决策：知识导向的 决策者必须既依赖现有的知识，又考虑任何剩余的不确定性。这方面的一个策略是对类似态势进行比较风险评估
		本体论 这是由一种态势的随机特征引起的，通常会涉及复杂的技术、生物学，和/或社会系统	决策：准理性决策 无法做出合理的决定，而且态势基本不可预测；过去的经验和概率性的推理就复杂系统的如何反应提供了一些指导
	主观的	道德 由于缺乏适用的道德准则而产生，我们称这些态势为“道德不确定性”	决策：规则导向的 决策者必须依靠更为普遍的道德准则，并利用这些准则推断出问题的特殊态势的指导
		规则 由道德规则的不确定性引起的。这意味着，我们的行动是建立在基本预先形成的道德信念基础上的经验和内化的道德模式	决策：直觉导向的 只能依靠我们的直觉而不是知识，或显性或隐性的道德规则来做决定
注：来源于文献[85]			

在大多数经典词典中，不确定性有两个主要意义[81]。意义Ⅰ是一种心理状态的不确定性。意义Ⅱ是作为信息物理属性的不确定性。第一种意义是指智能体的心理状态，它不具备做出决定所需的信息或知识；智能体处于不确定状态：“我不确定这个对象是一个桌子。”第二种意义是指物理属性，代表感知系统的局限性：“这个

桌子的长度是不确定的。”在不确定推理理论中，通常将不确定性描述为信息的不完善性，以测量误差为例，不依赖于任何一种心理状态。然而，一个不确定的信息（意义Ⅱ）会在我们的头脑中引发一些不确定性（意义Ⅰ）。

Smithson[87-88]提出了一种无知分类法，其中视不确定性为一种无知“……一种最容易管理的无知。”这种分类法在图 3.4 中重现。Smithson 把无知解释为非知识。他最初把无知分为两类：无知（错误）状态和忽视的行为（不相关）。后者对应于故意忽略与解决问题的态势无关的事情，而前者是由不同原因（扭曲或不完全的知识）引起的（无知）状态。对于 Smithson 来说，在程度上与缺席相比，不确定性是不完全性，它是性质上的不完全性，它又细分为 3 种类型：概率、含糊（非特异性或模糊性）和模糊。

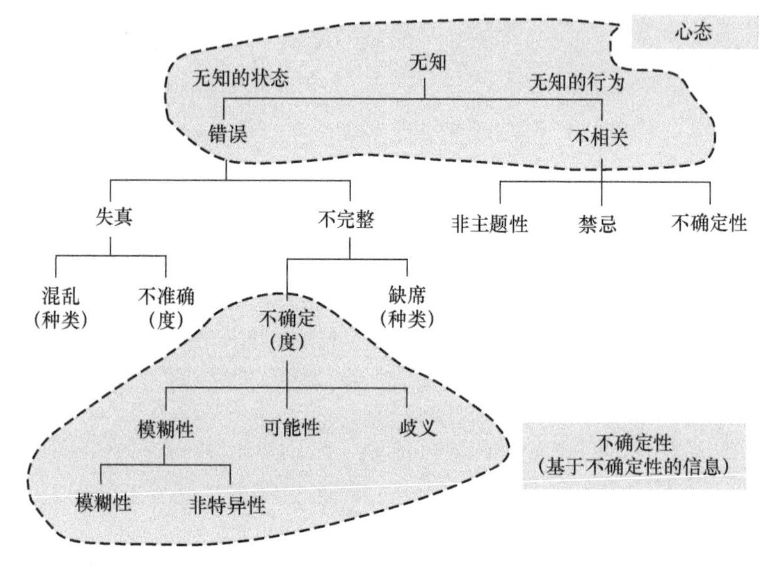

图 3.4　Smithson 的无知分类法

不确定性，作为一种心理状态（意义Ⅰ），对应于 Smithson 层次结构中的无知，而 Smithson 的不确定性概念对应于基于不确定性的信息（意义Ⅱ）。Smithson 的分类法可能是 FIAT 发展的一个有趣的指南，支持态势感知，因为它解释了从信息（不确定性）的物理属性到心理状态（无知）的不同处理水平。

3.3.3 Dequech 的经济学中不确定性类型学

Dequech[70]提出了经济学家使用的不确定性为主要概念的类型学。Dequech 坚持 3 个主要区别，如表 3.3 所列。第一个区别是实质性不确定性和程序性不确定性之间的区别。第二个区别是弱不确定性和强不确定性之间的区别。第三个区别是模糊性和基本不确定性之间的区别。模糊性的定义是[89]：“模糊性是概率的不确定性，由缺失的信息造成，此信息是相关的和可能知道的。”

表 3.3 Dequech 的经济学中不确定性类型学

不确定性的类型：	弱不确定性：唯一的、附加的和完全可靠的概率分布。	强不确定性：没有这样的分布。
实质性的不确定性：缺少一些相关的和高质量的信息。	弱不确定性：将获得哪种状态的不确定。	模糊：关于概率的不确定性，可能由已知的信息丢失引起的；预定的状态列表。 基本的不确定性： 非预定的结构变化的可能性；未预定的状态列表。
程序上的不确定性：有关于智能体有限的计算和认知能力的复杂性。		程序上的不确定性。
注：来源于文献[70]		

弱不确定性的基本概念是个体可以建立唯一的、可加的（总和为 100%）和完全可靠的概率分布。这一类可以再分为两类：Knightian 的冒险①和 Savage 的不确定性②。在 Knightian 的冒险中，个人可以基于客观（在任何理性的人都会同意的意义上）的概率和已知的概率行事。这种概率可以是以下两种概率之一：先验概率或统计概率。先验概率可以通过逻辑推理客观地归因，无需进行任何实验或试验。统计概率是相对频率。在 Savage 的不确定性[90-91]中，使用了最初由 Ramsey 和 de Finetti[92]提出的主观概率的概念。主观概率论将概率视为一种置信水平，使得为几乎任何命题或事件分配精确的数字概率成为可能。投注率是一种可以推断主观概率的机制。Dequech[70]指出，Knightian 风险可以看作是 Savage 不确定性的一个特例，因为后者可以处理主观概率，无论是否有客观概率。

在 Savage 看来，弱不确定性下的决策在如图 3.5 所示动作中进行选择。每一个动作 a_i 都有一个结果 c_{ij}，取决于发生时的状态 s_j。一个世界状态是“对世界的描述，没有未描述的相关方面。”状态集是详尽的，并独立于行为集来定义。状态是互斥的，每个状态都有一个概率 p_j。每个动作 a_i 的预期效用是若干结果效用的加权平均数，其中权重是各个状态的概率：

$$u(a_i)=\sum p_j u(c_{ij}) \tag{3.8}$$

在与程序性不确定性概念相关的强不确定性的情况下，决策问题是复杂的，由具有有限的心理和计算能力的个人或集体智能体构成的。在文献[70]中，根据 1997

① Knightian 风险在 Frank Knight（1921）之后。
② 在 Leonard Savage（1954）之后，Savage 发展了标准期望效用理论的主观版本。

年文献[93]，发现了两个程序不确定性问题：①大量的信息，称为广泛性；②另一个称为复杂性，指“相互依存系统各部分之间结构联系和相互作用的密度”。一个人可以很容易地将广泛性和复杂性与数据泛滥和复杂网络联系起来（与第 1 章讨论的大数据的 V 维度：体量、速度、多样性、真实性和价值，联系起来）。

行为	状态			
	s_1	s_2	…	s_m
a_1	c_{11}	c_{12}	…	c_{1m}
a_2	c_{21}	c_{22}	…	c_{1m}
⋮	⋮	⋮	⋮	⋮
a_n	c_{n1}	c_{n2}	…	c_{nm}

图 3.5　Savage 行为-状态-后果框架

在涉及模糊性的态势下，决策者不能明确地为每一个事件分配一个确定的概率，因为缺少一些可以知道的相关信息。Dubois[94]解释了 Savage 的理性决策是根据主观概率的期望效用进行选择的，但在不完全信息存在的情况下：①决策者并不总是根据单一的主观概率进行选择；②贝叶斯概率在置信表示上存在局限性；③单一的主观概率分布不能区分因可变性而产生的不确定性和因缺乏知识而产生的不确定性。Dubois[94]追求的是激发动机，以超越纯粹的概率和集合表示。他建议寻找结合概率和集合的不确定性表示，如不精确概率理论[95-96]（概率集合）、Dempster-Shafer 理论[97-99]（随机集合）和数值可能性理论[100-101]（模糊集合）。表征使每个事件具有一定程度的置信（确定性）和合理性，而不是单一的概率。

表 3.3 中的基本不确定性是由于缺乏知识，这导致从以社会现实为主体的特征到非预先决定的变化[70]：“未来的知识是不可能预先知道的，从某种意义上说，我们不知道我们在未来几年里到底要学什么，什么时候要学。”在经济关系中引起不确定结构变化的创新，非常能说明经济现实中人类创造力和知识变化带来的根本不确定性。为了进一步说明，在文献[102]中提到了两种经济现实：不可变的和可转化的。一个不变的现实是，一个经济的未来路径和所有可能选择的未来有条件的后果是预先确定的现实，也称为本体论的不确定性。一个可改变的现实可描述为：“未来通常以变革创造者无法完全预见的方式，可以通过个人、团体和/或政府的行动在性质和实质上永久改变”。当“对人类能力的一些限制阻止智能体使用（收集和分析）历史时间序列数据，以获取有关所有经济变量的短期可靠知识。”时，存在认识论上的不确定性。

3.3.4 Dubois 和 Prade 的缺陷类型学

Dubois 和 Prade 及其决策过程：概念和方法[103]对在 FIAT 发展背景下定义信息做出了非常相关的贡献："信息一词是指通过观察自然或人工现象或由认知人类产生的任何符号或记号的集合，旨在帮助智能体了解世界或当前态势、做出决策或与其他人类或人工智能体沟通。"这一定义非常适合 FIAT 支持决策和行动（代理）的主要目标。表 3.4 由文献[103]发展而来，其中列出了三对信息限定词之间的区别：（客观的、主观的）、（定量的、定性的）和（一般的、奇异的）。

表 3.4 不同类型信息的区别

	非正式定义	表示/示例
客观的	来自传感器测量和事件直接感知的信息	定量-定性（例如资产负债表数据、雷达数据）
主观的	通常由个人发表或构思而不借助直接观察的信息	定量-定性（例如证词、商业计划）
定量的	用数字表示的信息，通常是客观信息	数字、间隔、功能（如传感器测量、计数过程）
定性的或象征性的	主观信息	逻辑或图形化（如用自然语言表示）
一般的	信息是指一批或一族态势，或一条常识性知识	物理定律，由一个有代表性的观测样本建立的统计模型
奇异的	信息指的是一种特定的态势，一种对当前事态问题的回应	观察结果（病人在某个时间点发烧），或证词（司机的车是蓝色的）
注：来源于文献[103]		

图 3.6 和表 3.4 所示的这些区别对于设计 FIAT 解决方案以支持决策非常重要。设计者可以通过收集更多数据、改进模型和改进处理来减少不确定性，以支持图 3.6 中由 Endsley 和 Garland 模型[104]表示的态势感知过程：感知、理解和预测。正如在文献[103]中详细描述的那样，一个代理应该通过拥有一些关于当前世界的信息而处于某种态势感知状态（认知）。它由 3 个部分组成（来自智能体的，一般知识、奇异观察和置信）。置信来源于奇异（与当前态势和一般知识相关的各种信息）。决策需要添加另一种信息：智能体偏好（见文献[105]第 2 章、第 7 章和第 16 章）。FIAT 应该将这些信息输入决策支持系统中。

要表示一个智能体的认知状态，就需要一个世界状态的表示。设 υ 为与智能体相关的属性向量，Ω 是 υ 的域。Ω 可称为一个框架，描述世界上所有的状态。一个 Ω 的子集 A，视为可能世界的分离，称为一个事件，视为 $\upsilon \in \Omega$ 的命题。Dubois 和 Prade 提出了可在框架 Ω 上表达的信息的 4 种缺陷：不完整的、不确定的、渐进的、颗粒状的。表 3.5 总结了这 4 种不完善，没有任何数学细节，但用简单的例子来说明其含义。

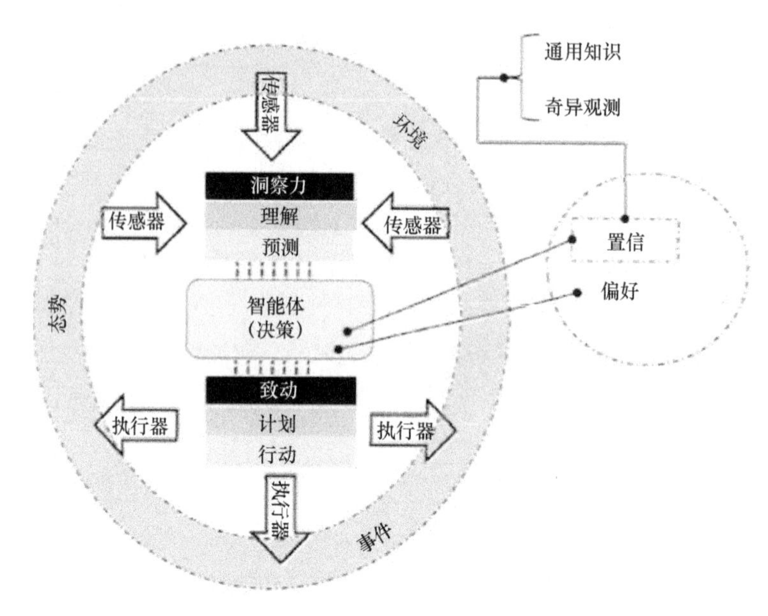

图 3.6　智能体的信息类型和认知状态

表 3.5　信息的各种不完善

	描述和示例	表现
不完整的	不足以让智能体在特定背景中回答相关问题（如某个数量 v 的当前值是多少？）。 不精确是不完整的一种形式，即不精确的回答只提供不完整的信息（例如未成年人一词是不精确的，因为如果问题是要知道一个人的出生日期，则它提供的信息是不完整的）	用于表示一段不完整信息的集合称为析取集合：互斥元素。 连接集代表一个精确的信息片段：元素集合
不确定的	智能体不知道一条信息是真是假。信息的一个基本项，是命题，或事件发生或将发生的说明。 把一个命题表述为一个可能是真或假（或可能发生或不发生的事件）的实体是一种惯例	不确定性限定符是一个数字（概率）和符号模式（可能，确定）。 在单位间隔内给每个命题或事件 A 分配一个数，作为其子集，以评估 A 的可能性
逐渐的	依据关联性，作为其所指属性值排名的基础。命题并不总是布尔型的，转向真或假（或事件可能发生或不发生）是渐进的。 “皮埃尔是年轻的”这个命题既不可能完全正确，也不可能完全错误：年轻的含义将由表达强度的语言模糊限制语所改变	模糊集[109]用于处理以自然语言表示的信息并引用数值属性
颗粒状的	一系列事态能够代表世界的解决或完善程度的变化；这对是否代表相关信息的可能性有影响。 可能发生不包含可以完全描述所关注问题的所有命题的情况，并且如果添加新命题则修改集合；这称为表示的粒度更改	依靠不充分推理原理，不完全信息的概率表示不抵制粒度的变化，但可能性表示则抵制粒度的变化（见文献[103]第 2.4 节）

在不确定性下进行推理的最著名和最古老的形式框架是概率框架，其中由可变

性引起的不确定性由经典概率分布建模。然而，单一的概率分布不能充分解释不完整或不精确的信息，因此提出了替代的理论和框架。这 3 个主要的框架，按一般性的降序依次是不精确概率理论[95]、随机析取集[97,98,106]和可能性理论[100,101]。除文献[94，103]外，Destercke 等[107,108]分两部分对各种不确定性表示方法进行了统一概述。

3.3.5 不确定性类型学

1993 年，Krause 和 Clark[110]提出了一种替代 Smithson 的类型学，以不确定性的概念为中心。Krause 和 Clark 区分了两个方面：一元（应用于单个命题的不确定性）和集合论（应用于命题集的不确定性）。这两种类型要么导致冲突（知识冲突），要么导致无知（知识缺乏）。作为子范畴，我们发现模糊性、自信、倾向性、含糊、歧义、异常、不一致性、不完全性和不相关。

该模型如图 3.7 所示。与 Smithson 的分类法相比，Krause 和 Clark 增加了一元/集合论二分法，以引入不一致性的概念，并将不完全性的概念从一元分支转移到集合论分支。Krause 和 Clark 的分类从形式的角度关注不确定性的含义Ⅱ，因为区别是基于命题。这种方法是处理命题置信的直接方法，命题置信是态势分析的核心概念。

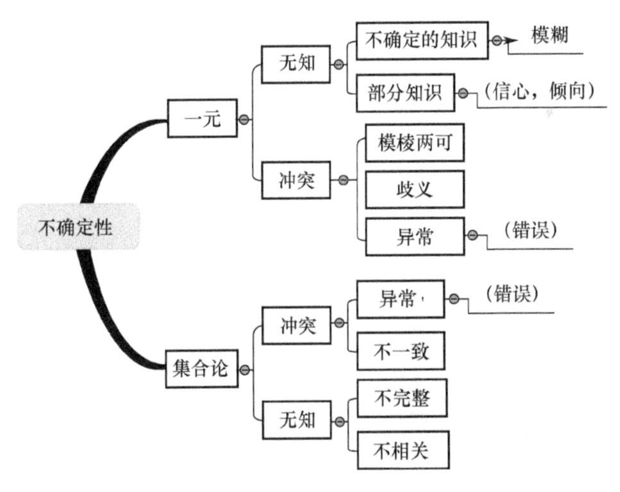

图 3.7　Krause 和 Clark 的无知分类法（改编自文献[52]）

Bouchon-Meunier 和 Nguyen[111]提出了一个不确定性模型（图 3.8）。他们把不确定性称为“知识上的不完善”，然后指出 3 种主要类型的不完善：①概率不确定性；②知识上的不完全性（置信、一般规律、不精确性）；③模糊和不精确的描述。图 3.8 的模式是区分不确定性的两个主要一般含义的好方法。从右到左阅读图表，不确定性表现为可能是由置信、一般规律、不精确性、模糊性或不完全性引起的一种最终的心理状态（意义Ⅰ）。

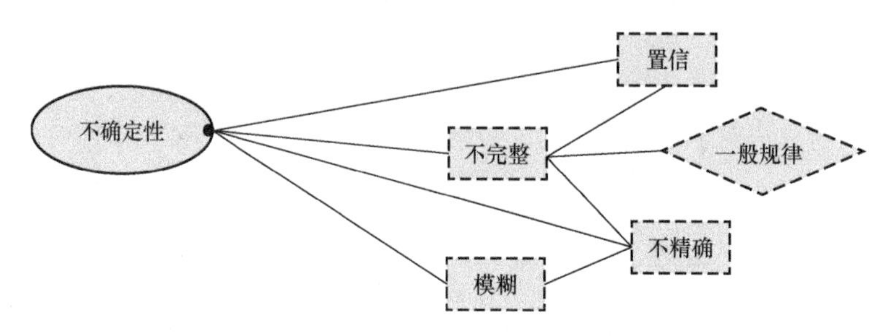

图 3.8　Bouchon-Meunier 和 Nguyen 不确定性模型（改编自文献[52]）

Smets 没有建立不确定性的类型学，而是建立了信息不完善的类型学[99]，避免了不确定性的两种含义之间的混淆。Smets 提出的模型区分了 3 类主要的不完善信息（图 3.9）：①不精确性：与陈述的内容相关，多个世界满足该陈述；②不一致：没有世界能满足该陈述；③不确定性：由缺乏信息、不精确引起的。Smets 将不完善视为一个中心术语，不确定性是一种不完善。不确定性既可以是客观的（信息的属性，即意义Ⅱ），也可以是主观的（观察者的属性，即意义Ⅰ）。

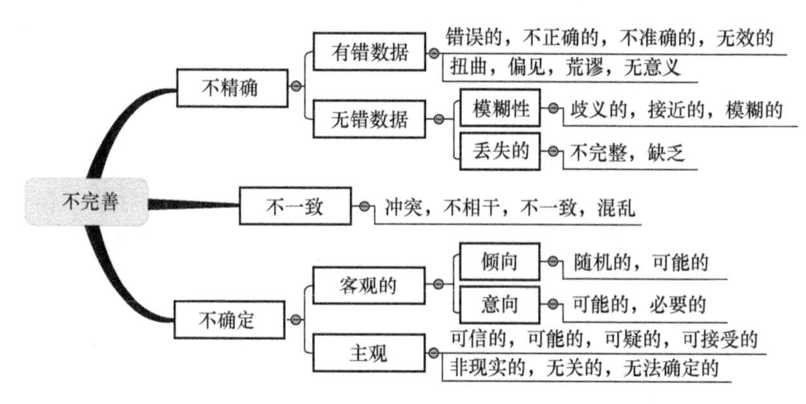

图 3.9　改编自 Smets 的不完善的结构化同义词表[81]

Klir 等人[112-113]提出的类型学是建立在不同的现有不确定性数学理论的基础上，并与不确定性的度量直接相关。Klir 从减少不确定性的角度来考虑信息，因此引入了基于不确定性的信息术语。对于 Klir 等人[112-113]，不确定性可以是模糊性或歧义性（两种类型的不确定性）。歧义性本身可以是非特异性的，也可以是不一致的。这些概念可能与以前在其他分类中使用的一些概念有关：模糊性接近含糊性，不一致是冲突的同义词，非特异性主要是指不精确性或概括性。在图 3.10 类型学中，他们整合了 Smithson 使用的主要关键术语（模糊性、非特异性、歧义性）以及 Krause 和 Clark 引入的集合理论方面（不一致）。Klir 没有提到知识，因此停留在较低的处理水平（信息水平）。

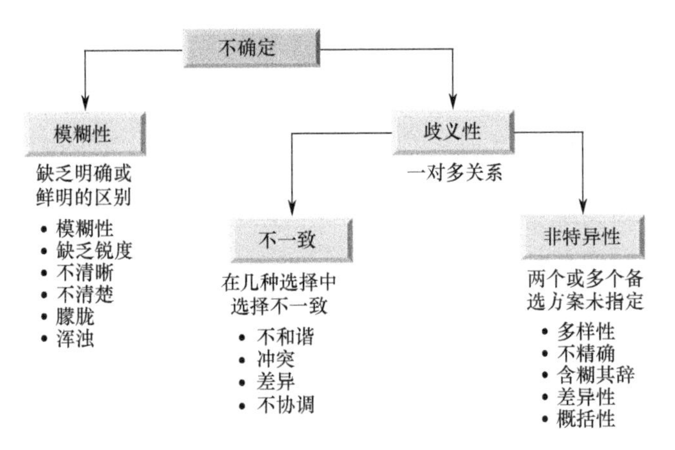

图 3.10　Klir 和 Yuan 类型学 （改编自文献[77]）

Klir 的不确定性概念与图 3.11 所示的不确定性定量理论密切相关，并在下一节中简要描述，如概率、可能性、模糊集和证据理论，并引出相应的不确定性度量，即基于不确定性的信息[113]。图 3.11 所示的类型学是 Klir 等人[112]的扩展版本。它突出了在不同的理论中 4 种主要类型的不确定性：模糊性、非特定性、不协调和混乱。最后两个术语对应冲突的两个方面。Smets 模型的区分不精确，不一致性也出现了：不精确性聚集了模糊性和非特异性，冲突对应着不一致性。

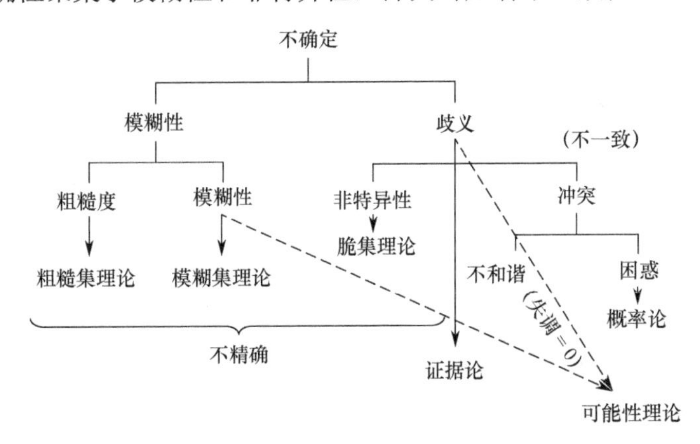

图 3.11　扩展版 Klir 类型学 （改编自文献[80]）

3.4　不确定性的表示

本节内容改编自文献[52，80]。如上所述，如果我们看看 3 个符号学维度：句法、语义和语用，不确定性和它的另一面，信息，提出了相当大的挑战。不确定性的表示是科学和工程领域中的一个重要问题，特别是在系统设计和控制中。为了建模不确定性，已经开发了许多数学工具，可以是定性的（模态逻辑、非单调推理等）或定量的方法（概率论、模糊集、粗糙集、随机集、置信函数等）。图 3.12 列出了一系列理论，这些理论分为三大类：定量、定性和混合/图形方法。图 3.12 中的每一种方法经常根据其不同的优缺点、对特定类型不确定性的更好对应性、对先验知识的要求、对计算时间、对数据独立性的需要进行比较。例如，在文献[52]的第 7 章至第 9 章中，对其中一些方法进行了讨论和比较，但讨论的重点是信息融合应用，远未完成。Destercke 等人[107,108]在两个部分中提出的关于不确定性的统一且非常有启发性的概述，以及参考文献[105，113-115]等的贡献无疑有助于应对符号学的挑战，特别是 Bouyssou 等人[105]关于决策支持的论述，给出多学科观点（心理学家，经济学家、社会学家、数学家、计算机科学家和决策科学家）。这是开发 FIAT 作为决策支持系统的基础和工具。

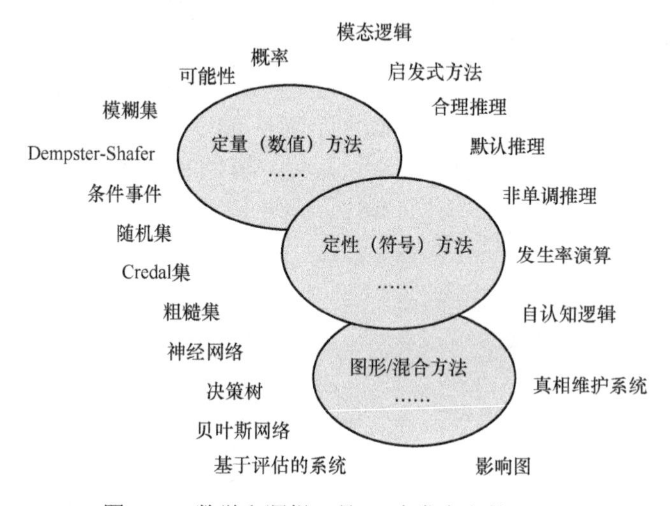

图 3.12　数学和逻辑工具　（启发自文献[52]）

3.4.1 定量方法

虽然将经典的集合论和概率论视为参考框架已经有几个世纪了，但它们不能很容易地代表所有类型的不确定性。通过扩展这些经典理论所基于的概念框架，已经获得了许多其他的理论。模糊集合论[109]扩展了经典集合论。证据理论（或 Dempster-Shafer 理论）[98]和其他基于非加性测度的理论（模糊测度[116]）扩展了概率理论。这些理论不应视为竞争对手，而应视为处理不同类型不确定性的补充，甚至可以结合起来处理更广泛的不确定性类型。特别是，为了将模糊事件的情况包含在概率框架中，Zadeh 提出将经典概率论推广到定义模糊事件概率测度的模糊概率论[117]。这种模糊泛化过程将明确集的使用扩展到模糊集的使用。

概率论是数值方法的基础，根据 Kolmogorov 的公理化理论，是建立在使用以下条件的公理之上的：①σ-域代数结构，②尖锐值（单个值）用于③数值评估，来自④实数集合 **R**，⑤标准化，⑥可数和有限可加性条件。然而，我们应该记住，基于对基本公理的修改，非 Kolmogorov 方法是存在的。例如，人们可以获得理论，其中允许负的、复数的或定性的值，但也允许非标准化的概率。注意，去掉可加性公理会导致 Dubois 和 Prade 的模糊概率理论、Dempster-Shafer 理论或可能性理论等。

Dempster-Shafer 理论，又称证据理论或置信函数理论，是概率论的推广，从某种意义上说概率函数是置信函数的特例。事实上，允许置信函数是次可加的（与要求可加的概率函数相反），将不确定性函数的支持扩展到了论域的幂集。换言之，放弃概率论的可加性公理，可以表示和处理诸如“我相信明天会下雨，置信水平为 0.8，但我也承认我不知道，权重为 0.2”之类的语句。这种表现无知的高能力是 Dempster-Shafer 理论最吸引人的特点之一。

模糊集理论的目的是表示另一种称为模糊性（或更一般的不明确性）的不确定性，用特征函数（或隶属函数）进行量化，为事件分配真实度。因此，在模糊集理论中，不确定性是通过利用特征函数的元数（通常是[0，1]实区间中的无穷多个值）来量化的，而不是像概率论中那样将置信函数与二元特征函数并列。尽管在小的领域，在当今仍认为概率论和模糊集理论是等价的，但它们清楚地解决了不同类型的不确定性，并且是互补的，而不是竞争对手。模糊性是数学的一个基本概念，它将隶属度的概念推广到一个集合，从而允许其他不确定性理论的扩展。事实上，置信水平（如概率）可以归因于一个事件的实现，这个事件本身对于给定的参考或多或少是真实的。换句话说，事件既可以是模糊的，也可以是随机的。这种类型的例子有模糊概率、混合数和模糊置信函数理论。

可能性理论建立在模糊集理论的基础上，但赋予特征函数另一种含义，是一种局部无知理论。事实上，可能性理论和概率论一样可以在更一般的证据理论框架下进行解释，可能性函数只是置信函数的另一个特例。可能性理论处理的是对幂集嵌套元素的置信值（可能性）的评估。这种对代数结构的限制允许使用模糊集理论来处理可能性函数，而不会在处理无知状态时失去证据理论的表达能力。尽管有这样的限制，该理论中考虑的集合是清晰的（与概率论和证据理论共享的特征），从模糊集合论借用的主要概念是度的概念，这里应用于可能性和必然性的概念。

用粗糙集理论代替模糊集理论来表示模糊性。认为该理论是处理模糊性和不确定性的理论，但更确切地说是处理论域中对象的不可分辨性。我们对这个领域的有限知识是由一个不可分辨的元素重新组合而成的分区来表示的。基于这一知识，一个信息（由论域的一个子集表示）然后由下限和上限（另外两个子集）来近似。因此，我们无法将元素分类为一类或另一类，而不是像模糊集理论那样，用上下界代替隶属度来建模。粗糙集理论可以看作是处理不确定性的一种定性方法，因为它的基本构成部分是上下限、划分和集合。数值计算不是在理论范围内进行的，而是受到这些定性概念的约束。事实上，在这个结构上，定义了隶属函数，还定义了置信函数和似然函数，后者允许粗糙集也在证据理论框架下进行解释。

3.4.2 定性方法

尽管人们普遍认为经典逻辑不能处理不确定性（即使这可能是一个有争议的问题），但它仍然是所有逻辑方法的基础。最初，认为逻辑是对某些确凿的、明确无疑的事实进行推理。然而，面对处理不确定性时所遇到的日益增长和不可避免的限制，这种经典的框架已经演变并导致了具有近似推理能力的逻辑。经典逻辑的局限性引入了可选的逻辑方法（图 3.13），即多值逻辑、模态逻辑和非单调逻辑。经典逻辑是以二值原则为基础的，它表达了一个命题不是真就是假的事实。因此，经典逻辑只允许两个真值。经典逻辑还依赖于排除中间（EM）表示原则，即对命题要么断言，要么否定，这使得用这种二值逻辑表示自然语言表达式变得困难，而且无法处理模糊术语。下面，介绍一下多值逻辑。

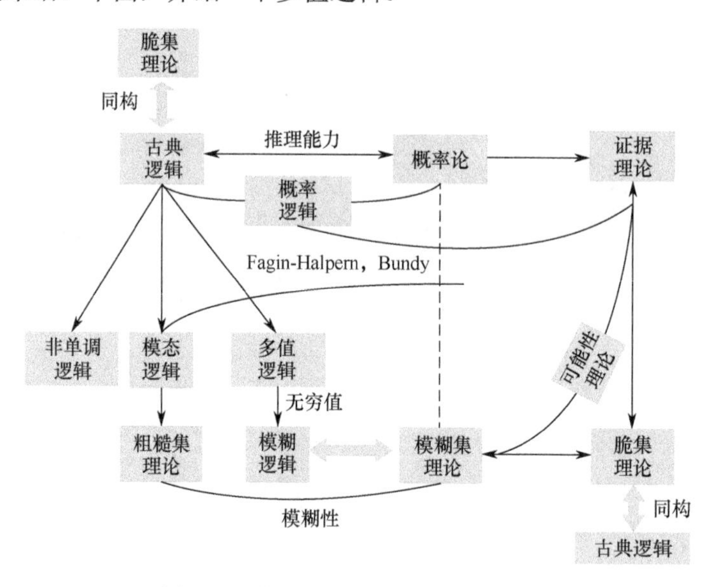

图 3.13　数学和逻辑工具间的可能连接

超越二值的最常见方法是在经典逻辑框架中引入补充真值。引入第三真值后，命题既不能是真的，也不能是假的。这是基于经典逻辑框架的不确定性处理向前迈出的重要一步。追求真值的无限延伸导致模糊逻辑，认为这种方法是混合的，因为它将数值计算与逻辑框架相结合。模态逻辑是处理不确定性和知识的另一种重要方法，这些不确定性和知识描述了一个命题以什么方式是真的（可能是真的，必须真的，但也知道它是真的）。在模态逻辑中，这些模态由称为模态算子的非真函数算子表示。利用公理和模态的适当组合，可以建立模态逻辑框架，允许对知识和置信的重要概念进行推理。

经典逻辑和派生逻辑的另一个基本限制是它们不能处理可废止推理，在这些框架中推理是单调的。单调性实际上意味着，一旦认为一个结论是正确的，在面对新的证据时就不会推翻该结论。去掉单调性会导致非单调逻辑。虽然非单调逻辑比经典的推理方案更适合于常识推理，但就推理方案而言，非单调逻辑的要求更高。在非单调逻辑中，默认逻辑、自认知逻辑和限定逻辑是最流行的。注意，非单调推理并不局限于符号方法。事实上，大多数数值方法都是通过如贝叶斯或 Dempster 等推理或组合规则拥有此属性。

3.4.3 混合和图形方法

经典逻辑的 3 个备选方案（图 3.13）呈现出不同的特征，这并不能使一种方法优于另一种方法。相反，我们应该根据应用的客观标准，为不确定推理选择适当的框架。然而，虽然数值方法计算效率高，但缺乏明确的语义。为了暂时解决这一冲突，实际的趋势是调和这两种方法。将符号和数值框架中的机制和表示方法结合起来，可以得到混合方法。大多数数值理论都有它们的逻辑对应物。所有理论的构造模型都是相同的：事件（Ω 的子集）视为一个逻辑公式 ϕ，A 是指在符号方法中发展起来的概念。图 3.13 总结了数字方法和符号方法之间的各种联系。

概率逻辑是对概率进行推理的逻辑（基于规则和逻辑公式的概率演算）。它最早由 Nilsson 于 1986 年提出，作为“逻辑的语义概括，其中句子的真值是概率值”[118]。概率逻辑的原理在于命题的真值是它们发生的概率。目的则是处理命题概率（分配给特定命题或断言的概率）。概率逻辑将逻辑与概率论结合起来，当所有句子的概率为 0 或 1 时，就简化为普通逻辑。这种方法基于可能的世界语义。后来，Halpern 和 Fagin 开发了其他方法[119-123]。概率逻辑的理论基础是概率论或古典逻辑的理论基础。

发生率计算是由 Alan Bundy 在 1985 年提出的，作为不确定性推理的概率逻辑。它是一种以数值方式管理不确定性的方法。与其他数值方法不同的是，发生率计算中概率与一组可能世界相联系，而不是直接与公式相联系。然后通过分配给公式的发生率集计算公式的概率。发生率计算本身似乎是符号方法和数值方法的统一。因此，可以将其视为两种推理模式之间的桥梁[126]。

定性方法似乎更适合知识推理，而定量方法更适合不确定性表示和管理。似乎所有可用的数学工具都不是最好的，而且更明显的是，根据我们面临的问题类型，一种理论可以强迫自己成为更好的选择。为了支持这一论点，Smets 在文献[127]中对无知和建立良好理论的必要性进行了正式讨论。混合方法（如定量逻辑、发生率计算）混合了不确定性的量化评估和高推理能力，以支持全局态势分析。对于大空间决策问题，其中世界的状态集是巨大的，因此对状态空间上的概率或可能性分布的明确描述变得过于苛刻，图形或基于图形的方法（如贝叶斯网络、影响图）是用于不确定性或偏好的紧凑表示的强大工具。

贝叶斯网络最早是用来模拟阅读理解中的分布式处理。贝叶斯网络是不确定知识的一种通用表示方法。Pearl 文献[128-129]表明，单个节点的边缘分布可以通过仅使用局部计算获得。Pearl 的工作是知识的图形表示和传播的基础，已经出现了几种在不确定性推理中使用局部计算来精确计算边缘的架构[130-133]。Pearl 所考虑的单连通贝叶斯网络的情况已经扩展到多连通网络。

类似的技术已开发用于传播置信函数而不是概率。Gordon 和 Shortliffe[134]提出了在诊断树中传播置信函数的问题，并给出了一个包含近似的解决方案。然后 Shafer 和 Logan[135]提出了 Dempster 组合规则的精确实现，Shenoy 和 Shafer[136]提出了一种利用局部计算传播置信函数的通用方案。Shenoy 和 Shafer 结构适用于允许定性 Markov 树变换的树，推广了 Shafer 和 Logan 的诊断树计算方案和 Pearl 的贝叶斯因果树计算方案。Shenoy 和 Shafer[131,136-139]推广了这一思想，并提出了一个计算连接树边缘的抽象框架。该框架称为基于估值的系统，其中可以考虑不同的形式，如贝叶斯概率、置信函数和可能性。Pearl[140]概述了图形方法。

在一个基于数值的系统（VBS）中，知识是用它自己的图来表示的，它的节点（感兴趣的变量及其可能的值）和它的链接对应于变量之间的依赖关系。此外，知识通过与链接相关联的评估来表示。可以区分两种知识：如表 3.4 所列的一般知识和单一知识。VBS 是一个通用的框架，允许使用不同的形式来处理如在概率论中所用的不确定性，数值称为概率势；在 Dempster-Shafer 理论中，数值称为基本概率分配；在可能性理论中，将估值称为可能势。Shenoy 认为，用 VBS 解决决策问题是一种比决策树和影响图更有效的方法。

3.5 数据和信息转换中的一般不确定性原则

图 1.8（第 1 章）中定义的系统组合概念是组合能力和组合性，对于通过系统可扩展性、模块化和抽象来处理复杂性非常重要。系统组合可以利用同态性构建网络信息技术（NIT）系统[141]：网络物理和社会系统（CPSS）环境中预期的分层系统和服务。如第 1 章所述，FIAT 的开发是 CPSS 或 NIT 系统的必要条件。在分析和设计这种基于 FIAT 的系统时，通常的做法是将整个系统分解为可管理的子系统，之后这些子系统合成起来[142]。基本原则必须指导分解和合成过程，信息在过

程中丢失或获得是不可避免的。Klir 等[113]提出并在图 3.14 中再现的 3 个不确定性原则成为必要：最大不确定性、最小不确定性和不确定性不变性。

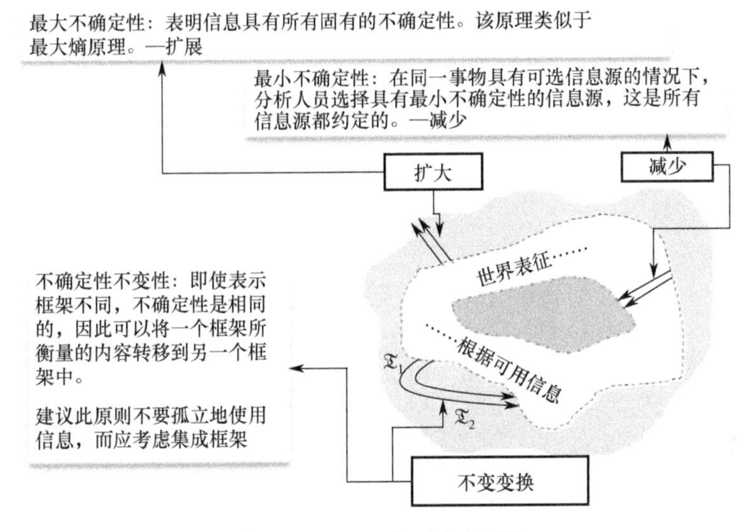

图 3.14　Klir 三个不确定原则

最小不确定性原则基本上是一种仲裁原则，主要用于简化问题。当简化一个系统时，通常不可避免地会丢失系统中包含的一些信息。在这个过程中丢失的信息量会导致同等数量的相关不确定性增加。对一个给定系统进行合理的简化，应尽量减少相关信息的损失，同时达到所需的复杂性降低。适当应用时，最小不确定性原则保证在简化过程中不浪费任何信息。简化策略有很多种，可以分为 3 大类：①通过从系统中删除一些实体（变量、子系统等）而进行的简化；②通过聚合系统的一些实体（变量、状态等）进行的简化；③通过将整个系统分解为适当的子系统而进行的简化（文献[113]，第 108 页）。

最大不确定性原则是归纳推理的基本原则，要求在任何归纳推理中使用所有可用的信息，但要确保没有额外的信息是无意中添加的。也就是说，任何归纳推理得出的结论在表示前提的约束条件内，使相关的不确定性最大化。这一原则保证我们的无知得到充分承认，我们的结论对于不包含在前提中的信息而言是最大程度的不明确的（文献[113]，第 110 页）。

为了将在一种理论中解决态势的问题表示，Z_1，转换成另一个理论中一个等价的表示，Z_2，不确定性不变性原则要求：①当我们从 Z_1 移到 Z_2 时，与态势相关的不确定性量应保持不变，以保证仅通过改变用于形式化特定现象的数学理论，没有不确定性增加或消除；② Z_1 中的置信水平应通过适当的比例转换为 Z_2 中的对应部分，至少是顺序的，以保证在给定的背景中认为其是必要的某些属性（如相关值的顺序或比例），在转换下得到保留（文献[113]，第 120 页）。最后，作为对下一部分的介绍，以下引用文献[113]的表述是非常有针对性的："只有当所涉及的理论具有合理和独特的不确定性测度时，不确定性不变性的原理才可以进行操作。"

3.6 不确定性的度量

Klir[112]提出，不确定性可以与著名香农信息论所提出的对信息进行量化同等的方式进行量化。这种不确定性度量允许，"对证据的外推法，评估变量组之间关系的强度，评估给定输入变量对给定输出变量的影响，在简化一个系统等情况下，测量信息损失。"在经典概率理论中，香农熵是一种用来量化不确定性的工具，它验证了概率分布的一组理想性质。在信息不完全和模糊的情况下，概率表示是不充分的，因此可以使用不精确的概率理论。以下不精确理论的列表主要来自 Abellán 文献[143]：不精确概率[95]、Dempster-Shafer 理论（DST）[97-98]、区间值概率[144]、二阶容量[145]、上下概率[146-149]，或一般凸概率分布集，也称为 Credal 集[146,150-154]。

概率论中的事件，以及证据理论中的焦点元素，都是论域或辨别框架的明确子集。因此，证据理论可以推广到模糊证据理论。Zadeh 首先提出了这样一个扩展[155]，值得一提的是其他的贡献，如 Smets[156]、Yager[157]、Yen[158]和 Lucas 和 Araabi[159]。在广义信息论（GIT）领域，在上述所有理论中，通常有 3 种主要的不确定性类型（图 3.10）：模糊性、非特异性和不一致性（或随机性）。以概率框架中的香农熵，或经典集合论中的 Hartley 测度[160]对信息进行量化的等效方式，信息或更好的基于不确定性的信息[113]可以通过通常称为不确定性测度的不同测度进行量化。

在证据理论的框架下，非特异性和不一致性并存，导致了大量的不确定性测度。称它们为非特异性[105,161]、不一致性、熵或冲突[162-165]、总体或全局不确定性[164-169]，或聚合不确定性[143,150,152,170-173]，前提是它们或多或少地捕捉了两种不确定性中的一种或两种。模糊性是模糊集理论中表现出来的一种不确定性，它与不一致性有着明显的区别。度量模糊性有两种主要方法，即当隶属函数与概率分布相关时的类熵测度[29,30,31,32]，或当涉及经典基数测度的扩展时非特异性类的测度[33,34]。许多作者研究了模糊概率理论中的测量不确定度（不一致性和模糊性）：Zadeh[5]，DeLuca 和 Termini[32]，以及 Xie 和 Bedrosian[35]。

因为一个系统可能会处理所有 3 种类型的不确定性[16,36]，模糊证据框架就足以处理这种一般情况。特别是，最近模糊证据理论应用于解决知识发现[37]、图像分割[38]或模式分类[39]中的不同问题。尽管证据理论中的大多数不确定性度量可以扩展到模糊证据理论[40]，但据我们所知，对于量化模糊证据体的总不确定性的问题，还没有做太多的工作。在文献[12]中，作者介绍了模糊证据体的平均值、模式和熵。文献[41]提出了模糊性、非特异性和不一致性的指标，文献[42]也提出了一种等价的方法。然而，正如文献[36]中所说："分别考虑不确定性的各个方面，然后不明智地将它们的测量结合起来，会导致解释和验证方面的严重问题"；相反，同样的作者建议寻找更有意义的公理化方法，这是一项艰巨但重要的任务。

为了量化不确定性表示，已使用香农熵作为起点，最常用的证明方法是公理化方法，即通过假设一组必要的基本性质，对测量必须进行验证[113]。基于 Klir 和 Wierman 的分类，Liu 等人[76]开发了一种循环的不确定性类型，如图 3.15（a）所示。最初，引入一个新的术语"模糊混淆"，但这里由不可分辨性所取代，它指的是模糊概率论中的总不确定性。此外，使用了 3 个通用术语来表示组合：①非特异性和不一致性（歧义）；②非特异性和模糊性（不精确）；③模糊性和混淆性（不可辨别性）。术语不确定性是指这 3 种基本类型的组合。图 3.15（a）中的虚线圈出了模糊性和不明确性的概念，以说明各种不确定性的类型可以不同的方式进行分类。例如，在模糊性的概念之外，还有更广泛的不明确性概念，这仅仅意味着在表示集合元素时会出现边界情况。通过真实度或隶属度对边界情况进行建模，只是众多解决方案中的一种。因此，模糊性是一种不确定性，会检测到边界情况的出现（我们无法确定它们是否属于某个给定概念的对象）。就像不确定性一样，可以识别不同类型的模糊。

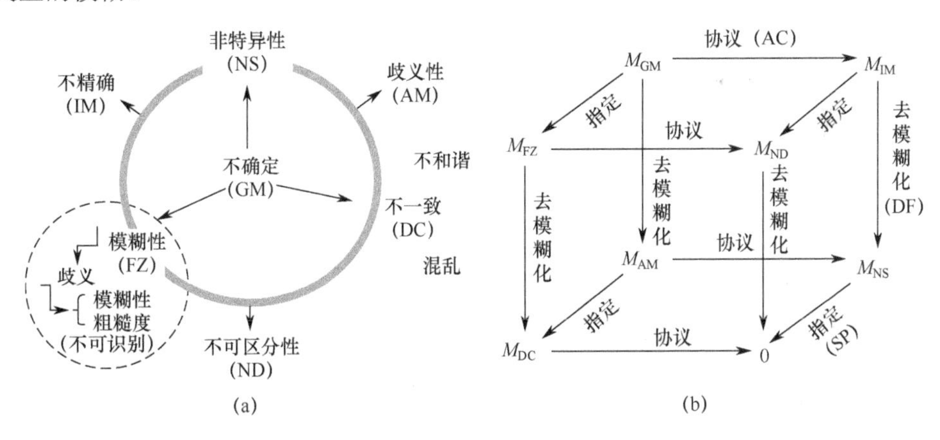

图 3.15　圆形不确定性类型（改编自文献[76-77]）

在证据理论（Dempster-Shafer）的框架下，置信函数可以对非特定性和不一致性进行建模。模糊集理论是对模糊信息的表示和处理，它把模糊性和非特异性作为主要的不确定性。在处理所有 3 种不确定性时，表示不确定性的最适当框架是证据和模糊集理论的结合（模糊证据理论）[77]。每种类型的不确定性都可以在模糊证据理论中进行量化，并提出了一种通用的不确定性测度 M_{GM}[76,77]，以及模糊集理论中一种新的总不确定性测度 M_{IM}。不确定性的一般测度是一种包含各种不确定度的总计测度。图 3.15 说明了文献[76-77]中使用的方法，以显示经典集、模糊集、概率、模糊概率和证据理论中现有不确定性测度的一致性。该方法基于模糊基本概率分配的不确定性的减少，从量化模糊性、不一致性和非特异性的 M_{GM} 降低到 0，即此处无法测量到不确定性（图 3.15（b））。

提出了 3 个旨在人为降低模糊基本概率分配不确定性的基本操作：①去模糊化；②规范化；③一致化。该方案有 6 种不同的方法，如图 3.15（b）所示，根据不同的不确定性量和循环类型（图 3.15（a）），例如：M_{AM}，M_{IM}，M_{FZ}，M_{NS}，M_{DC}，M_{ND}，使 M_{GM} 降低到 0（有关 M_{GM} 的更多详细信息，请参见文献[76-77]。）

（1）去模糊化将模糊基本概率分配转化为明确的概率分配。当应用于模糊集时，去模糊给出一个明确的集，而当应用于模糊概率分布时，去模糊给出一个经典的概率分布。

（2）规范将模糊基本概率分配转化为模糊概率分布。当应用于模糊集时，规范给出了一个非特异性模糊集（纯模糊集），当应用于明确集时，规范给出了一个单例。

（3）将模糊基本概率分配转化为模糊集的一致性。当应用于模糊概率分布时，一致性给出了一个非特异性模糊集，而当应用于经典概率分布时，一致性给出了一个单例。

3.6.1 总体不确定性度量的要求

在经典概率论中，香农熵是用来量化不确定性的工具。方法是验证一组期望的概率分布性质。在概率表示不充分的情况下，该方法是一种公理化的方法，通过假设一组必要的基本性质，对测度必须验证。Abellán 等人[143,173]扩展了 Klir 等人[113]最初定义的所需的属性集，为了基于 Dempster-Shafer 理论的总不确定度测量，如表 3.6 所列。它们的扩展关系到单调性，事实上，这个性质非常重要。

表 3.6　完全不确定测度的要求

总不确定性（TU）要求（源自 Abellán 等[143]）	
P1	概率一致性：当一个基本概率分配 m 的所有焦点元素都是单子时， 那么一个总不确定度测度必须等于香农熵： $\mathrm{TU}(m)=\sum_{x\in X} m(x)\log m(x)$
P2	集合一致性：当集合 A 存在，如 $m(A)=1$ 时，TU 必须崩溃为 Hartley 测度： $\mathrm{TU}(m)=\log\lvert A\rvert$
P3	范围：$\mathrm{TU}(m)$ 的范围是 $[0,\log\lvert X_j\rvert]$
P4	次可加性：设 m 是空间 $X\times Y$ 里的基本概率分配，m_x 和 m_y 分别是 X 和 Y 的边界基本概率分配

（续）

总不确定性（TU）要求（源自 Abellán 等[143]）	
P5	可加性：设 m 是空间 $X \times Y$ 上的基本概率分配，m_x 和 m_y 分别是 X 和 Y 的边界基本概率分配；这些边界不是交互的：$(m(A \times B) = m_X(A) m_X(B)$，具有 $A \subseteq X, B \subseteq Y$ 和 $m(C) = 0$，假如 $C \neq A \times B$）
P6	单调性：在信息明显减少（不确定性增量）的情况下，总不确定度测度不能减少不确定性的总量。形式上，在证据理论中，置信 Bel 和合理性 Pl，$\mathrm{Pl}_1(A) - \mathrm{Bel}_1(A) < \mathrm{Pl}_2(A) - \mathrm{Bel}_2(A), \forall A \subseteq X \Rightarrow \mathrm{TU}(m_1) < \mathrm{TU}(m_2)$
行为要求（源自 Abellán 等[143]）	
RB1	TU 的计算不应该太复杂
RB2	TU 不能掩盖在证据理论中共存的两种类型的不确定性（冲突和非特异性）
RB3	TU 必须敏感于直接或通过其冲突和非特异性部分的证据的变化
RB4	在更一般的理论上在 DST 中扩展 TU 必须是可能的

Abellán 等[143]和 Liu 等[77]在表 3.6 中列出属性的集或一个子集，研究了与图 3.15（M_{AM}，M_{IM}，M_{FZ}，M_{NS}，M_{DC}，M_{ND}，M_{GM}）相关的一定数量的测度。Abellán 等[143]提出了一种基于最大熵的总不确定性度量方法，将非特异性和冲突部分分开。根据文献[143]，该测度满足所有 P1 至 P6 的要求。对其他测度（如 M_{AM}）的分析需要重新进行，因为这是在文献[174-175]的最新结果之前进行的，他们修改了 M_{AM} 以克服 Klir 等[176]关于 M_{AM} 的次加性性质（P4）的评论。这一最新结果也可能对 M_{AM} 的（P6）特性产生影响，从而对 M_{GM} 产生影响。

3.6.2 不确定性度量的一般注记

尽管最近在不确定性度量方面做出了重大贡献[75-76,143,150-151,173]，但巨大的挑战仍未解决：

（1）为使这些度量具有意义，需要进行更多的调查。语用学尚未建立。这些度量真正度量的是什么？

（2）满足一组数学性质可能并不意味着对现实世界系统进行有意义的转换。

（3）Burkov 等[177]的实证研究需要在许多场景中进行，以便概括结果。

3.7 小　结

信息、不确定性和熵这三个词对不同领域的许多人有着不同的含义。工程态势分析与决策支持系统中不确定性的来源与表征是非常重要的。不确定性的来源一般分为偶然的或认知的。如果一个人看到一个可能性，通过收集更多的数据或改进模型来减少不确定性，则不确定性的特征是认知性的。如果不能预见减少不确定性的可能性，则将不确定性归为偶然性。识别有可能减少的认知不确定性对于基于FIAT的态势分析和决策支持系统的设计具有实用的价值。

参考文献

[1] Floridi, L., "Semantic Conceptions of Information," *The Stanford Encyclopedia of Philosophy*, E. N. Zalta (ed.), http://plato.stanford.edu/archives/Spr2011/entries/information-semantic.

[2] Braman, S., "Defining Information: An Approach for Policymakers," *Telecommunications Policy,* Vol. 13, 1989, pp. 233–242.

[3] Losee, R. M., "A Discipline Independent Definition of Information," *Journal of the American Society for Information Science,* Vol. 48, 1997, pp. 254–269.

[4] Machlup, F., and U. Mansfield, *The Study of Information: Interdisciplinary Messages*, New York: John Wiley and Sons, 1984.

[5] Debons, A., and W. J. Cameron, *Perspectives in Information Science*, Dordrecht: Springer International Publishing, 1975.

[6] Hoffmann, E., "Defining Information: An Analysis of the Information Content of Documents," *Information Processing & Management,* Vol. 16, 1980, pp. 291–304.

[7] Shannon, C. E., N. Sloane, and A. D. Wyner, *Claude E. Shannon: Collected Papers*, New York: John Wiley & Sons, 1993.

[8] Shannon, C. E., and W. Weaver, "The Mathematical Theory of Information," University of Illinois Press, 1971.

[9] Adriaans, P., and J. van Benthem, *Philosophy of Information*, New York: North Holland, 2008.

[10] Lewis, D., *General Semantics*, New York: Springer, 1972.

[11] Hintikka, J., "Knowledge and Belief," Ithaca, NY: Cornell University Press, 1962.

[12] R. Fagin, et al., *Reasoning About Knowledge*, Cambridge, MA: MIT Press, 2003.

[13] Barwise, J., and J. Perry, "Situations and Attitudes," MIT Press, 1983.

[14] Dretske, F., "Knowledge and the Flow of Information," MIT Press, 1981.

[15] Bar-Hillel, Y., and R. Carnap, "Semantic Information," *The British Journal for the Philosophy of Science,* Vol. 4, 1953, pp. 147–157.

[16] Tarski, A., "The Semantic Conception of Truth and the Foundations of Semantics," *Philosophy and Phenomenological Research,* Vol. 4, 1944, pp. 341–376.

[17] Shannon, C. E., *The Mathematical Theory of Communications*, Urbana, IL: The University of Illinois Press, 1949.

[18] Barnum, H., "Entropy and Information Causality in General Probabilistic Theories," *New J. Phys.,* Vol. 12, 2010, p. 033024.

[19] Short, A. J., and S. Wehner, "Entropy in General Physical Theories," *New J. Phys.,* Vol. 12, 2010, p. 033023.

[20] Fisher, R. A., "Theory of Statistical Estimation," *Mathematical Proceedings of the Cambridge Philosophical Society*, 1925, pp. 700–725.

[21] Kolmogorov, A. N., *Foundations of the Theory of Probability*, 2nd ed. New York: Chelsea Publishing, 1956.

[22] Kolmogorov, A. N., "Three Approaches to the Quantitative Definition of Information," *Problems of Information Transmission,* Vol. 1, 1965, pp. 1–7.

[23] Li, M., and P. M. Vitányi, *An Introduction to Kolmogorov Complexity and Its Applications*, New York: Springer Science & Business Media, 2009.

[24] Parzen, E., *Modern Probability Theory and Its Applications*, New York: John Wiley & Sons, 1960.

[25] Poovendran, R., "Cyber-Physical Systems: Close Encounters Between Two Parallel Worlds [Point of View]," *Proc. of the IEEE,* Vol. 98, 2010, pp. 1363–1366.

[26] Bushev, M., *Synergetics: Chaos, Order, Self-Organization*, New York: World Scientific, 1994.

[27] Fuller, R. B., *Synergetics: Explorations in the Geometry of Thinking*, New York: Macmillan, 1975.

[28] Fuller, R. B., *Synergetics*, Washington DC: Pacific Tape Library, 1975.

[29] Haken, H., *Advanced Synergetics*, New York: Springer, 1983.

[30] Machado, J. T., B. Pátkai, and I. J. Rudas, *Intelligent Engineering Systems and Computational Cybernetics*, New York: Springer, 2009.

[31] Paritsis, N., "Social Systems, Their Observation and Description," 6th Congress Symposium on Sociocybernetics in European Systems Science Union, 2005.

[32] Schwaninger, M., and J. P. Ríos, "System Dynamics and Cybernetics: A Synergetic Pair," *System Dynamics Review,* Vol. 24, 2008, pp. 145–174.

[33] Tharumarajah, A., A. J. Wells, and L. Nemes, "Comparison of Emerging Manufacturing Concepts," *1998 IEEE International Conference on Systems, Man, and Cybernetics*, 1998.

[34] Vigo, R., "Representational Information: A New General Notion and Measure of Information," *Information Sciences,* Vol. 181, 2011, pp. 4847–4859.

[35] Gell Mann, M., and S. Lloyd, "Information Measures, Effective Complexity, and Total Information," *Complexity*, Vol. 2, 1996, pp. 44–52.

[36] Delahaye, J. -P., and H. Zenil, "Towards a Stable Definition of Kolmogorov-Chaitin Complexity," *Fundamenta Informaticae XXI* (2008), 1–15, IOS Press, 2008.

[37] Delahaye, J. -P., and H. Zenil, "Randomness and Complexity: Fron Leibniz to Chaitin," *World Scientific*, 2007

[38] Kamp, H., and M. Stokhof, "Information in Natural Language," *Handbook of the Philosophy of Information*, Vol. 8, P. Adriaans and J. van Bentham (eds.), New York: North-Holland, 2008, pp. 49–112.

[39] Baltag, A., H. van Ditmarsch, and L. Moss, "Epistemic Logic and Information Update," in *Philosophy of Information*, P. Adriaans and J. van Benthem, (eds.): New York: NorthHolland, 2008.

[40] Devlin, K., and D. Rosenberg, "Information in the Study of Human Interaction," in *Philosophy of Information*, Vol. 8, P. Adriaans and J. van Benthem, (eds.), New York: North-Holland, 2008, pp. 685–710.

[41] Adriaans, P., "Learning and the Cooperative Computational Universe," in *Philosophy of Information*, Vol. 8, P. Adriaans and J. Van Benthem, (eds.), New York: North-Holland, 2008, pp. 133–167.

[42] Kelly, K., "Ockhams Razor, Truth, and Information," in *Philosophy of Information*, Vol. 8, P. Adriaans and J. Van Benthem, (eds.), New York: North-Holland, 2008, pp. 321–360.

[43] Rott, H., "Information Structures in Belief Revision," in *Philosophy of Information*, Vol. 8, P. Adriaans and J. Van Benthem, (eds.), New York: North-Holland, 2008, pp. 457–482.

[44] Abramsky, S., "Information, Processes and Games," in *Philosophy of Information*, Vol. 8, P. Adriaans and J. Van Benthem, (eds.), New York: North-Holland, 2008, pp. 483–549.

[45] van Benthem, J., and M. Martinez, "The Stories of Logic and Information," in *Philosophy of Information*, Vol. 8, P. Adriaans and J. Van Benthem, (eds.), New York: North-Holland, 2008, pp. 217–280.

[46] Walliser, B., "Information and Beliefs in Game Theory," in *Philosophy of Information*, Vol. 8, P. Adriaans and J. Van Benthem, (eds.), New York: North-Holland, 2008, pp. 551–580.

[47] Das, S., *Computational Business Analytics*, London, U.K.: Taylor & Francis, 2013.

[48] Schroeck, M., et al., "Analytics: The Real-World Use of Big Data," 2012. http:/www-935.ibm.com/services/us/gbs/thoughtleadership/ibv-big-data-at-work.html.

[49] Zikopoulos, P., and C. Eaton, *Understanding Big Data: Analytics For Enterprise Class Hadoop and Streaming Data*, New York: McGraw-Hill Osborne Media, 2011.

[50] Laursen, G. H. N., and J. Thorlund, *Business Analytics for Managers: Taking Business Intelligence Beyond Reporting*, New York: Wiley, 2010.

[51] Blasch, E., E. Bossé, and D. A. Lambert, *High-Level Information Fusion Management and Systems Design*: Norwood, MA: Artech House, 2012.

[52]Bossé, É., J. Roy, and S. Wark, *Concepts, Models, and Tools for Information Fusion*, Norwood, MA: Artech House, 2007.

[53] Waltz, E., *Knowledge Management in the Intelligence Enterprise*, Norwood, MA: Artech House, 2003.

[54] Liggins, M., D. Hall, and J. Llinas, *Handbook of Multisensor Data Fusion: Theory and Practice*, 2nd ed., New York: Taylor & Francis, 2008.

[55] Klein, G. A., et al., *Decision Making in Action: Models and Methods*, Norwood, NJ: Ablex Publishing Corporation, 1993.

[56] Floridi, L., *Philosophical Conceptions of Information*, New York: Springer, 2009.

[57] Adriaans, P., "A Critical Analysis of Floridi's Theory of Semantic Information," *Knowledge, Technology & Policy,* Vol. 23, 2010, pp. 41–56.

[58] Klüver, J., "A Mathematical Theory of Communication: Meaning, Information, and Topology," *Complexity,* Vol. 16, 2011, pp. 10–26.

[59] Crofts, A. R., "Life, Information, Entropy, and Time: Vehicles for Semantic Inheritance," *Complexity,* Vol. 13, 2007, pp. 14–50.

[60] Ahsan, S., and A. Shah, "Data, Information, Knowledge, Wisdom: A Doubly Linked Chain," *Proc. of 2006 Intl. Conf. on Information Knowledge Engineering*, 2006, pp. 270–278.

[61] Bernstein, J. H., "The Data-Information-Knowledge-Wisdom Hierarchy and Its Antithesis," *NASKO,* Vol. 2, 2011, pp. 68–75.

[62] Hey, J., "The Data, Information, Knowledge, Wisdom Chain: The Metaphorical Link," *Intergovernmental Oceanographic Commission,* 2004.

[63] DIKW Hierarchy, http://en.wikipedia.org/wiki/DIKW_Pyramid, last accessed: March 5, 2015 .

[64] Sommaruga, G., "Formal Theories of Information," *Lecture Notes in Computer Science,* Vol. 5363, 2009.

[65] Beim Graben, P., "Pragmatic Information in Dynamic Semantics," *Mind and Matter,* Vol. 4, 2006, pp. 169–193.

[66] Morris, C. W., *Foundations of the Theory of Signs, Vol. 1*, Chicago, IL: University of Chicago Press, 1938.

[67] Peirce, C. S., *Peirce on Signs: Writings on Semiotic*, Durham, NC: UNC Press Books, 1991.

[68] Ogden, C. K., et al., *The Meaning of Meaning*, New York: Harcourt, Brace & World, 1946.

[69] Uminsky, S., *Information Theory Demystified*, http://www.ideacenter.org/contentmgr/showdetails.php/id/1236, March 10, 2015.

[70] Dequech, D., "Uncertainty: A Typology and Refinements of Existing Concepts," *Journal of Economic Issues,* Vol. 45, 2011, pp. 621–640.

[71] Gray, R. M., *Entropy and Information Theory*, New York: Springer Science & Business Media, 2011.

[72] Pierce, J. R., *An Introduction To Information Theory: Symbols, Signals and Noise, Second Edition*, New York: Dover Publications, 1980.

[73] Lesne, A., "Shannon Entropy: A Rigorous Notion at the Crossroads Between Probability, Information Theory, Dynamical Systems and Statistical Physics," *Mathematical Structures in Computer Science,* Vol. 24, 2014, p. e240311.

[74] Kullback, S., and R. A. Leibler, "On Information and Sufficiency," *The Annals of Mathematical Statistics,* 1951, pp. 79–86.

[75] Liu, C., et al., "Reducing Algorithm Complexity for Computing an Aggregate Uncertainty Measure," *IEEE Trans. on Systems, Man and Cybernetics, Part A: Systems and Humans*, Vol. 37, 2007, pp. 669–679.

[76] Liu, C., et al., "Measures of Uncertainty for Fuzzy Evidence Theory," Technical Report DRDC-Valcartier TR2010-223, 2010.

[77] Liu, C., "A General Measure of Uncertainty-Based Information," Ph.D, Electrical and Computer Engineering, Université Laval, Québec, 2004.

[78] Garrido, A., "Classifying Entropy Measures," *Symmetry,* Vol. 3, 2011, pp. 487–502.

[79] Ben-Naim, A., *Entropy Demystified: The Second Law Reduced to Plain Common Sense*, New York: World Scientific, 2008.

[80] Bossé, É., A. Jousselme, and P. Maupin, "Knowledge, Uncertainty and Belief in Information Fusion and Situation Analysis," *NATO Science Series III Computer and Systems Sciences,* Vol. 198, 2005, pp. 61–81.

[81] Jousselme, A. -L., P. Maupin, and É. Bossé, "Uncertainty in a Situation Analysis Perspective," *Proc. of 6th Intl. Conf. of Information Fusion*, 2003.

[82] Han, P. K., W. M. Klein, and N. K. Arora, "Varieties of Uncertainty in Health Care A Conceptual Taxonomy," *Medical Decision Making,* Vol. 31, 2011, pp. 828–838.

[83] Ramirez, A. J., A. C. Jensen, and B. H. Cheng, "A Taxonomy of Uncertainty for Dynamically Adaptive Systems," *2012 ICSE Workshop on Software Engineering for Adaptive and Self-Managing Systems (SEAMS)*, 2012, pp. 99–108.

[84] Regan, H. M., M. Colyvan, and M. A. Burgman, "A Taxonomy and Treatment of Uncertainty for Ecology and Conservation Biology," *Ecological Applications,* Vol. 12, 2002, pp. 618–628.

[85] Tannert, C., H. D. Elvers, and B. Jandrig, "The Ethics of Uncertainty," *EMBO Reports,* Vol. 8, 2007, pp. 892–896.

[86] Faber, M., R. Manstetten, and J. L. Proops, "Humankind and the Environment: An Anatomy of Surprise and Ignorance," *Environmental Values,* Vol. 1, 1992, pp. 217–241.

[87] Smithson, M., *Ignorance and Uncertainty: Emerging Paradigms*, New York: SpringerVerlag Publishing, 1989.

[88] Bammer, G., and M. Smithson, *Uncertainty and Risk: Multidisciplinary Perspectives*, London: Earthscan, 2012.

[89] Camerer, C., and M. Weber, "Recent Developments in Modeling Preferences: Uncertainty and Ambiguity," *Journal of Risk and Uncertainty,* Vol. 5, 1992, pp. 325–370.

[90] Savage, L. J., The Foundations of Statistics, New York: Courier Corporation, 1972.

[91] Friedman, M., and L. J. Savage, "The Expected-Utility Hypothesis and the Measurability of Utility," *The Journal of Political Economy,* 1952, pp. 463–474.

[92] Galavotti, M. C., "The Notion of Subjective Probability in the Work of Ramsey and de Finetti," *Theoria,* Vol. 57, 1991, pp. 239–259.

[93] Hodgson, G. M., "The Ubiquity of Habits and Rules," *Cambridge Journal of Economics,* Vol. 21, 1997, pp. 663–684.

[94] Dubois, D., "Uncertainty Theories: A Unified View," in SIPTA school 08 - UEE 08, Montpellier, France, 2008. http://www.cost-ic0702.org/summercourse/files/uncertainty.pdf.

[95] Walley, P., *Statistical Reasoning with Imprecise Probabilities*, London, U.K.: Chapman and Hall, 1991.

[96] Walley, P., "Towards a Unified Theory of Imprecise Probability," *International Journal of Approximate Reasoning,* Vol. 24, 2000, pp. 125–148.

[97] Shafer, G., *A Mathematical Theory of Evidence*, Princeton, NJ: Princeton University Press, 1976.

[98] Dempster, A. P., "Upper and Lower Probabilities Induced by a Multivalued Mapping," *The Annals of Mathematical Statistics,* 1967, pp. 325–339.

[99] Smets, P., "Imperfect Information: Imprecision and Uncertainty," in *Uncertainty Management in Information Systems*, New York: Springer, 1997, pp. 225–254.

[100] Dubois, D., and H. Prade, Possibility Theory: An Approach to Computerized Processing of Uncertainty, New York: Plenum Press, 1988.

[101] Zadeh, L., "Fuzzy Sets as the Basis for a Theory of Possibility," Fuzzy Sets and Systems, Vol. 1, 1978, pp. 3–28.
[102] Dequech, D., "Uncertainty: Individuals, Institutions and Technology," Cambridge Journal of Economics, Vol. 28, 2004, pp. 365–378.
[103] Dubois, D., and H. Prade, "Formal Representations of Uncertainty," Decision-Making Process: Concepts and Methods, 2009, pp. 85–156.
[104] Endsley, M. R., and D. J. Garland, Situation Awareness Analysis and Measurement, Boca Raton, FL: CRC Press, 2000.
[105] Bouyssou, D., et al., Decision Making Process: Concepts and Methods, New York: John Wiley & Sons, 2013.
[106] Molchanov, I., Theory of Random Sets, New York: Springer Science & Business Media, 2006.
[107] Destercke, S., D. Dubois, and E. Chojnacki, "Unifying Practical Uncertainty Representations–I: Generalized P-Boxes," International Journal of Approximate Reasoning, Vol. 49, 2008, pp. 649–663.
[108] Destercke, S., D. Dubois, and E. Chojnacki, "Unifying Practical Uncertainty Representations: II. Clouds," Int. J. of Approximate Reasoning, 49 (2008) 664–677.
[109] Zadeh, L. A., "Fuzzy Sets," Information and Control, Vol. 8, 1965, pp. 338–353.
[110] Krause, P., and D. Clark, Representing Uncertain Knowledge: An Artificial Intelligence Approach, Boston, MA: Kluwer Academic Publishers, 1993.
[111] Bouchon-Meunier, B., and H. T. Nguyen, Les incertitudes dans les systèmes intelligents, Paris, France: Presses Universitaires de France, 1996.
[112] Klir, G., and B. Yuan, Fuzzy Sets and Fuzzy Logic, Vol. 4, Upper Saddle River, NJ: Prentice Hall, 1995.
[113] Klir. G. J., and M. J. Wierman, Uncertainty-Based Information: Elements of Generalized Information Theory, New York: Physica-Verlag HD, 1999.
[114] Ayyub, B. M., and G. J. Klir, Uncertainty Modeling and Analysis in Engineering and the Sciences, Boca Raton, FL: CRC Press, 2006.
[115] Klir, G. J., Uncertainty and Information: Foundations of Generalized Information Theory, New York: John Wiley & Sons, 2005.
[116] Grabisch, M., M. Sugeno, and T. Murofushi, Fuzzy Measures and Integrals: Theory and Applications, New York: Springer-Verlag, 2000.
[117] Zadeh, L. A., "Probability Measures of Fuzzy Events," Journal of Mathematical Analysis and Applications, Vol. 23, 1968, pp. 421–427.
[118] Nilsson, N. J., "Probabilistic Logic," Artificial Intelligence, Vol. 28, 1986, pp. 71–87.
[119] Fagin, R., and J. Y. Halpern, "Reasoning About Knowledge and Probability," Journal of the ACM (JACM), Vol. 41, March 1994, pp. 340–367.
[120] Fagin, R., et al., Reasoning About Knowledge, Vol. 4, Cambridge, MA: MIT Press, 1995.
[121] Halpern, J. Y., Reasoning About Uncertainty, Cambridge, MA: MIT Press, 2003.
[122] Halpern, J. Y., and R. Fagin, "Two Views of Belief: Belief as Generalized Probability and Belief as

Evidence," Artificial Intelligence, Vol. 54, 1992, pp. 275–317.
[123] Halpern, J. Y., "An Analysis of First-Order Logics of Probability," Artificial Intelligence, Vol. 46, 1990, pp. 311–350.
[124] Bundy, A., "Incidence Calculus: A Mechanism for Probabilistic Reasoning," Journal of Automated Reasoning, Vol. 1, 1985, pp. 263–283.
[125] Bundy, A., Incidence Calculus, New York: John Wiley & Sons, 1992.
[126] Liu, W., A. Bundy, and D. Robertson, "On the Relations Between Incidence Calculus and ATMS," in Symbolic and Quantitative Approaches to Reasoning and Uncertainty, New York: Springer, 1993, pp. 249–256.
[127] Smets, P., "Varieties of Ignorance and the Need for Well-Founded Theories," Information Sciences, Vol. 57, 1991, pp. 135–144.
[128] Pearl, J., Probabilistic Reasoning in Intelligent Systems Networks of Plausible Inference, New York: Morgan Kaufmann Publishers, 1988.
[129]Pearl, J., "Fusion, Propagation, and Structuring in Belief Networks," Artificial Intelligence, Vol. 29, 1986, pp. 241–288.
[130] Lauritzen, S. L., and D. J. Spiegelhalter, "Local Computations with Probabilities on Graphical Structures and Their Application to Expert Systems," Journal of the Royal Statistical Society. Series B (Methodological), 1988, pp. 157–224.
[131] Lepar, V., and P. P. Shenoy, "A Comparison of Lauritzen-Spiegelhalter, Hugin, and ShenoyShafer Architectures for Computing Marginals of Probability Distributions," Proc. of 14th Conf. on Uncertainty in Artificial Intelligence, 1998, pp. 328–337.
[132] Jensen, F. V., An Introduction to Bayesian Networks Vol. 210, London, U.K.: UCL Press, 1996.
[133] Nielsen, T. D., and F. V. Jensen, Bayesian Networks and Decision Graphs, New York: Springer Science & Business Media, 2009.
[134] Gordon, J., and E. H. Shortliffe, "A Method for Managing Evidential Reasoning in a Hierarchical Hypothesis Space," Artificial Intelligence, Vol. 26, 1985, pp. 323–357.
[135] Shafer, G., and R. Logan, "Implementing Dempster's Rule for Hierarchical Evidence," Artificial Intelligence, Vol. 33, 1987, pp. 271–298.
[136] Shenoy, P. P., and G. Shafer, "Axioms for Probability and Belief-Function Propagation," in Classic Works of the Dempster-Shafer Theory of Belief Functions, New York: Springer, 2008, pp. 499–528.
[137] Shenoy, P. P., "Valuation-Based Systems for Bayesian Decision Analysis," Operations Research, Vol. 40, 1992, pp. 463–484.
[138] Shenoy, P. P., "Binary Join Trees for Computing Marginals in the Shenoy-Shafer Architecture," International Journal of Approximate Reasoning, Vol. 17, 1997, pp. 239–263.
[139] Shenoy, P. P., and G. Shafer, "Propagating Belief Functions with Local Computations," IEEE Expert, Vol. 1, 1986, pp. 43–52.
[140] Pearl, J., Causality: Models, Reasoning and Inference, Vol. 29, Cambridge, U.K.: Cambridge University Press, 2000.
[141]Ghosh, S., Algorithm Design for Networked Information Technology Systems, New York: Springer,

2004.

[142] Kikuchi, S., and V. Perincherry, “Handling Uncertainty in Large Scale Systems with Certainty and Integrity,” 2004. http://esd.mit.edu/symposium/pdfs/papers/kikuchi.pdf.

[143] Abellán, J., and A. Masegosa, “Requirements for Total Uncertainty Measures in DempsterShafer Theory of Evidence,” International Journal of General Systems, Vol. 37, 2008, pp. 733–747.

[144] De Campos, L. M., J. F. Huete, and S. Moral, “Probability Intervals: A Tool for Uncertain Reasoning,” International Journal of Uncertainty, Fuzziness and Knowledge-Based Systems, Vol. 2, 1994, pp. 167–196.

[145] Grabisch, M., and C. Labreuche, “A Decade of Application of the Choquet and Sugeno Integrals in Multi-Criteria Decision Aid,” Annals of Operations Research, Vol. 175, 2010, pp. 247–286.

[146] Abellán, J., and S. Moral, “Upper Entropy of Credal Sets. Applications to Credal Classification,” International Journal of Approximate Reasoning, Vol. 39, 2005, pp. 235–255.

[147] Couso, I., and L. Sánchez, “Upper and Lower Probabilities Induced by a Fuzzy Random Variable,” Fuzzy Sets and Systems, Vol. 165, 2011, pp. 1–23.

[148] Jaffray, J. -Y., and F. Philippe, “On the Existence of Subjective Upper And Lower Probabilities,” Mathematics of Operations Research, Vol. 22, 1997, pp. 165–185.

[149] Suppes, P., and M. Zanotti, “On Using Random Relations to Generate Upper and Lower Probabilities,” Synthese, Vol. 36, 1977, pp. 427–440.

[150] Abellán, J., G. Klir, and S. Moral, “Disaggregated Total Uncertainty Measure for Credal Sets,” International Journal of General Systems, Vol. 35, 2006, pp. 29–44.

[151] Abellan, J., and S. Moral, “Maximum of Entropy for Credal Sets,” International Journal of Uncertainty, Fuzziness and Knowledge-Based Systems, Vol. 11, 2003, pp. 587–597.

[152] Abellán, J., and S. Moral, “Difference of Entropies as a Non-Specificity Function on Credal Sets,” International Journal of General Systems, Vol. 34, 2005, pp. 201–214.

[153] Karlsson, A., “Evaluating Credal Set Theory as a Belief Framework in High-Level Information Fusion for Automated Decision-Making,” 2008. Universit of Skovde Technical Report 2010. http:/www.diva-portal.org/smash/get/diva2:345982/FULLTEXT03.

[154] Liu, Z. -G., et al., “Credal Classification Rule for Uncertain Data Based on Belief Functions,” Pattern Recognition, Vol. 47, 2014, pp. 2532–2541.

[155] Zadeh, L. A., “Toward a Theory of Fuzzy Information Granulation and Its Centrality in Human Reasoning and Fuzzy Logic,” Fuzzy Sets and Systems, Vol. 90, 1997, pp. 111–127.

[156] Smets, P., “The Degree of Belief in a Fuzzy Event,” Information Sciences, Vol. 25, 1981, pp. 1–19.

[157] Yager, R. R., “Generalized Probabilities of Fuzzy Events from Fuzzy Belief Structures,” Information Sciences, Vol. 28, 1982, pp. 45–62.

[158] Yen, J., “Generalizing the Dempster-Schafer Theory to Fuzzy Sets,” IEEE Trans. on Systems, Man and Cybernetics, Vol. 20, 1990, pp. 559–570.

[159] Lucas, C., and B. N. Araabi, “Generalization of the Dempster-Shafer Theory: A FuzzyValued Measure,” IEEE Trans. on Fuzzy Systems, Vol. 7, 1999, pp. 255–270.

[160] Hartley, R. V., “Transmission of Information,” Bell System Technical Journal, Vol. 7, 1928, pp.

535–563.

[161] Dubois, D., and H. Prade, "A Note on Measures of Specificity for Fuzzy Sets," International Journal of General System, Vol. 10, 1985, pp. 279–283.

[162] Yager, R. R., "Entropy and Specificity in a Mathematical Theory of Evidence," International Journal of General System, Vol. 9, 1983, pp. 249–260.

[163] Höhle, U., "Entropy with respect to plausibility measures," Proc. of 12th IEEE Intl. Symp. on Multiple-Valued Logic, 1982, pp. 167–169.

[164] Klir, G. J., and A. Ramer, "Uncertainty in the Dempster-Shafer Theory: A Critical Re-Examination," International Journal of General System, Vol. 18, 1990, pp. 155–166.

[165] Klir, G. J., and B. Parviz, "A Note on the Measure of Discord," Proc. of 8th Intl. Conf. on Uncertainty in Artificial Intelligence, 1992, pp. 138–141.

[166] Lamata, M. T., and S. Moral, "Measures of Entropy in the Theory of Evidence," International Journal of General System, Vol. 14, 1988, pp. 297–305.

[167] Klir, G. J., and R. M. Smith, "On Measuring Uncertainty and Uncertainty-Based Information: Recent Developments," Annals of Mathematics and Artificial Intelligence, Vol. 32, 2001, pp. 5–33.

[168] Klir, G. J., and R. M. Smith, "Recent Developments in Generalized Information Theory," International Journal of Fuzzy Systems, Vol. 1, 1999, pp. 1–13.

[169] Pal, N. R., J. C. Bezdek, and R. Hemasinha, "Uncertainty Measures for Evidential Reasoning II: A New Measure of Total Uncertainty," International Journal of Approximate Reasoning, Vol. 8, 1993, pp. 1–16.

[170] Maeda, Y., H. T. Nguyen, and H. Ichihashi, "Maximum Entropy Algorithms for Uncertainty Measures," International Journal of Uncertainty, Fuzziness and Knowledge-Based Systems, Vol. 1, 1993, pp. 69–93.

[171] Harmanec, D., and G. J. Klir, "Measuring Total Uncertainty in Dempster-Shafer Theory: A Novel Approach," International Journal of General System, Vol. 22, 1994, pp. 405–419.

[172] Jousselme, A. -L., et al., "Measuring Ambiguity in the Evidence Theory," IEEE Trans. on Systems, Man and Cybernetics, Part A: Systems and Humans, Vol. 36, 2006, pp. 890–903.

[173] Abellán, J., and S. Moral, "Measuring Total Uncertainty in Dempster-Shafer Theory of Evidence: Properties and Behaviors," Annual Meeting of the North American Fuzzy Information Processing Society 2008 (NAFIPS 2008), 2008, pp. 1–6.

[174] Shahpari, A., and S. A. Seyedin, "Measuring Mutual Aggregate Uncertainty in Evidence Theory," 7th Intl. Symp. on Telecommunications (IST), 2014, pp. 12–19.

[175] Shahpari, A., and S. A. Seyedin, "Using Mutual Aggregate Uncertainty Measures in a Threat Assessment Problem Constructed by Dempster-Shafer Network, in a Threat Asses-ment Problem Constructed by Dempster-Shafer Network," Systems, Man, and Cybernetics: Systems, IEEE Transactions On, Vol. 45, 2015, pp. 877–886.

[176] Klir, G. J., and H. W. Lewis III, "Remarks on 'Measuring Ambiguity in the Evidence Theory,'" IEEE Trans. on Systems, Man and Cybernetics, Part A: Systems and Humans, Vol. 38, 2008, pp. 995–999.

[177] Burkov, A., et al., "An Empirical Study of Uncertainty Measures in the Fuzzy Evidence Theory," Proc. of 14th Intl. Conf. on Information Fusion (FUSION), 2011, pp. 1–8.
[178] Croissant, J. L., "Agnotology: Ignorance and Absence or Towards a Sociology of Things That Aren't There," Social Epistemology, Vol. 28, 2014, pp. 4–25.
[179] Proctor, R., and L. L. Schiebinger, Agnotology: The Making and Unmaking of Ignorance, Stanford, CA: Stanford University Press, 2008.

第 4 章　信息表征和表示

本章的目的是回顾信息表征和不确定性表示的基本概念，并定义新的概念，以基于信息融合与分析技术（FIAT）的智能态势分析和决策支持系统的设计中所应用的视角进行阐述。本章提供了一个评估可用信息质量和可靠性的框架，以及评估最终决策的基础。它与物理学的实验框架平行，与设备校准和观测与测量中的不确定性平行。

4.1　概　　述

本章的观点是用分析和信息融合方法处理信息片段。这种观点要求对这些信息进行特征化和表示。例如，融合是将来自不同来源的信息进行组合的过程，以提供对感兴趣的环境或过程的鲁棒性和完整的描述。在必须对大型数据集进行组合、融合和提取，以获得适当质量和完整性的信息，从而做出决策的应用中，融合具有特殊的意义。它不局限于数据集管理，应该考虑执行推断、处理冗余和利用互补性。融合通常是设想在复杂系统中进行的，这些复杂系统通常处理分组在相关知识库中的知识源（如数据、先验知识）。启用融合功能意味着组合或融合来自多个源的数据，以实现预定义的目标。数据/信息融合的基本概念最早是在20 世纪 60 年代出现在文献中，当时数据处理的数学模型（如 Bucy-Kalman 滤波器[1]）已开发并应用于不同的应用领域：国防、机器人、模式识别、遥感、航空航天系统和医疗。

在文献中，可以找到一些与信息融合相关的定义。最为接受的是第 3 章中讨论的 JDL 定义。它可以简单地表述为[2]：“数据融合是将数据或信息结合起来以估计或预测实体状态的过程。”因此，融合包括研究方法的开发，允许从不同知识源中提取和调和用于决策的有意义的元素。Wald[3]的一个更一般的表述将信息融合描述为“一个规范的框架，表示联合来自不同来源数据的方法和工具；它旨在获得更高质量的信息，‘更高质量’的确切意义取决于所考虑的应用。”注意，在 Wald 的定义中，重点转向融合结果的质量，包括技术参数、性能、有效性等所有方面，以及用户利益。信息融合文献和工作的主要部分集中在如下方面。

（1）整合来自潜在故障、冗余或不准确的传感器的同质或异构集合的数据的信息融合技术和算法。

（2）实现信息融合系统的结构和功能模型。

然而，除了大量的研究活动外，信息融合仍然是一个相对较新的研究领域，其基本方法仍在构建中。由于融合是跨学科的，独立于各个研究领域，许多基本定义和术语缺乏更高层次的一致性。例如，一般来说，术语传感器融合、数据融合、多传感器数据融合、信息集成和信息融合已在各种出版物中使用，没有太多区别。这可能与第 3 章所讨论的与“信息”一词有关的各种含义有关。多年来，研究一直在讨论数据、信息和知识之间的差异，但结果仍有争议。这些研究试图找出概念、属性和特征之间的差异。根据所考虑的态势，输入可以有不同的含义。“东京是日本的首都”这一状态存储在数据库中时可以是数据。当告诉一个人时，它可以是信息。它可以是一个知道它的人的知识。这表明输入本身没有独特的意义。因此，数据、信息和知识很可能是与背景相关的表示。

本章建议通过区分输入特征的内在表示和它们在更高层次结构/过程（如动作：转换、通知和了解）中的定位，消除围绕输入特征的迷雾。内部结构包括属性、对象定义、关系和行为。更高层次的定位要考虑系统对数据、信息和知识的输入背景角色属性。本章分为几个部分，讨论信息元素结构表示、信息功能目标及其知识处理、信息元素特征描述和不完善性建模、融合单元的概念、信息融合系统的组件构建块，最后是一个全局和同质融合框架。

4.2 信息元素的定义

信息融合系统的成功与其基本组成部分的定义方式、相关知识的质量以及融合过程本身产生的信息或知识密切相关。然而，在融合领域中，涉及这个主题的文献相对较少。此外，正如前一章所讨论的，关于什么是信息以及什么定义了信息的特征，没有达成一致意见。

信息定义应抓住其本质，并允许跨学科边界传递框架、理论和结果[4]。Whitaker[5]将信息定义为：“与所考虑的应用相关的数据”，并指出相同的定义和原则可以自动重复用于信息融合。根据 Losee 文献[6]，信息可以用一个过程或一个函数来定义：“信息是当前附加或具体化到由一个函数或一个过程返回的特征或变量上的值。函数返回的值提供了有关函数参数或函数的信息，或两者的信息。”该定义的优点是将信息定位为链接数据集的关系或函数概念[7]。

例如，考虑以下状态，它们是潜在系统的输入。首先，一个状态，给定的值 $x=41$，对 x 的理解无异于它是一个正整数。第二，考虑状态 $x=41$℃，它表示一组有意义语义中的一个元素，该值与温度有关。鉴于此 41℃是一个人的体温，人们可以开始推理，得出发烧和需要医生检查的结论。

这个例子强调了来自一个给定集合中的观察数据不足以使它成为一个信息实体。因此，信息需要一个内容集，其结果是如何获得的，它指的是什么。通过这种方式，Stonier[8]强调当只处理内容集时无法获取完整的信息范围。这导致了下面的信息定义[7,9]，它扩展了 Losee 文献[6]提出的定义，包括与先前的信息特征相关的规范结构。定义，一种信息元素，是："由定义集和内容集组成的实体，由一种称为信息关系的函数关系连接，与内部和外部背景相关联。"

因此，如图 4.1 所示，信息元素的主要组成部分如下。

（1）定义集，给出潜在的信息输入元素（信息指的是什么）。

（2）编码由信息产生的可能知识的内容集（如物理参数、决定、假设的测量或估计）。

（3）输入-输出关系，用于表示将输入元素与产生的信息内容相关联的功能链接模型（如数学、物理）。

（4）内部背景，收集信息关系本身的内在特征、约束或控制。

（5）外部背景，包含有助于阐述信息元素的含义或解释的数据、信息或知识。

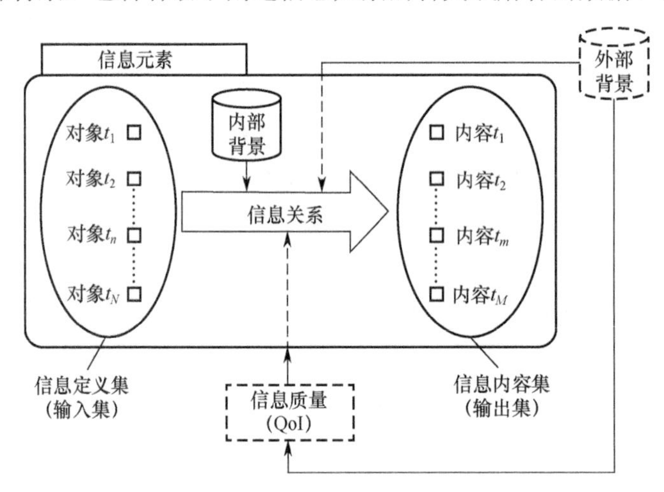

图 4.1　基本信息元素（J）结构

信息元素（J）表示为：J=（信息定义集、信息的关系、信息内容集、内部背景、外部背景）。

基于这个定义，信息元素的集合可以包含数据而不是知识。因此，它的结构具有足够的通用性，可以视为信息基础构建块。

4.2.1　对象、内容和信息关系

这些（信息元素）组件的意义相当简单。对象和内容表示通过信息关系链接的实体。然而，如表 4.1 所列，这些实体的性质可能是硬的（用数字、单独的等定量

定义）或软的（用文字、观点、预测等定性定义）。虽然硬实体似乎是相当自我完备的，但软实体显然需要一个背景，在此定义定性描述符。当信息关系不依赖于外部条件将对象链接到内容时，它可能是纯非个人的（或硬的）。然而，它也可以通过使用诸如主观判断、意见和感知等认知因素以更柔和的方式表现（如（*J*）代表人类专家的输出）。为了处理这两种实体或关系，（*J*）必须嵌入背景才能完全定义[10]。

表 4.1　硬数据和软数据特性

	硬数据	软数据
自然属性	硬信息是定量的：数字（在金融学中，这些是资产负债表数据、资产回报）；它也是非常向后看的（如资产负债表数据）	软信息是定性的：词汇（意见、想法、项目、评论）；这是非常前瞻性的（如业务计划）
采集方法	硬信息的收集是非个人的，它不依赖于其产生的背景；因此，硬信息是详尽和明确的	收集软信息是个人的，包括其产生和处理背景
认知因素	不存在	主观判断、观点和感知是软信息的完整组成部分
注：来源于文献[10]		

4.2.2 内部/外部背景

一个简单的例子可能有助于区分内部和外部背景。例如，当信息关系表示进行采集的传感器时，传感器的实际设置值是内部背景的一部分（这些设置本质上控制内容输出）。然而，传感器设置这些设置值的原因（条件）属于外部背景，包括观察的背景。事实上，观察的背景是感知过程的重要组成部分，因为它能够影响到对事件的感知以及理解观察（或消息）所需的一切。因此，如果在不同的观察背景中解释不同的态势，则可以根据相同的一组感官信息项来感知不同的态势。为了让计算机以某种方式智能化，必须为它们提供特定领域和特定目标的背景。这一背景的一部分是每个人用来解释和理解任何感知的主要知识。

4.2.3 （*J*）在信号和数据抽象层的说明

将数字图像视为灰度级的二维数组。所考虑的不是信息，而是一种抽象数据（具有相关值的几何组织像素集）。当与所观察（或成像）的基本对象相关联时，这种抽象数据符合信息元素范式。使用成像传感器表示过程的物理模型，实例化此关联。在图 4.2 中，使用两种成像模式给出了 Quebec 市北部地区的两种图像信息元素（两种不同的信息物理关系：雷达成像和光学全色成像）。这两种信息关系在相同的定义集（分辨率单元）上运行，因为两个传感器在获取图像时具有几乎相同的分辨率（一个像素覆盖地面上 30m×30m 的正方形）。使用不同传感器的分辨率，需要独立的定义集来处理观察到的地面碎片的可变尺寸。

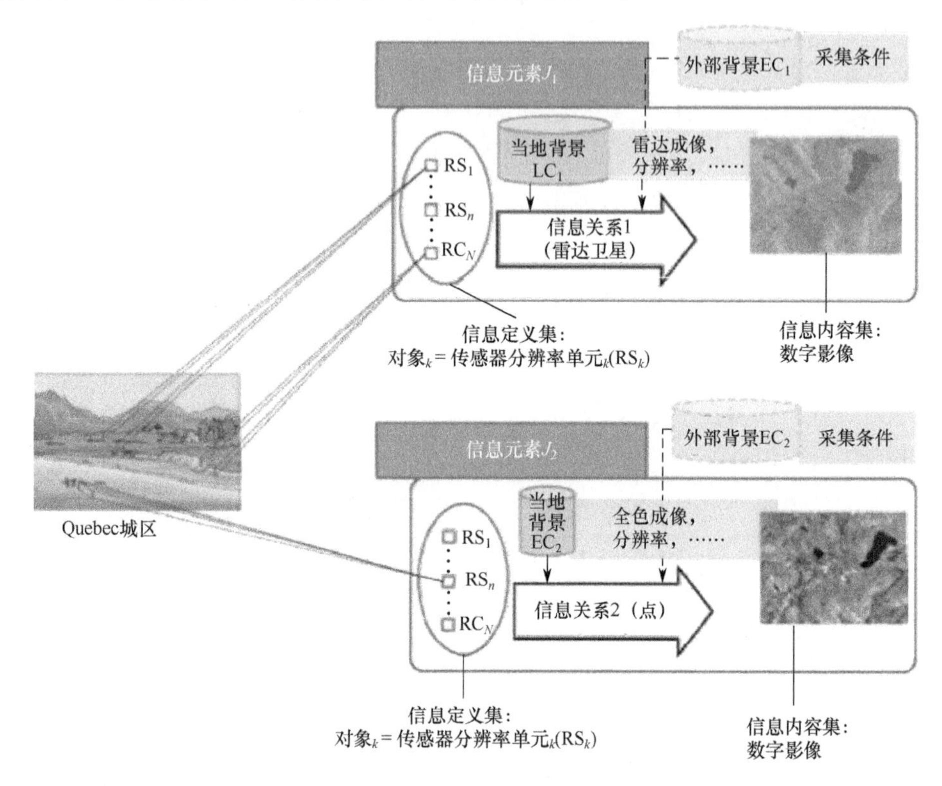

图 4.2　给出两个 J 和两个信息关系的遥感示例

为了能够将对象（输入集）链接到内容（输出集），信息关系嵌入了知识，允许建立链接。所涉及知识的范围和复杂性取决于信息元素。然而，这种嵌入知识的存在使得数据本身和信息元素之间存在差异。例如，假设观察到一个基本分辨率单元（输入对象）具有零灰度。如果传感器的物理模型未知，则无法根据其主题内容（为观察到的灰度赋予语义）对该单元进行解释。如果传感器是成像雷达（如有源系统），则分辨率单元零值内容可解释为平坦表面或可能对应于阴影区域。然而，如果成像传感器对应于多光谱成像（被动系统，如可见光、红外）中的给定光谱波段，则分辨率单元主题内容对应于在所考虑的光谱波段内吸收发射的电磁信号的真实世界特定内容。从这个例子可以看出，将输入（如灰度值）和输出（如内容解释）连接的物理模型（信息关系）使得数据（此处仅为输入）和信息之间存在本质差异。

信息关系嵌入的知识程度和复杂性取决于信息元素。例如，在图像处理中，可以通过使用不同的处理技术来说明。为此，考虑经典图像滤波与适应于斑点图像（如雷达、声纳、超声波成像）的滤波之间的差异。最后一种方法需要更复杂的知识，在这种情况下对应于物理过程的数学模型和成像传感器利用的测量参数（乘法性瑞利噪声）。因此，更高层次的知识复杂性可能与系统智能方面的参考文献有关。这种分类法广泛应用于场景解释、信息融合和数据/知识挖掘等领域。因此，在信息元素框架内，智能系统术语应解释为信息功能细化/复杂性的指标。

图 4.3 显示了基于成像示例的两个 J。这两个 J 显然不属于相同的抽象级别。顶部的部分（信号级）将场景部分链接到像素，而底部的部分（数据级）量化这些像素。需要注意的是，随着抽象级别的增加，J 背景的范围也会扩大。因此，数据级的 J 在其背景中包含了底层信号级 J 的所有背景：从图像中提取特征的信息关系（定义集）可能需要知道产生图像像素的传感器的分辨率。该信息属于信号级别背景(LC)。这个例子说明随着 J 抽象界别的增加，J 背景的范围越来越大。

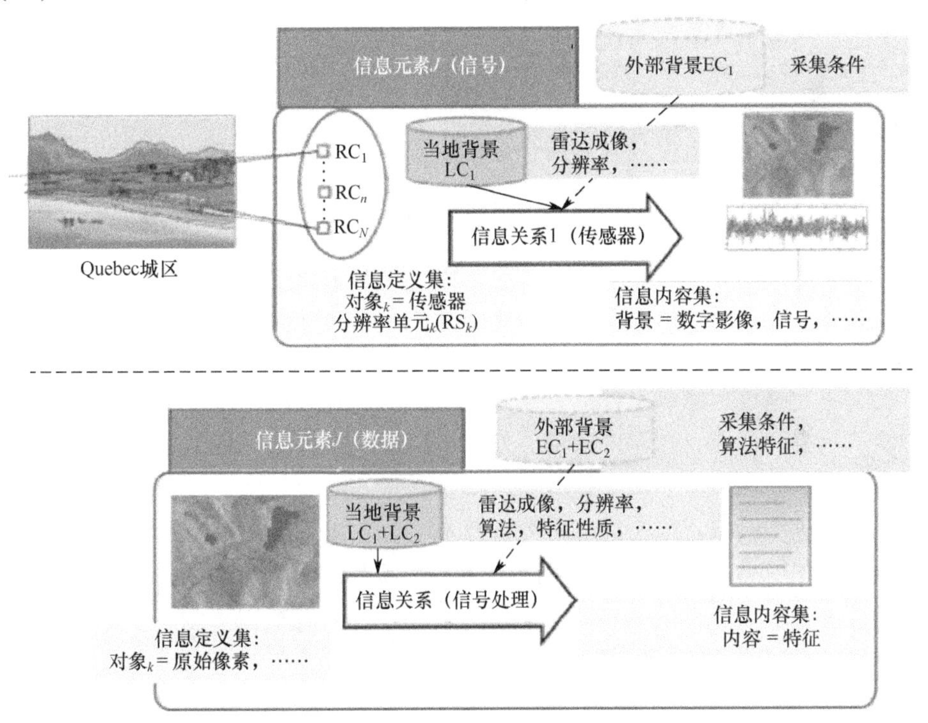

图 4.3　两个层次的抽象化（信号、数据）通用信息元素

4.2.4 （J）在更高级抽象层上的说明

大多数研究人员都同意，数据和信息之间存在差异，尽管边界在特定的背景中并不精确（参见文献[11]中冗长的讨论）。更高层次的信息抽象可能来源于已处理的传感器数据、监视和监测报告、人类情报报告、业务信息和从开源（互联网、论文、广播、电视）获得的信息。高级信息，也称为软数据，最近在信息融合领域[12]

报道了。软数据项是由人类产生的观测结果。它们可以是无约束的自然语言[13-14]，通过文本数据或语音信号表示，但也可以由半约束的数据项组成，如可扩展标记语言（XML）文件或数据库。图形结构也经常用于存储高级信息。大多数电子传感器都是基于特征的，一般不提供有关系的信息。Laudy[10,15]使用图形匹配（概念图）方法来融合硬信息和软信息。Najgebauer 等[16]使用一个语义图形作为事实和事件的存储器来评估非传统安全威胁。即使这样的算法和表示看起来是异构的，它们也反映了针对不同层次的抽象和应用的信息元素组件（信息关系、内部和外部背景）的各种可能的实现。信息元素结构本身保持不变，并支持不同层次的抽象。

4.2.5 信息元素的基本属性

所提出的信息元素的定义和结构非常通用，可以应用于所有类型所遇到的信息元素：传感器发出的信息、数据转换信息、特征提取信息和决策信息。然而，可以定义以下一些基本特征。

（1）详尽性：当且仅当内容集包含信息关系产生的所有可能结果时，信息元素称为详尽的。这个与信息内容集有关的属性也称为封闭世界假设。否则，认为信息是在开放世界假设下运作的。

（2）排他性：排他性是用来描述信息元素的另一个重要属性。事实上，当且仅当两个不同的信息内容不能作为信息关系的结果同时产生时，则信息元素称为排他的。

（3）不完全性：明确地将信息关系定位在基本信息元素结构中，澄清了所有抽象层次（数据、信息、知识或物理、见识、认知）的信息不完全性概念。单个信息不能捕获现象、实体或输入对象的所有相关方面。这对于基于传感器的信息元素来说是显而易见的，因为传感器专门利用特定的物理过程来提取观察对象的一个或多个方面。这显然意味着观察到对象的大量信息方面将限于通过所用传感器的物理窗口获得的信息。举例可以说明信息和认知水平。例如，在 Plato 定义为“合理真实置信”的知识层面上，不完整表现为真实、置信、成员资格、相关性等程度。

4.3 信息质量（QoI）

近年来，信息和数据质量的主题在通信、业务流程、个人计算、医疗保健和数据库等许多领域受到了广泛关注。同时，基于融合的人机决策系统中的信息质量问题很少引起人们的关注。关于信息融合的文献主要关注的是建立一个适当的不确定性模型，而没有太多关注于表示的问题和将其他质量特征融入融合过程。许多相关的研究问题[17]涉及设计基于融合系统中的信息质量问题，包括：

（1）质量本体特征是什么？

（2）我们如何评估输入的异构数据的信息质量以及流程的结果和用户产生的信息？

（3）我们如何将质量特性组合为单一的质量指标？

（4）我们如何评估质量评估程序和结果的质量？

（5）我们如何弥补各种信息缺陷？

（6）质量及其特征如何取决于背景？

（7）主观性（用户偏见）如何影响信息质量？

然而，对信息质量并没有唯一的定义。事实上，文献中有几种信息质量的定义，如下。

（1）“质量是一个实体的所有特性的总和，这些特性关系到其满足明示和暗示需求的能力”[18]。

（2）“质量是指信息具有内容、形式和时间特征的程度，这些特征将其价值赋予特定最终用户”[19]。

（3）“质量是指根据外部、主观的用户感知来衡量信息满足用户需求的程度”[20]。

（4）“质量就是对于使用的适合性”[21]。

所有这些定义的侧重点各不相同，但都表明信息质量是一个以用户为中心的概念，需要根据对于用户的潜在价值或实际价值来衡量。在人类系统背景中，用户可以是人类，也可以是自动化的智能体和模型。QoI 是关于信息或元信息的信息，表示和衡量元信息价值的最佳方式是通过其属性，因为“没有明确定义的属性及其关系，我们不仅无法评估 QoI；而且我们可能未认识到这个问题”[22]。

必须考虑这些属性与特定背景（图 4.1 中的内部/外部背景）中的特定用户对象、目标和功能的关系。由于所有用户，无论是人工的、半自动化的还是自动化的过程，都有不同的数据和信息需求，因此所考虑的属性集和令人满意的质量水平随着用户的视角、模型类型、算法和组成系统的过程而变化。因此，为识别人机集成系统中可能的属性及其关系而设计的通用本体，需要在每个特定情况下具体化。在民用和军事领域都进行了大量的研究，旨在对信息质量的各个方面进行研究和分类。以下各节将详细介绍这一特定问题。

4.3.1 NATO SAS 指挥与控制（C^2）概念参考模型

在军事领域，这一研究体系的一个很好的代表是在北大西洋公约组织（NATO）研究和技术办公室研究小组 SAS-050 下开展的工作，以确定指挥与控制（C^2）的概念参考模型[23-25]。SAS-050 概念参考 C^2 模型由一组关键变量和关系以理解 C^2 的关系组成。在这些变量组中，有一组与信息质量相关的属性，如图 4.4 所示，认为这些属性直接影响决策的质量。它由信息准确性、信息完整性、信息一致性、信息正确性、信息通用性、信息精确性、信息相关性、信息及时性、信息不确定性、信息服务特色、信息共享性和信息源特征等 12 个属性或变量组成。

决策的关键是信息。在 NATO C2 参考模型中，信息质量与决策质量直接相关，如图 4.4 所示。信息和决策的质量直接影响系统的可信性、生存性和可靠性。这三个概念在目标和解决类似威胁方面是大致相当的概念[26-27]。系统的可靠性[26]，尤其是在网络物理系统中，是一个巨大且极具挑战性的应用领域。这些概念的详细描述和系统实现工作超出了本书的范围。有许多文献资料可以更详细地解释这些概念，通过方程、统计公式和方法，可以将其归结为数学描述[28-30]。

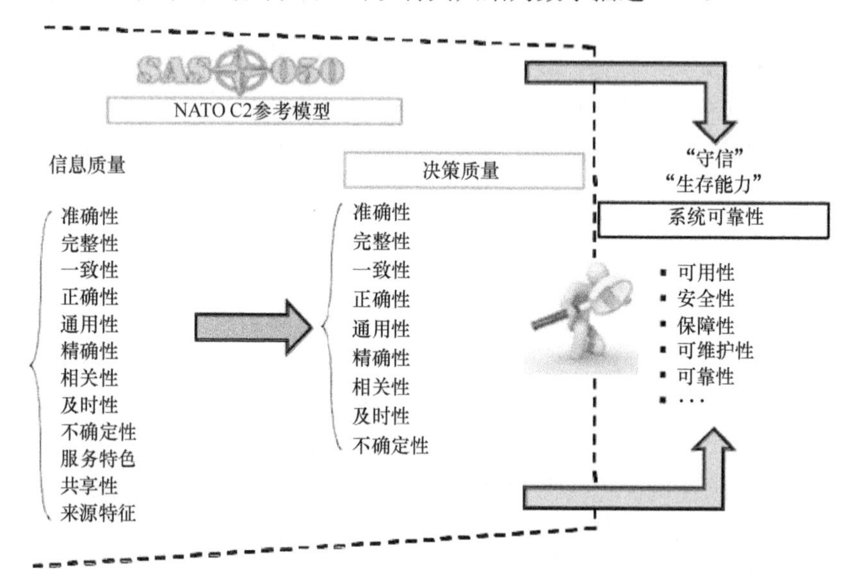

图 4.4 NATO C^2 参考模型(SAS-050)内的 QoI

4.3.2 Wang 和 Strong 的 QoI 框架

在民用领域，引用最多的 QoI 框架之一来自文献[20]，如图 4.5 所示。QoI 是根据数据本身的某些特征定义的，称为数据质量维度。作者将 QoI 分为 4 大类，如图 4.5 所示：内在的、背景的、代表性的和可访问性。内在层次从本质、解释和建模的角度来描述信息元素，同时将其视为独立的实体，脱离于任何全局融合背景。相反地，背景层次从全局融合背景中的影响、完整性、相关性、冲突和冗余等方面来描述信息元素的特征。表征层级处理问题（及其背景）的形式表征。它包括内部元素表示（如离散与连续的输出集）和语义对齐，允许将信息元素视为融合过程的输入或输出（参与到处理元素流中）。可访问性级别描述了有关可访问性的信息。可访问性可以是物理的（如关于传感器的可用性），也可以是组织的（如拥有访问和处理特定信息元素的权利）。内在方面涉及独立于利用这些信息的应用背景的信息特征。另一方面，当整合到一个更大的信息处理背景中时，背景方面收集特征，允许理解信息有用性及其信息贡献（影响、完整性、相关性、冲突、冗余）。表征性和可访问性强调了系统作用的重要性。与文献[20]的框架（图 4.5）和 NATO SAS-050（图 4.4）几乎直接一致。通过背景系统分析确定的 QoI 标准，从内部和外部背景的管理功能影响信息元素的信息关系。

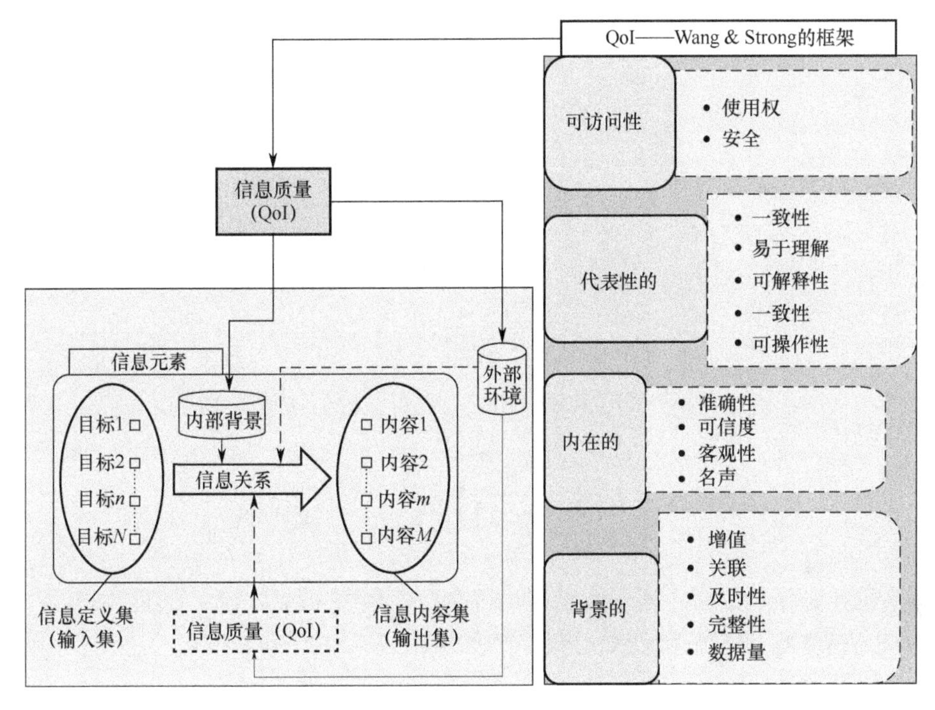

图 4.5　Wang 和 Strong 对比信息元素的 QoI 框架

4.3.3 QoI 的本体论定义

人们对信息质量本体有多种看法，识别质量属性并将其划分为大的类别和关系。在文献[20]中，将数据质量分为 4 类：内在的、背景的、代表性的和可访问的。在文献[31]中，列举了三个类别：语用、语义和句法，而在文献[22]中，确定了 4 个类别：完整性、可达性、可解释性和关联性。在文献[32]中，他们使用了相关性、可靠性、完整性和不确定性。换言之，从信息融合过程设计者的角度来看，对什么维度定义了信息质量，以及定义信息质量的不同维度是如何相互关联的还没有明确的认识。文献[17,33]中提出的信息质量本体论是填补这一空白的第一次尝试。

最近，在国际信息融合学会（ISIF）的不确定性表示技术评估工作组（ETURWG）下，为解决不确定性推理技术的评估问题以及定义一个名为 URREF

（不确定性表示与推理评估框架）的本体论做出了重大努力[34-38]。这些努力有助于理解 QoI 和一些标准的形式化，这些标准可用于集成图 4.1 中的信息元素结构。然而，研究仍在进行中，需要更多的努力来获得 QoI 本体。事实上，从前面提到的所有工作来看，信息质量主要有 4 个方面，即不确定性、可靠性、完整性和相关性，这些方面提供了可在基于计算机的支持系统中使用的形式化描述，如图 4.6 所示。其中一些形式化将在以下部分描述。

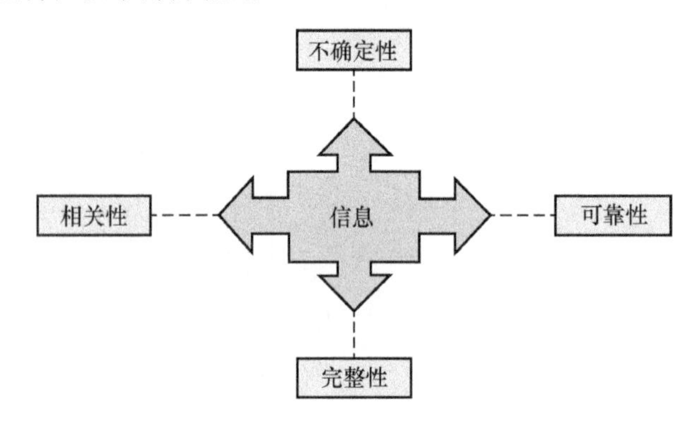

图 4.6　提供可利用形式化的信息质量 4 个方面（摘自文献[33]）

4.4　信息元素特征：内在维度

信息元素(*J*)特性对于进一步使用该概念至关重要。特征化时考虑到以下基轴。

（1）信息内部集范围（如分辨率和抽象级别）：如何构建 *J* 的定义和内容集（细节级别、问题表示等）。

（2）信息关系元数（在逻辑、数学和计算机科学中，函数或关系的元数是函数采用的参数或操作数的数量）：如何通过信息关系来考虑 *J* 的定义和内容集。

（3）信息关系的客观性：据此，信息关系链接了输入和输出集。

（4）信息不完善（图 4.6 中 QoI 的四个方面）。

4.4.1　信息内部集合范围

信息元素的第一个表征问题主要是内在的，因为它涉及粒度或范围的信息输入/输出级别。信息输入范围表征定义集中与信息有关的基本对象集。信息输出范围表征信息所关注的内容集中的一组基本结果。此粒度分辨率定义了信息关系在哪个级别上运行的细节。

4.4.2 信息关系元数

信息关系链接输入和输出集。但是，这种关系可以将输入和输出集视为：单元数、复元数和模糊元数。图 4.7 说明了从输入集指向输出集的这种关系。两个经常遇到的关系是图 4.7（a）（如人的大小）或图 4.7（b）（如观察到的模式组类）。然而，这些集合对信息关系的参与也可能是分布式的或模糊的（图 4.7（c））。例如，由模糊分类过程产生的信息通常将来自输入单个元素集的一个对象与来自输出模糊元素集的一系列元素（或类）相关联。

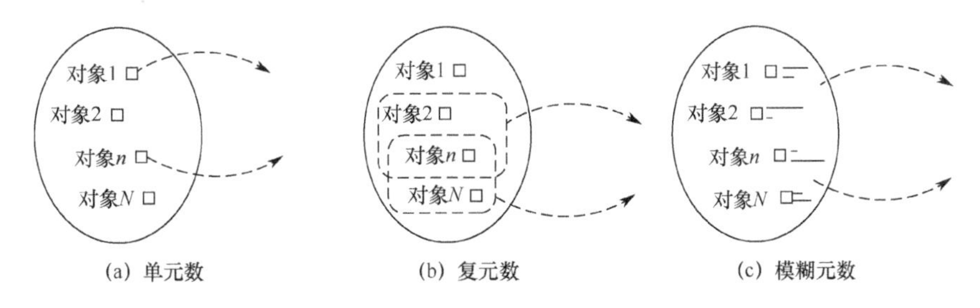

图 4.7 信息关系如何考虑输入集

信息表示纯输入对象的理想态势在实践中似乎是乌托邦，此对象与内容集中的一个以及仅一个高级类别或类别相对应。例如，在感测成像中，输入对象由通常一次包括几个主题类别（信息内容）的分辨率单元组成。这些单元称为混合物（混合像素）。在这种情况下，可以认为来自输入集的一个对象是多个输出集对象的混合，这些对象定义了将输入集视为单元数并且将输出集视为模糊元数的关系。无论如何，信息元素表征过程对于任何信息融合系统都是至关重要的，因为可以级联几个信息元素。因此，一个信息元素的结果构成另一个信息元素的输入。

4.4.3 信息关系的客观性

当输入对象内的混合物依赖于内容集的性质时，表征则纯粹是内在的。成像示例是一个完美的示例，其中信息将混合物（输入定义集）和主题类（输出内容集）链接在一起，主题类定义混合物的分解。然而，如果切割是根据额外的知识或全局系统目的进行的，那么表征就会变得更加外在，如来自 Wang 和 Strong QoI 框架的其他 3 个维度。

4.4.4 信息不完善性

从内在的角度来看，所有信息元素部件（输入定义，内容结果，信息关系）可能是不完善的来源，特别是根据其性质和行为的信息关系（依赖于用于执行输入和输出集之间链接的可用外部知识源）。图 4.8 描述了信息元素 $J = (\Theta, X, \Omega)$ 的基本结构，此处Θ(相应的Ω)表示定义（内容）集，X表示信息关系。

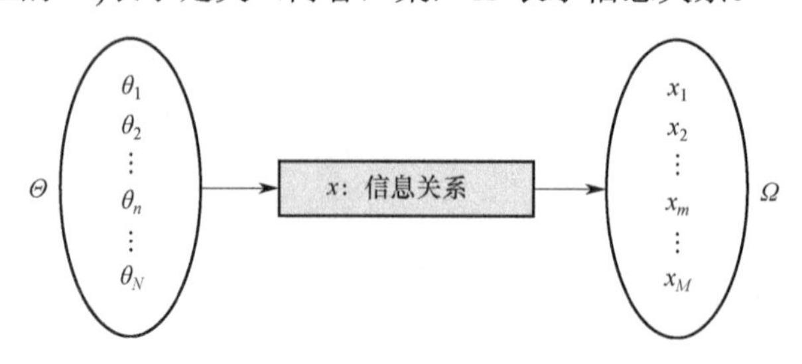

图 4.8　信息元素J的一般结构

4.4.4.1　不确定性

大多数数据融合工作都涉及信息不确定性的充分建模，这种不确定性是由噪声、不精确、模糊、错误或对问题不合适、观测以及不完整或定义不明确的先验知识造成的。为了描述不确定性，我们假设以下两个条件成立。

（1）信息关系是一个准时结果关系：一个信息内容结果x由X产生。

（2）假设信息内容集Ω是详尽的和排他性的：X产生的信息内容是唯一的，确定属于Ω。

当且仅当真实信息内容x_{True}具有确定性且未知时，不确定性才会影响信息。不确定性不完善建模和处理的主要目的是对这种缺乏知识的情况进行建模和处理，以完全确定所考虑信息的未知真实内容结果（如观察对象的类别和要考虑的决策）。换句话说，在Ω中只有一个内容x是真实的结果，但我们不知道是哪一个。

在信息处理与融合的框架下，使用两种主要的方法来建模和处理不确定性的不完善类型：概率方法和证据方法。鉴于不确定性影响准时结果信息函数，概率方法和证据方法都认为总确定性具有单位置信或确定性测度。根据关于真实信息内容x_{True}的可用知识，这两种方法是不同的，即在该单位总确定性测度分布在整个来自Ω的不同事件的分布上。

概率方法使单位总确定性的准时确定性分布到不同的信息内容上，即每个信息内容$x \in \Omega$,称为单子，捕获部分确定性的量$\Pr\{x\}$和所有$\Pr\{x\}$的总和为单位值。$\Pr\{x\}$称为x是真正的信息内容的概率或基本置信水平。信息元素$J=(\Theta,X,\Omega)$，受不确定性影响并具有不确定性概率分布的，称为概率信息。例如，$\Pr\{\text{Paul的温度}=38℃\}=0.25$，$\Pr\{\text{Paul的温度}=39℃\}=0.7$定义了典型的概率不确定信息。

当关于真实信息内容x_{True}的现有知识不允许进行准时确定性分布时，证据法（基于证据理论[39]）是概率法的一个很好的替代方法。事实上，证据方法将整体总确定性覆盖到不同的数据子集Ω上，建立子集确定性分布。每个信息内容子集或事件，$A \subseteq \Omega$捕获部分确定性的量，记为$m(A)$。把Ω上所有部分的确定性加起来为1。解释$m(A)$为真实信息内容x_{True}在A中的置信质量。

信息元素 $J=(\Theta,X,\Omega)$，受不确定性的影响，以及不确定性的质量分布是可用的，称为证据信息。例如，m(Paul的温度$\in\{38℃,39℃\})=0.25$，m(Paul的温度$\in\{39℃,40℃\})=0.75$ 定义了一个典型的证据信息。

注意，概率方法可以看作是证据方法的一个特例。事实上，使用证据方法的松弛准时概率确定性分布约束带来了一个用于知识表示的实用和方便的工具。然而，与概率方法相比，这种松弛降低了信息处理结果的精度和质量。

4.4.4.2 不精确性

不精确型不完善是一个与信息内在质量有关的问题。它是指将真实信息内容的可用知识表示为信息内容集的子集 Ω_1 的情况(我们只知道真正的信息内容属于 $\Omega_1: x_{\text{True}}\in\Omega_1\subseteq\Omega$)。在这种情况下，该信息 $J=(\Theta,X,\Omega)$ 称为不精确信息。因此，不准确的信息涉及对信息内容缺乏准确的了解，因此不应视为错误的。

在决策领域，不精确性是指不确定性作为不具备做出精确决策所需信息或知识的智能体的心理状态：智能体处于不确定状态（“我不确定这个对象是一个表”[40]）。特殊类型的不精确信息包括以下方面。

（1）分离信息内容子集（如 John 的年龄为 31 岁或 32 岁，对象的类别为 C_1 或 C_2……）。

（2）负面信息内容子集（如 John 的年龄不是 30 岁……）。

（3）范围信息内容子集（如 John 的年龄在 30 岁到 35 岁之间，或者 John 的年龄超过 30 岁）。

（4）误差容限内容子集（如测量的导弹射程为 $100\pm5\,\text{km}$）。

当 $\Omega_1=\{x_{\text{True}}\}$ 时，信息 J 是一个精确的信息，而当 $\Omega_1=\Omega$ 时，Ω_1 包含了全部可能的信息内容 Ω，信息 J 变为空（也称为缺失数据或完全无知）信息。不精确的信息通常与精确性度量相关联，该度量量化了所产生的信息结果（Ω_1）与真实的信息内容 x_{True} 之间的一致性紧密程度。从信息处理的角度来看，不精确信息是证据信息的一个特例，其中总确定性归于子集 Ω_1（$m(\Omega_1)=1$ 和 $m(A)=0$ 对于所有 $A\neq\Omega_1$）。

4.4.4.3 关于不精确性与不确定性的评论

信息处理和融合方法在处理两种形式的不完善（不精确性和/或不确定性）时，其目的主要是以最高的精度和确定度确定唯一的真实信息内容 x_{True}。

不精确常常与不确定性混淆，因为两种不完善类型都与同一根源有关。它们来自准时信息函数，其中唯一的真实内容精确地未知（不精确的情况）或肯定地未知（不确定的情况）。此外，不精确性和不确定性可以同时存在，并且一个可以导致另一个。区分这两个对立的概念是很重要的，即使它们可以包括在更广泛的不确定性意义（知道 $x_{\text{True}}\in\Omega_1\subseteq\Omega$ 并不意味着对 x_{True} 有精确和确定的了解）。为了说明不精确性和不确定性之间的区别和潜在混合，请考虑以下两种情况。

（1）Paul 至少有两个孩子，我很肯定。

（2）Paul 有三个孩子，但我不确定。

在第一条信息中，孩子的数量是不精确但确定的，而在第二条信息中，孩子的数量是精确但不确定的[41]。

4.4.4.4 不明确性

如果不清楚信息所指的是什么，则称信息是不明确的。这与信息可以多种方式解释的情况相对应，或者信息的真实性或有效性没有得到完全验证的情况相对应。从信息的角度，假设信息内容集 Ω 是详尽的，则会遇到以下两种类型的不明确。

（1）非确定性: 信息功能同时产生多个内容结果。

（2）部分真相: 部分生成了信息内容。

Zadeh[42]提出将这种不完善类型建模为信息内容集上定义的模糊集，其中每个内容结果 x 与隶属值 $\mu(x)\in[0,1]$ 相关联，表示信息功能产生结果 x 的强度或真实性。$\mu(x)=0$ 表示 x 不产生（未获得或不关注），$\mu(x)=1$ 表示 x 完全生成。

信息元素 $J=(\Theta,X,\Omega)$，受不明确影响并且隶属函数 $\mu(\bullet)$ 是可用的，称为不明确（或模糊）信息。在这种情况下，指定单一的信息内容显然是无意义的。因此，模糊概念应用的主要目的是对多个不明确信息元素进行融合。

4.4.4.5 混合不完善的评述

经常遇到混合形式的不完善，特别是以下情况。信息元素 J 受到不确定性的影响(J 有一个准时信息函数，其中真实的输出 x_{True} 肯定是未知的)，但是关于 x_{True} 的可用知识是不明确的，即每个内容结果 x 是否与可能性值 $\pi(x)\in[0,1]$ 相关联，此可能性值表示结果 x 是唯一的真实信息内容的可能性强度。这种类型的信息元素称为可能性信息[43]。

4.5 背景信息表征

在执行信息融合任务时，人类自然会首先对收集到的信息进行个性化的质量评估。建立这种评价的过程涉及信息来源的性质以及它们各自对解决所考虑的问题的信息贡献。人类在建立自己的世界表象时，根据自己的知识，利用自己的信息质量概念来获得一个合理的模型。这可能不是最佳结果，但对于更精细的后续模型来说，这是一个很好的起点。从信息融合的角度来看，成功有效地描述信息质量是一个关键问题，因为它影响到可靠结果和决策的产生，这是所有信息处理和融合系统的最终目标。

本章仅从两个层面论述了 QoI：内在层面和背景层面（根据 Wang 和 Strong 的框架）。内在层面是将信息元素视为一个概念实体，脱离了全局融合的背景，导致信息有关范围和完善/不完善问题上的特征化。上一节讨论了这一级别。背景层次关注的是来自更高层次知识的信息表征，这些知识来源于全局融合环境中的信息影响（完整性、相关性、可靠性、冲突、冗余）。因此，背景表征是融合过程的一个基本部分，因为它影响着融合过程的发展。事实上，知道某个源在特定情况下产生错误或不可靠的信息对于修改融合算法的行为是至关重要的：可以删减度量值，或者降低它们在合并步骤中的重要性。本研究考虑了两个主要的背景特征：信息可靠性和信息一致性。

4.5.1 信息可靠性

传统的信息方法和决策理论假设信息元素是完全可靠的。然而，信息可靠性的概念允许各种解释和表示[44]。建模信息可靠性一般有两种方法。

4.5.1.1 加权信息的可靠性

第一种可靠性建模方法考虑了信息元 $J=(\Theta,X,\Omega)$ 作为输入/输出联系，假设存在一般信息质量度量，旨在获取信息来源与基本事实以及先前可用知识的一致性频率，从而对质量度量进行估计。在这种情况下，可靠性是通过使用（如识别率或误报率）信息元素的性能度量来衡量的。这与将传统的通用可靠性概念理解为一阶不确定性的相对稳定性相对应。因此，该方法将信息元素 J 与度量其可靠性的权重 $R(J)$相关联。这个可靠性权重 $R(J)$是从一个带有序数或数字值的量表中得出的，排序信息可靠性。一种常见的情况是从区间（如[0,1]）赋值给 $R(J)$。给出 $R(J)$的上界表示信息 J 应具有最高的可靠性，而分配最低值则表示该信息没有或几乎没有可靠性。文献[45]给出了可靠性权重估计的一个例子。

4.5.1.2 基于置信模型行为的可靠性建模

大部分信息融合文献都是关于第二种可靠性建模方法，定义这种方法为高阶不确定性，因为它涉及不确定性评估的不确定性[46]。事实上，在选定的建模框架内给定一个不完全信息 $J=(\Theta,X,\Omega)$，与内在不完善相关的可用知识，通常会导致建立关于信息结果的置信模型（如概率分布、质量函数、隶属函数或可能性分布）。因此，第二种可靠性建模方法将注意力集中在建模和表示可靠性对计算置信的影响上，而不是信息本身（计算的概率分布有多可靠？）。

4.5.1.3 约束与现实

有几个约束条件严重限制了信息可靠性的完整形式化：

（1）信息在特定背景下可能非常可靠，而在其他背景下可能不可靠。

（2）可靠性权重的确定取决于应用，主要通过经验方式确定。

在信息融合系统的总体框架内，可靠性建模的两种方法通常合并为一个两步过程。使用第一种方法，并基于现有的知识，估计可靠性权重 $R(J)$；然后，第二种方法是使用这个可靠性权重，调整计算出置信模型。注意，在某些应用中，认为 $R(J)$ 是一个向量 $R(J)=[R(x_1),R(x_2),\cdots,R(x_m)]$ ，式中 $R(x_m)$ 表示特定信息内容结果 x_m 的可靠性权重，M 表示考虑的信息内容量。

4.5.2 信息一致性

信息一致性是一个重要的信息背景特征，因为它描述了给定信息元素与相关或先验信息的一致程度。本协议有如下两个方面。

（1）临时一致性与信息的年代有关。例如，一些血液检测信息产生的结果具有有限的时间有效性。当前信息适合使用的程度称为信息适时性。

（2）完整（或可信赖）一致性与信息结果与当前全局任务的相关性比例有关。在这种背景下，具有所考虑的所有信息输入对象的所有相关关键特征的信息，则意味着信息是完整的。

从数学的角度来看，信息一致性建模无疑是最难描述的背景元素。然而，一些信息融合方法通过给信息 J 赋值 $\mathrm{Cons}(J)$ 来表示信息的一致性，$\mathrm{Cons}(J)$ 是从具有上界和下界（如单位区间[0,1]）的明确定义的标度中提取的。例如，在可能性理论框架内，信息的一致性程度 $\mathrm{Cons}(J)$ 表示为结果集（4.1）中的最高可能性值。在这种情况下，如果 $\mathrm{Cons}(J)<1$，则没有信息内容具有总单位可能性值，该信息元素称为不一致。

$$\mathrm{Cons}(J)=\max_{m=1,M}\pi(x_m) \tag{4.1}$$

后文将进一步描述目前用于处理内在信息和背景信息特征的不同置信模型，强调它们如何表示不同的不确定信息元素类型。

4.5.3 信息相关性

在过去的 30 年中，已经发表一份由 3 部分组成的关于相关性的评论性综述[47-49]，并提供了一个更新的框架，在这个框架内，可能解释和涉及仍然广泛不一致的关于相关性的想法和工作。参考文献[49]揭示了相关性在信息科学中的重要性：“相关性是一般信息科学，特别是信息检索中的一个关键概念。”因此，信息相关性是设计基于分析和信息融合技术的态势分析支持系统的一个重要方面。对于大数据这样的环境来说，这个方面是如此重要，以至于它本身就值得写一本书。这将是一本配套书的主题，以解决分析和信息融合的信息相关性。Pichon 等[50-51]描述了这些术语下的相关性：“这里假设信息来源的可靠性涉及两个维度：相关性和真实性。如果一个来源提供了有关某一特定感兴趣问题的有用信息，那么它就是相关的。如果来源是一个人类智能体，无关性意味着所提供的信息与所回答的问题无关，因为智能体实际上是无知的。存在各种形式的缺乏真实性。一个来源可能会声明与它所知道的相反情况，或者只是少说，或者说一些不同的东西，即使与它所知道的一致。传感器缺乏真实性可能表现为系统性偏差。”

我们今天的世界可以认为是比历史上任何时期都更加混乱、复杂和不可预测的。面对复杂态势的机会刺激了开发适当的决策支持系统的挑战，如第 2 章所述。新兴的网络物理和社会环境，在重要技术进步的支持下，正在快速发展。当存在更多信息以提供更好、更清晰和更确定的操作画面时，处理信息的时间窗口可能会大大缩短。这就需要根据信息与管理这种态势的相关程度使信息满足要求。信息的相关性可以定义为信息满足决策者需求的程度。在信息和交互泛滥的情况下，决策者需要基于信息相关性概念和标准的决策支持系统（如智能过滤）[52]。

分析信息相关性这一主题的最新贡献[53-58]超出了本书的范围，但在任何态势分析支持系统设计中数据泛滥的背景下，需强调信息元素结构中信息质量这一方面的重要性。

4.6 置信模型表征

在信息融合系统的框架中，采用了多种理论和方法来表示不同的置信模型，并在这些模型上应用推理机制。最广泛的不确定性管理理论是概率论、Dempster-Shafer 理论和可能性理论。模糊集理论主要研究不明确信息管理。

所有这些方法主要集中于对不同类型的内在信息不完善进行建模，以便通过适当设计的推理机制对这些模型进行处理、融合和解释。本节简要介绍了这些方法的一般数学框架，包括它们的应用背景以及它们引入的置信模型和推理机制。

4.6.1 概率论

研究最多的置信模型显然是概率理论[59]。概率置信模型为描述各种情况下的不确定性提供了一个强大而一致的工具，自然地引入信息融合和决策领域。

4.6.1.1 定义

概率论的应用背景涉及信息元素 $J=(\Theta,X,\Omega)$，假设是准时的（生成单个内容结果），在不确定性约束（唯一的真实内容结果 x_{True} 未知）下，并且关于真实内容结果 x_{True} 的可用知识是根据概率置信模型给出的。显然，在这个概率框架内，信息元素和随机变量的概念是相同的。事实上，信息元素 $J=(\Theta,X,\Omega)$ 对应于表示定义集 Θ 上的随机实验的随机变量 X，此处 Ω 表示实验的潜在结果集。

概率方法定义了一个准时确定性分布，将不同信息内容中的总确定性 1 进行划分：每个信息内容 $x\in\Omega$，称为单子，捕获部分确定性的量 $\Pr\{x\}$ 和求所有源自 Ω 的 $\Pr\{x\}$ 的和为“1”。因此，解释 $\Pr\{x\}$ 为“ x ”是真实信息内容的概率或置信。

两种等价的方法用来描述一个概率置信模型。接近人类推理，第一种方法直接来自前面的定义，并将 Pr 定义为概率密度函数（PDF）：

$$\begin{aligned}&\mathrm{Pr}:\Omega\to[0,1]\\&x_m\to\mathrm{Pr}\{x_m\}\end{aligned}\tag{4.2}$$

这样：

（1）$\mathrm{Pr}(\varnothing)=0$：空集没有置信。

（2）$\sum_{m=1,M}\mathrm{Pr}\{x_\mathrm{m}\}=1$：求得所有不同单子 x_m 的概率之和为“1”。

事件 A 的发生概率 $\mathrm{Pr}(A)$作为构成子集 A 的单子发生概率之和而获得。

第二种方法将概率置信模型视为定义在 Ω 的幂集 2^Ω 上的概率测度，Ω 的所有子集的集合，包括 Ω 以及 $\varnothing$:

$$\begin{aligned}&\mathrm{Pr}:2^\Omega\to[0,1]\\&A\in 2^\Omega(A\subseteq\Omega)\to\mathrm{Pr}\{A\}=\sum\nolimits_{x_m\in A}\mathrm{Pr}\{x_m\}\end{aligned}\tag{4.3}$$

这样：

（1）$\mathrm{Pr}(\varnothing)=0$ 和 $\mathrm{Pr}(\Omega)=1$。

（2）假设 $A\cap B=\varnothing$ 和 $\mathrm{Pr}(A\cup B)=\mathrm{Pr}(A)+\mathrm{Pr}(B)$。

注意，从数学角度来看，定义概率置信模型的两种方法是严格等价的。同时，信息内容集的基本穷尽性和排他性特征也可以由这些基本定义直接推导出来。概率信息元素 $[J,\mathrm{Pr}]=[(\Theta,X,\Omega),\mathrm{Pr}]$ 是指受不确定性不完善类型影响的信息元素名称，对于该信息元素，不确定性的概率置信模型是可用的。

4.6.1.2 融合机制

即使有局限性，概率建模技术在开发信息融合方法中也扮演着重要的角色，因为它们提供了一个鲁棒的、完整的概率环境或过程描述。考虑以下两个导致相同信息内容集 Ω 的概率信息元素：

$$[J_1,\mathrm{Pr}_1]=[(\Theta_1,X_1,\Omega_1),\mathrm{Pr}_1]$$
$$[J_2,\mathrm{Pr}_2]=[(\Theta_2,X_2,\Omega_2),\mathrm{Pr}_2]$$

概率信息融合的目的是获得全局联合概率分布：

$$[I_{1\cap 2},\mathrm{Pr}_{1\cap 2}]=[(\Theta_1\times\Theta_2,X_{1\cap 2},\Omega),\mathrm{Pr}_{1\cap 2}]\tag{4.4}$$

式中：$\mathrm{Pr}_{1\cap 2}$ 是测量事件 A 发生概率的联合概率置信模型（通过$[J_1,\mathrm{Pr}_1]$内容结果的子集）和 B（通过$[J_2,\mathrm{Pr}_2]$内容结果的子集）。条件概率分布的贝叶斯链规则用于根据条件分布和边际分布扩展联合概率分布：

$$\mathrm{Pr}_{1\cap 2}(A\cap B)=\mathrm{Pr}_1(A/B)\cdot\mathrm{Pr}_2(B)=\mathrm{Pr}_2(B/A)\cdot\mathrm{Pr}_1(A)\tag{4.5}$$

当信息元素 J_1 和 J_2 在统计上独立时：

$$\mathrm{Pr}_{1\cap 2}(A\cap B)=\mathrm{Pr}_2(B)\cdot\mathrm{Pr}_1(A)\tag{4.6}$$

当 J_1 和 J_2 在统计上不独立时，联合概率分布稍微难以确定。然而，在决策问题的框架内，概率信息融合采用贝叶斯形式，将决策过程转化为决策似然比计算问题。

4.6.2 Dempster-Shafer 理论

Dempster-Shafer 理论，也称为证据理论[39]，已成为人工智能中用于知识表示和决策问题的常用工具。

4.6.2.1 定义

让 $J=(\Theta,X,\Omega)$ 表示一个准时的信息元素（产生一个单一的内容结果），并假设内容集 Ω 为详尽和独有的（J 产生唯一的真实内容结果 $x_{\text{True}}\in\Omega$）。这个假设解释了为什么 Ω 也称为识别框架。Dempster-Shafer 理论的应用背景可表述如下。

（1）$J=(\Theta,X,\Omega)$ 是一个不确定信息元素（x_{True} 未知）。

（2）给定一些证据语料库，智能体对真实内容结果 x_{True} 的可用知识用一个函数 m 来建模，称为基本概率分配，定义为从 2^{Ω} 到[0, 1]的映射，这样：

$$\begin{aligned} &m(\varnothing)=0 \\ &\sum\nolimits_{A\in 2^{\Omega}} m(A)=1 \end{aligned} \tag{4.7}$$

与子集相关的质量 $m(A)$ 是 $A\subseteq\Omega$，解释为置信的一部分，准确地划归给假设：x_{True} 在 A 中[39]。没有提供关于 x_{True} 属于 A 的特定子集的更多信息。事实上，每一个子集都有自己的质量。子集 $A\subseteq\Omega$，如 $m(A)>0$，则称为 m 的焦点元素。换言之，Dempster-Shafer 理论允许将整个单位真值分解为所有 Ω 的子集，然而，在概率论框架内，这种分布仅限于单粒子。

置信（Bel）和似然（Pl）集函数是事件质量函数 $m(A)$ 的等价表示，对于一个事件 $\subseteq\Omega$：

$$\text{Bel}(A)=\sum\nolimits_{B/B\subseteq A} m(A) \tag{4.8}$$

$$\text{Pl}(A)=\sum\nolimits_{B/B\cap A\neq\phi} m(B) \tag{4.9}$$

Bel(A)度量 x_{True} 在 A 中的总置信水平（子集 A 出现的最小置信水平）：它表示 x_{True} 在 A 中或 A 的任何子集中的自信度，而 $\text{Pl}(A)$ 度量 x_{True} 可能在 A 中的总置信水平（子集 A 出现的最大置信：与 A 有非空交集的任何子集 B 都支持这个置信。从这些定义开始，很容易证明 $\text{Pl}(A)=1-\text{Bel}(A^C)$），式中 A^C 是 $A(A\cup A^C=\Omega)$ 的补集以及 $A\cap A^C=\varnothing$。由于函数 m, Bel, 和 Pl 可以相互计算，因此相当于讨论其中一个或相应的证据体（来自 Ω 子集）。

因此，证据信息元素 $[J,m]=[(\Theta,X,\Omega),m]$ 是指受不确定性不完善类型影响的信息元素的名称，对于该信息元素，不确定性的证据置信模型是可用的。

4.6.2.2 模糊机制

证据组合规则定义了从多个信息元素获得的数据的具体聚合方法，这些信息元素为同一识别框架提供不同的评估。然而，Dempster-Shafer 理论基于的假设是这些信息元素是独立的。注意，Dempster-Shafer 理论框架中的独立性概念并不像概率论那样是一个重要的约束条件。简单地说，就是在观察不同信息层面的基础上，分别建立不同的信息元素。

Dempster-Shafer 理论包括许多可能的证据组合方法。多个基本置信分配的原始组合规则称为 Dempster 规则，可以认为是贝叶斯规则的推广[39]。最近的文献[60-61]高度质疑这种说法。该规则特别强调多个信息元素之间的一致性，并通过规范化因子（严格和/或合取行为）忽略所有冲突的证据。

例如，让 $[J_n]=[(\Theta,X,\Omega),m_n]_{n\in\{1,2\}}$，表示具有以下基本置信分配的两个证据信息元素：

$$m_n = 2^{\Omega} \to [0,1] \tag{4.10}$$

$$\begin{gathered} m_n(\varnothing)=0 \\ \sum_{A/A\subseteq\Omega} m_n(A)=1 \end{gathered} \tag{4.11}$$

式中：$m_n, n\in[1,2]$，描述了信息元素 J_n 置信特征，即唯一出现的单子 x_{True} 属于一个特定的内容 Ω 的子集 A。通过 Dempster 规则组合 J_1 和 J_2，产生具有以下基本概率分配的新信息元素：

$$m_{1\oplus 2}(A)=\frac{1}{1-K}\sum_{A_i\cap A_j=A} m_1(A_i)m_2(A_j) \tag{4.12}$$

式中

$$K=\sum_{A_i\cap A_j=\phi} m_1(A_i)m_2(A_j) \tag{4.13}$$

是归范化因子，也可以视为两个单独信息元素之间的冲突度量。$K=0$ 表示没有冲突，而 $K=1$ 表示 m_1 和 m_2 之间完全矛盾。事实上，当 $K=0$ 时，没有不相交的 Ω 的子集，通过组合由基本概率分配 m_1 和 m_2 给出质量。然而，通过组合过程，当基本概率分配 m_1 和 m_2 仅给出非相交子集（或事件）的质量时，得到 $K=1$。

注意，为了保证联合信息内容集是详尽的，通常进行规范化操作：新的基本概率分配必须将单位总置信水平分解到所有 Ω 的子集上。这与所考虑的信息元素的一致性程度无关。然而，冲突度量 K 可以认为是联合信息元素的可靠性权重，即 $R_{1\oplus 2}=‘k’$。

当要融合的信息中遇到重大冲突时，Dempster 规则的使用受到了严重的批评。因此，研究人员开发了修改的 Dempster 规则，试图在最终结果中表示冲突程度[62-64]。这个冲突问题和与之相关的基本概率分配的结构是所有定制的 Dempster 规则之间的关键区别。要在实际应用中使用这些组合规则中的任何一个，必须了解在特定的应用背景中应该如何处理冲突。

4.6.3 模糊集理论

模糊集理论是由 Zadeh[42]于 1965 年提出的，它具有许多性质，使得它适合于形式化和表示日常生活中的模糊性，以及描述系统特征。它建立在这样一个前提之上：人类思维中的关键信息元素不仅仅是清晰的数字，更多的是现象或对象的模糊集合或类别，在这些现象或对象中，从隶属到非隶属的转变是渐进的，而不是突然的。该理论特别适合于提供处理和融合不明确信息的方法。

4.6.3.1 定义

设$\Omega=\{x_m, m=1,\cdots,M)$表示一个论域集。$\Omega$上的模糊集$A$由隶属函数定义：

$$\begin{aligned}&\mu_A:\Omega\to[0,1]\\&x_m\to\mu_A(x_m)\end{aligned}\tag{4.14}$$

式中：$\mu_A(x_m)$指元素$x_m\in\Omega$相对模糊集A的隶属程度。隶属度值1，$\mu_A(x_m)=1$，表明相应的元素x_m确定属于模糊集A。相反，如果隶属度值为0，$\mu_A(x_m)=0$，则相应的元素x_m肯定不属于模糊集A。

因此，用模糊集理论对不明确信息元素进行建模是很简单明了的。让$J=(\Theta,X,\Omega)$表示一个信息元素，内容集Ω“仅”假设是详尽的（潜在输出在Ω之中）。此外，让我们把信息输出范围看作是Ω上的一个模糊集，其中$\mu_A(x_m)$度量内容x_m对输出范围的隶属程度。换言之，通过在信息内容集上定义的模糊集对不明确信息元素进行建模。这种类型的表示非常强大，允许明确地显示具有各种模糊性的不明确信息元素：

（1）非特定性对应于具有多个元素范围的信息元素，其中几个信息内容具有全部隶属度值。在这种情况下，Ω不是专有内容集。

（2）多元素混合范围是指多个信息内容具有严格正的隶属度值，使得

$$\sum_{m=1}^{M}\mu_A(x_m)=1$$

（3）模糊单例模糊度是指只有一个内容具有严格正的隶属度值（不一定等于1）。

（4）元素范围的模糊集合是当所有内容都具有正隶属度[即$\mu_A(x_m),\in[0,1]$，对所有$m=1,\cdots,M$]。

因此，模糊信息元素$[J,\mu]=[(\Theta,X,\Omega),\mu]$是赋予受模糊性影响的信息元素的名称，对于该信息元素，可以使用模糊置信模型。

4.6.3.2 模糊机制

模糊集理论提供了许多具有吸引力的聚合连接，用于集成隶属度值，表示不同模糊信息元素。这些连接可以分为以下3类：

（1）分离融合：只要任何一个输入隶属度（表示单个信息元素的满意度）是高的，联合就会产生较高的隶属程度。

（2）连接融合：交叉连接只有在所有输入隶属度都有高值时，才会产生高输出。

（3）折中融合：补偿连接具有这样一个特性，即一个单独信息元素的较高满意度，可以在一定程度上补偿另一个信息元素的较低隶属度。

4.6.4 可能性理论

可能性理论[65]基于模糊集理论[43]。在语义层面，可能性理论的应用背景涉及信息元素 $J=(\Theta,X,\Omega)$，假设是准时的（生成单个内容结果），不确定性约束下（唯一的真实内容结果 x_{True} 未知），并且关于真实内容结果 x_{True} 的可用知识是不明确的（所有知识的个体总和不等于 1）。

4.6.4.1 定义

一个基本的置信模型是一个可能性分布 π，当它从 Ω 中将每个潜在的信息内容赋予 x_m 时，$\pi(x_m)\in[0,1]$（或一组分级值），表示 $x_m\in\Omega$ 要成为真正发生内容结果 x_{True} 的可能性程度为

$$\begin{aligned}\pi{:}\Omega &\to [0,1]\\ x_m &\to \pi(x_m)\end{aligned} \tag{4.15}$$

从可能性分布 π 和可能性度量 Π，对于每一个子集 $A\subseteq\Omega$ 都可以导出必要性测度 N，具体如下：

$$\begin{aligned}\Pi(A) &= \max_m(\{\pi(x_m)/x_m\in A\})\\ N(A) &= 1-\Pi(A^C)\end{aligned} \tag{4.16}$$

可能性测度 $\Pi(A)$ 估计真实内容输出 x_{True} 在多大程度上是在子集 A 中。当 $\Pi(A)=0$ 时，表示 x_{True} 处于 A 是不可能的情况；但是，当 $\Pi(A)=1$ 时，这并不意味着 x_{True} 必须在 A 中，但这一事实是通常的或完全可能的。

必要性度量 $N(A)$ 评估通过测量 x_{True} 不属于 A 的可能性，来确定 x_{True} 属于 A 的必要性程度。例如，仅在 A^C 不可能时 $N(A)$ 才等于 1。当 $N(A)=0$ 时，它只意味着 x_{True} 不属于 A 也就不足为奇了。注意，信息内容集的详尽性和独特性特征不能从可能性分布本身的定义中导出，而是隐式地验证假定。

可能性理论还提供了一个指标 $\text{Cons}(J)$ 来衡量信息元素 J 的一致性：

$$\text{Cons}(J)=\max(\{\pi(x_m)/x_m\in\Omega\}) \tag{4.17}$$

如果信息元素 $J=(\Theta,X,\Omega)$ 一致性程度 $\text{Cons}(J)$ 等于 1（即至少存在一个内容 $x_0\in\Omega$，使 $\pi(x_0)=1$），则认为信息元素是一致的或典型的；否则，认为信息元素 J 是不一致的或次典型的。

4.6.4.2 融合机制

在可能性理论框架内，将同一集合 Ω 上定义的两个可能性分布 π_1 和 π_2 结合起来，可根据 3 种主要模式（类似于在模糊集理论框架内使用的模式）使用各种技术进行如下操作。

（1）连接模式：当融合目标是反映单个信息元素之间的共同信息时，使用该模式。它明确要求信息元素可靠，没有矛盾。这种组合模式的实现是由 t-范数算子[66]（集合交集算子的推广）提供的。

（2）分离模式：相反，当我们认为连接组合可能由于缺乏可靠性或存在冲突而导致丢失一些有意义的信息时，推广数集的联合运算符（t-余范数[66]）的分离模式更合适。

（3）折中模式：它是连接模式和分离模式之间的中间状态。

4.6.5 模糊证据理论（模糊置信结构）

Denoeux 在文献[67]中提出了一个新的框架来处理分配给不精确命题的不精确置信群。这个想法最早是由 Zadeh[68]提出的，他把证据和可能性理论的概念混合在一起。在新框架中，将证据理论中定义为识别框架的明确子集的焦点元素（命题）视为识别框架上的模糊集（模糊命题）。在 Zadeh 的工作之后，Ishizuka[69]、Yager[70]和 Ogawa[71]通过定义包含度量扩展了 DS 置信函数。Yen[72]首先将 DS 理论中的相容关系推广到联合可能性分布，然后提出了计算置信水平和似然度的线性规划问题。

4.6.5.1 定义

模糊置信结构（如 Yager 在文献[73]中所称）定义为一个映射，从 2^{Ω} 到[0,1]的映射：

$$\begin{gathered}\tilde{m}(\varnothing)=0 \\ \sum_{A\in F(\Omega)}\tilde{m}(A)=1\end{gathered} \tag{4.18}$$

式中：$F(\Omega)$ 是在识别框架 Ω 上定义的所有模糊集的集合；A 是一个定义在 Ω 上的模糊集。将证据理论中的其他概念，如置信、似然性和公共性函数，扩展到新的框架中，是基于对用模糊集定义的明确集的联合、交叉和包容的简单算子的解释。一些作者提出了不同的方法来扩展这些功能。Yager 在文献[73]中给出：

$$\mathrm{Bel}_1(A)=\sum_{i=1}^{n}\tilde{m}(F_i)N(A\mid F_i) \tag{4.19}$$

$$\mathrm{Pl}_1(A)=\sum_{i=1}^{n}\tilde{m}(F_i)\Pi(A\mid F_i) \tag{4.20}$$

式中：$N(A\mid F_i)$ 和 $\Pi(A\mid F_i)$ 定义为

$$N(A\mid F_i)=\min_{\omega\in\Omega}\max_{C}[\mu_A(\omega),\mu_{F_i^C}(\omega)] \tag{4.21}$$

$$\Pi(A\mid F_i)=\max_{\omega\in\Omega}\min_{C}[\mu_A(\omega),\mu_{F_i^C}(\omega)] \tag{4.22}$$

Yen[72]在将模糊集分解为明确集（α-切割分解）的基础上，对模糊集的置信水平和似然度提出了不同的定义。将 m 的每个模糊焦点元素 F_i 分解为一组明确集 $F_{i,j}$。Denoeux[67]对置信水平和似然性度量的定义如下：

$$\mathrm{Bel}_2(A)=\sum_{i=1}^{n}\tilde{m}(F_i)\sum_j(\alpha_j-\alpha_{j-1})\min_{\omega\in F_{i,j}}\mu_A(\omega) \tag{4.23}$$

$$\mathrm{Pl}_2(A)=\sum_{i=1}^{n}\tilde{m}(F_i)\sum_j(\alpha_j-\alpha_{j-1})\max_{\omega\in F_{i,j}}\mu_A(\omega) \tag{4.24}$$

4.6.5.2 融合机制

模糊置信结构的组合是基于证据理论中的 Dempster 组合规则。文献[67]提出了模糊置信结构组合的一般公式：

$$\tilde{m}_1\nabla\tilde{m}_2(A)=\sum_{B\nabla C=A}\tilde{m}_1(B)\Diamond\tilde{m}_2(C) \tag{4.25}$$

式中：A、B 和 C 是定义在 Ω 上的模糊集；∇ 和 $\Diamond$ 是模糊集上的不同算子，如任意 t-范数和/或任意 t-余范数算子。Yen[72]和 Yager[74]将模糊置信结构的标准化过程从 Dempster 的标准化扩展：

$$\tilde{m}^*(A)=\frac{\sum_{B^*=A}h_B\tilde{m}(B)}{\sum_{B\in F(\tilde{m})}h_B\tilde{m}(B)} \tag{4.26}$$

式中：h_B 是模糊集 B 的高度；B^* 是从 B 得到的归一化模糊集；$F(\tilde{m})$ 是与模糊置信结构 $\tilde{m}$ 相关联的焦点元素集。

4.6.6 信息元素表征总结

如前所述，3 种主要方法广泛用于不确定性表示、处理和融合：概率方法、证据方法和可能性方法。回想一下，信息元素 $J=(\Theta,X,\Omega)$ 可以说是确定的，假如信息函数 X 是准时的以及唯一的内容结果 x_{True} 是确定的、精确的已知。所遇到不同类型的不确定信息元素如下。

（1）J^{Pr} 是概率信息元素。当 J 是不确定的，并且关于真实信息内容 x_{True} 的可用知识以定义在 Ω 上的概率分布 Pr{.} 的形式给出时，就会产生这种信息元素类型。

（2）J^{Im} 是不精确信息元素（或部分无知信息元素）。当 J 是不确定的，并且 x_{True} 的现有唯一知识是 x_{True} 属于子集 $A\subseteq\Omega$ 时，就会产生这种信息元素类型。

（3）J^{Ev} 是证据信息元素。当 J 是不确定的，x_{True} 的可用知识可以表示为一个基本的概率分配时，就会产生这种信息元素类型。

（4）J^{Pos} 是可能信息元素。当 J 是不确定的，x_{True} 的可用知识可以表示为一个可能性分布时，就会产生这种信息元素类型。

（5）J^{FE} 是模糊证据信息元素。当 J 是不确定的，x_{True} 的可用知识可以表示为模糊基本概率分配时，就会产生这种信息元素类型。

（6）J^{Tot} 是完全无知的信息元素（或缺失的数据信息元素）。当 J 是不确定的并且绝对没有关于真实信息内容 x_{True} 的知识时，就会产生这种信息元素类型。

由于在信息融合系统的框架中可能遇到不同的不确定信息元类型，因此可以进行交叉转换，使不同的信息元素在同一理论框架内得到表示和处理。交叉转换可以使用多个信息质量标准，从增益损失信息和语义角度进行评估。表 4.2 总结了本章中讨论的不同表述。具体方法的选择主要取决于信息的性质。通过表 4.2 中各种类型的信息元素及其数学表示，上一章中开发的不确定性循环类型的所有方面都可以完全表示，如图 4.9 所示。

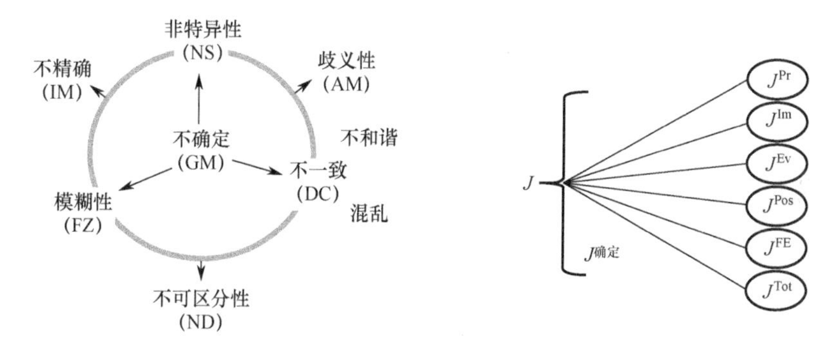

图 4.9　表示各种不确定方面的 J 类型

4.7　小　结

本章通过定义可计算信息元素的基本结构，给出描述信息及其不完善的方法。描述了表示不完善的不同方法以及在计算信息元素结构中集成信息质量标准的问题。表 4.2 显示了各种表示模式之间在信息元素级别的潜在交叉转换，并涵盖了上一章中介绍的大多数不确定性类型。

知识和置信分析以及不确定性管理是信息融合的基石。对不确定性进行建模和处理的方法自然因科学领域不同而异。例如，关于知觉，大多数电气工程师采用概率论。在推理方面，人工智能（AI）领域（逻辑 AI）、哲学家和逻辑学家更倾向于使用逻辑方法。在信息融合领域，需要处理许多不同性质的理论框架迅速成为一个现实问题。传统上，这个问题是通过以下两种方法来解决的。

（1）第一种方法是使不同的理论（概率–证据–可能性）框架相互沟通。例如，在相同的分析和信息融合系统中，一个模块可以使用概率理论处理信息，而另一个并行（或串行）模块可以使用模糊集理论。然后，定义代数变换以使模块能够协同沟通就变得困难了。这些框架可能不代表相同的信息性质，因此可能存在语义挑战或不一致。

表 4.2 不确定信息元素：表示和交叉变换

J 的类型	概率建模	证据建模	可能性建模	模糊证据建模
确定的 J^{Certain}	$p\{x_{\text{True}}\}=1$ $p\{x\}=0, \forall x \neq x_{\text{True}}$	$m\{x_{\text{True}}\}=1, x_{\text{True}} \in \Omega$ $m(A)=0, \forall A \subseteq \Omega, A \neq x_{\text{True}}$	$\pi\{x_{\text{True}}\}=1$ $\pi(x)=0, \forall x \neq x_{\text{True}}$	$\tilde{m}\{x_{\text{True}}\}=1, x_{\text{True}} \in \Omega$ $\tilde{m}(A)=0, \forall A \in F(\Omega), A \neq x_{\text{True}}$
概率的 J^{Pr}	$0 \leqslant p\{x\} \leqslant 1$ $\sum_{x \in \Omega} p\{x\}=1$	$m(\{x\})=p(x), \forall x \in \Omega$ $m(A)=0, \forall A \subseteq \Omega, A \neq \{x\}$ （A 不是单子）	将 $p\{\cdot\}$ 的概率性变换到可能性，以获得 $\pi\{\cdot\}$ 。 参考文献：[80-83]	$\tilde{m}(\{x\})=p(x), \forall x \in \Omega$ $\tilde{m}(A)=0, \forall A \subseteq F(\Omega), A \neq \{x\}$ （A 不是单子）
不精确的 J^{Im}	$p\{x_{\text{True}}\}=1/\|A\|$ 对 $A \subseteq \Omega, \forall x \in A$ $p\{x\}=0, \forall x \notin A$	$m(A)=1, A \subseteq \Omega$ $m(B)=0, \forall B \subseteq \Omega, B \neq A$	$\pi(x)=1, \forall x \in A, A \subseteq \Omega$ $\pi(x)=0, \forall x \notin A$	$\tilde{m}(A) \geqslant 0, \forall A \in F(\Omega)$ 以致 $\pi(x)=1, \forall x \notin A$ （A 是明确的）
证据的 J^{Ev}	$m(\cdot)$ 进行 Pignistic 变换以获得 $p\{\cdot\}$ 。 参考文献：[85-86]	$m(A) \geqslant 0, A \subseteq \Omega$ $\sum_{A \in \Omega} m\{A\}=1$	将 $m(\cdot)$ 的基本概率分配（BPA）变换到可能性以获得 $\pi(\cdot)$ 。 参考文献：[75,76]	$\tilde{m}(A) \geqslant 0, \forall A \in F(\Omega)$ 以致 $\pi(x)=1, \forall x \notin A$ （A 是明确的） $\sum_{A \in F(\Omega)} \tilde{m}\{A\}=1$
可能的 J^{Pos}	$m(\cdot)$ 从可能性到概率性，以获得 $p\{\cdot\}$ 。 参考文献：[76,80-83]	将 $\pi(\cdot)$ 的 BPA 变换到可能性以获得 $m(\cdot)$ 。 参考文献：[75,76]	$\pi(x) \geqslant 0, \forall x \in \Omega$	将 $\pi(\cdot)$ 的可能性变换到BPA以获得 $m(\cdot)$ 以及证据 (J) 模糊证据建模。 参考文献：[75-77]
模糊置信 J^{FE}	$\tilde{m}(\cdot)$ 从模糊置信到概率性，以获得 $p\{\cdot\}$ 。 参考文献：[67,77,84]	将 $\tilde{m}(\cdot)$ 的模糊置信变换到BPA 以获得 $m(\cdot)$ 变换。 参考文献：[77,84]	将模糊置信变换到 BPA 并且（假如是一致的）将 BPA 变换到可能性。 参考文献：[75,84]	$\tilde{m}(A) \geqslant 0, \forall A \in F(\Omega)$ $\sum_{A \in F(\Omega)} \tilde{m}\{A\}=1$ 。 参考文献：[67,70,72,78,79]
完全无知 J^{Tot}	$p\{x\}=1/\|\Omega\|$ 对 $\forall x \in A$	$m(\Omega)=1$ $m(B)=0, \forall A \subset \Omega$	$\pi(x)=1, \forall x \in \Omega$	$\tilde{m}(\Omega)=1$ $\tilde{m}(A)=0, \forall A \in F(\Omega), A \neq \Omega$

（2）第二种方法旨在使用一般框架，则出现了两种趋势：使用单一方法，如使用随机集理论作为定量信息或使用自动认知逻辑作为逻辑信息，并通过单一方法直接处理两个概念上不同的信息。后一种方法是基于模态逻辑和可能的世界语义学的使用来推理知识和不确定性。一种基于随机世界的语义定义方法，将统计数据处理和知识推理结合起来。

第 5 章将使用信息元素结构来定义信息融合单元的概念，并讨论如何将这些单元组装成全局融合架构。

参考文献

[1] Kalman, R. E., and R. S. Bucy, "New Results in Linear Filtering and Prediction Theory," *Journal of Fluids Engineering,* Vol. 83, 1961, pp. 95–108.

[2] Steinberg, A. N., C. L. Bowman, and F. E. White, "Revisions to the JDL Data Fusion Model," *Proceedings of the Joint NATO/IRIS Conference*, Quebec, October 1998, pp. 430–441.

[3] Wald, L., "Some Terms of References in Data Fusion," *IEEE Trans. on Geoscience and Remote Sensing,* Vol. 37, 1999, pp. 1190–1193.

[4] Losee, R. M., *The Science of Information: Measurement and Applications*, *Vol. 1,* Library and Information Science Series, New York: Academic Press, 1990.

[5] Whitaker, G., "An Overview of Information Fusion," *New Information Processing Techniques for Military Systems,* Vol. 1, 2001.

[6] Losee, R. M., "A Discipline Independent Definition of Information," *Journal of the American Society for Information Science,* Vol. 48, 1997, pp. 254–269.

[7] Solaiman, B., "Information Fusion Concepts: From Information Elements Definition to the Application of Fusion Approaches," *Proceedings SPIE, Vol. 4385, Sensor Fusion: Architectures, Algorithms, and Applications*, 2001, pp. 205–212.

[8] Stonier, T., *Information and the Internal Structure of the Universe*, New York: SpringerVerlag, 1990.

[9] Bossé, É., A. Guitouni, and P. Valin, "An Essay to Characterize Information Fusion Systems," *Proc. of 9th Intl. Conf. on Information Fusion (FUSION2006)*, Firenze, Italy, 2006.

[10] Laudy, C., "Introducing Semantic Knowledge in High Level Information Fusion," Ph.D. Thesis, Université Pierre et Marie Curie, Paris, France, 2010.

[11] Roy, J., "A Knowledge-Centric View of Situation Analysis Support Systems," TR 2005-419) DRDC Valcartier, Technical Report, 2007.

[12] Pravia, M. A., et al., "Generation of a Fundamental Data Set for Hard/Soft Information Fusion," *11th Intl. Conf. on Information Fusion*, 2008, pp. 1–8.

[13] Sambhoos, K., B. Koc, and R. Nagi, "Extracting Assembly Mating Graphs for Assembly Variant Design," *Journal of Computing and Information Science in Engineering,* Vol. 9, 2009, p. 034501.

[14] Sambhoos, K., et al., "Enhancements to High Level Data Fusion Using Graph Matching and State Space Search," *Information Fusion,* Vol. 11, 2010, pp. 351–364.

[15] Laudy, C., J. Dreo, and C. Gouguenheim, "Applying MapReduce Principle to High Level Information Fusion," *2014 17th Intl. Conf. on Information Fusion (FUSION)*, 2014, pp. 1–8.

[16] Najgebauer, A., et al., "The Prediction of Terrorist Threat on the Basis of Semantic Association Acquisition and Complex Network Evolution," *Journal of Telecommunications and Information Technology,* 2008, pp. 14–20.

[17] Rogova, G., and É. Bossé, "Information Quality in Information Fusion," *Proc. of the 13th Intl. Conf. on Information Fusion (FUSION2010)* Edinburg, UK, 2010.

[18] ISO 8402, Quality Management, http://stats.oecd.org/glossary/detail.asp?ID=5150.

[19] O'Brien, J. A., and G. M. Marakas, *Introduction to Information Systems,* Vol. 13, New York: McGraw-Hill/Irwin, 2005.

[20] Wang, R. Y., and D. M. Strong, "Beyond Accuracy: What Data Quality Means to Data Consumers," *Journal of Management Information Systems,* Vol. 12, 1996, pp. 5–34.

[21] Juran, J. M., and J. A. De Feo, *Juran's Quality Handbook: The Complete Guide to Performance Excellence*, New York: McGraw-Hill, 2010.

[22] Bovee, M., R. P. Srivastava, and B. Mak, "A Conceptual Framework and Belief: Function Approach to Assessing Overall Information Quality," *International Journal of Intelligent Systems,* Vol. 18, 2003, pp. 51–74.

[23] P. Eggenhofer-Rehart, et al., "C2 Conceptual Reference Model Version 2.0." http://www.dodccrp.org/files/c2CRM_V2_11.16.04.pdf.

[24] Alberts, D. S., "Agility, Focus, and Convergence: The Future of Command and Control," DTIC Document, *The International C2 Journal*, Vol. 1, No. 1, 2007.

[25] Alberts, D. S., "The Agility Imperative: Precis," Unpublished white paper, CCRP, http://www.dodccrp. org, 2010.

[26] Avizienis, A., J. -C. Laprie, and B. Randell, *Fundamental Concepts of Dependability*, University of Newcastle upon Tyne, Computing Science, Newcastle University Report no. CS-TR-739, 2001.

[27] Avizienis, A., et al., "Basic Concepts and Taxonomy of Dependable and Secure Computing," *IEEE Trans. on Dependable and Secure Computing*, Vol. 1, 2004, pp. 11–33.

[28] Petre, L., K. Sere, and E. Troubitsyna, *Dependability and Computer Engineering: Concepts for Software Intensive Systems*, Hershey, PA: IGI Global, 2012.

[29] Lee, E. A., and S. A. Seshia, *Introduction to Embedded Systems: A Cyber-Physical Systems Approach*, Lee & Seshia, 2011.

[30] Marwedel, P., *Embedded System Design: Embedded Systems Foundations of Cyber-Physical Systems*, New York: Springer Science & Business Media, 2010.

[31] Helfert, M., "Managing and Measuring Data Quality in Data Warehousing," *Proc. of the World Multiconference on Systemics, Cybernetics and Informatics,* Orlando, FL, 2001, pp. 55–65.

[32] Lefebvre, E., M. Hadzagic, and É. Bossé, "On Quality of Information in Multi-Source Fusion Environments," *Advances and Challenges in Multisensor Data and Information Processing,* 2007, p. 69.

[33] Rogova, G., and E. Bossé, "Information Quality Effects on Information Fusion," DRDC Valcartier, Tech Rept., 2008.
[34] Blasch, E., P. Valin, and É. Bossé, "Measures of Effectiveness for High-Level Information Fusion," in *High-Level Information Fusion Management and Systems Design*, E. Blasch,É. Bossé, and D. A. Lambert, (eds.), Norwood, MA: Artech House, 2012, pp. 331–348.
[35] Blasch, E., et al., "The URREF Ontology for Semantic Wide Area Motion Imagery Exploitation," *2012 IEEE National Aerospace and Electronics Conference (NAECON)*, 2012, pp. 228–235.
[36] Blasch, E., et al., "URREF Self-Confidence in Information Fusion Trust," *2014 17th Intl. Conf. on Information Fusion (FUSION)*, 2014, pp. 1–8.
[37] Blasch, E., et al., "URREF Reliability Versus Credibility in Information Fusion (STANAG2511)," *16th Intl. Conf. on Information Fusion (FUSION)*, 2013, pp. 1600–1607.
[38] Costa, P. C., et al., "Towards Unbiased Evaluation of Uncertainty Reasoning: The URREF Ontology," *15th Intl. Conf. on Information Fusion (FUSION)*, 2012, pp. 2301–2308.
[39] Shafer, G., *A Mathematical Theory of Evidence*, Princeton, NJ: Princeton University Press, 1976.
[40] Jousselme, A. -L., P. Maupin, and É. Bossé, "Uncertainty in a Situation Analysis Perspective," *Proc. of the 6th Intl. Conf. of Information Fusion*, 2003.
[41] Smets, P., "Imperfect Information: Imprecision and Uncertainty," in *Uncertainty Management in Information Systems*, New York: Springer, 1997, pp. 225–254.
[42] Zadeh, L. A., "Fuzzy Sets," *Information and Control,* Vol. 8, 1965, pp. 338–353.
[43] Zadeh, L., "Fuzzy Sets as the Basis for a Theory of Possibility," *Fuzzy Sets and Systems,* Vol. 1, 1978, pp. 3–28.
[44] Duda, R. O., P. E. Hart, and D. G. Stork, *Pattern Classification*, 2nd ed., New York: Wiley, 2001.
[45] Fei, X., et al., "Research of the Reliability Coefficient in Information Fusion," *Intl. Conf. on Signal Acquisition and Processing 2009 (ICSAP 2009)*, 2009, pp. 85–88.
[46] Wang, P., "Confidence as Higher-Order Uncertainty," *ISIPTA*, 2001, pp. 352–361.
[47] Saracevic, T., "Relevance: A Review of the Literature and a Framework for Thinking on the Notion in Information Science," *Advances in Librarianship*, Vol. 6, 1976.
[48] Saracevic, T., "Relevance: A Review of the Literature and a Framework for Thinking on the Notion in Information Science. Part II," *Advances in Librarianship,* Vol. 30, 2006.
[49] Saracevic, T., "Relevance: A Review of the Literature and a Framework for Thinking on the Notion in Information Science. Part III: Behavior and Effects of Relevance," *Journal of the American Society for Information Science and Technology,* Vol. 58, pp. 2126–2144, 2007.
[50] Pichon, F., D. Dubois, and T. Denœux, "Relevance and Truthfulness in Information Correction and Fusion," *International Journal of Approximate Reasoning,* Vol. 53, 2012, pp. 159–175.
[51] Pichon, F., et al., "Truthfulness in Contextual Information Correction," in *Belief Functions: Theory and Applications*, New York: Springer, 2014, pp. 11–20.
[52] Breton, R., et al., "Framework for the Analysis of Information Relevance (FAIR)," *2012 IEEE Intl. Multi-Disciplinary Conf. on Cognitive Methods in Situation Awareness and Decision Support (CogSIMA)*, 2012, pp. 210–213.

[53] Hadzagic, M., et al., "Reliability and Relevance in the Thresholded Dempster-Shafer Algorithm for ESM Data Fusion," *15th Intl. Conf. on Information Fusion (FUSION)*, 2012, pp. 615–620.

[54] White, H. D., "Relevance Theory and Citations," *Journal of Pragmatics,* Vol. 43, 2011, pp. 3345–3361.

[55] Cholvy, L., "Evaluation of Information Reported: A Model in the Theory of Evidence," in *Information Processing and Management of Uncertainty in Knowledge-Based Systems. Theory and Methods*, New York: Springer, 2010, pp. 258–267.

[56] Cholvy, L., and S. Roussel, "Towards Agent-Oriented Relevant Information," in *Artificial Intelligence: Methodology, Systems, and Applications*, New York: Springer, 2008, pp. 22–31.

[57] Cholvy, L., and S. Roussel, "Reasoning with an Incomplete Information Exchange Policy," in *Symbolic and Quantitative Approaches to Reasoning with Uncertainty*, New York: Springer, 2007, pp. 683–694.

[58] Cholvy, L., and S. Roussel, "A Formal Characterization of Relevant Information in MultiAgent Systems," DTIC Document, 2009.

[59] Kolmogorov, A. N., *Foundations of the Theory of Probability*, 2nd ed., New York: Chelsea Publishing, 1956.

[60] Dezert, J., and A. Tchamova, "On the Validity of Dempster's Fusion Rule and Its Interpretation as a Generalization of Bayesian Fusion Rule," *International Journal of Intelligent Systems,* Vol. 29, 2014, pp. 223–252.

[61] Dezert, J., et al., "Why Dempster's Fusion Rule Is Not a Generalization of Bayes Fusion Rule," *16th Intl. Conf. on Information Fusion (FUSION)*, 2013, pp. 1127–1134.

[62] Smarandache, F., and J. Dezert, *Advances and Applications of DSmT for Information Fusion (Collected Works)*, Vol. 2, Ann Arbor, MI: Infinite Study, 2006.

[63] Smarandache, F., and J. Dezert, *Advances and Applications of DSmT for Information Fusion, Collected Works*, Vol. 3, https://hal.archives-ouvertes.fr/hal-01080187/document, 2009.

[64] Smarandache, F., and J. Dezert, *Applications and Advances of DSmT for Information Fusion*, Rehoboth: AM. Res. Press, 2004.

[65] Dubois, D., and H. Prade, *Possibility Theory: An Approach to Computerized Processing of Uncertainty*, New York: Plenum Press, 1988.

[66] Klement, E. P., R. Mesiar, and E. Pap, *Triangular Norms*, New York: Springer, 2000.

[67] Denœux, T., "Modeling Vague Beliefs Using Fuzzy-Valued Belief Structures," *Fuzzy Sets and Systems,* Vol. 116, 2000, pp. 167–199.

[68] Gupta, M. M., R. K. Ragade, and R. R. Yager, *Advances in Fuzzy Set Theory and Applications*, New York: North-Holland Publishing Company, 1979.

[69] Ishizuka, M., K. S. Fu, and J. T. Yao, "Inference Procedures Under Uncertainty for the Problem-Reduction Method," *Information Sciences,* Vol. 28, 1982, pp. 179–206.

[70] Yager, R. R., "Generalized Probabilities of Fuzzy Events from Fuzzy Belief Structures," *Information Sciences,* Vol. 28, 1982, pp. 45–62.

[71] Ogawa, H., K. Fu, and J. T. P. Yao, "An Inexact Inference for Damage Assessment of Existing Structures," *International Journal of Man-Machine Studies,* Vol. 22, 1985, pp. 295–306.

[72] Yen, J., "Generalizing the Dempster-Schafer Theory to Fuzzy Sets," *IEEE Trans. on Systems, Man and Cybernetics*, Vol. 20, 1990, pp. 559–570.

[73] Yager, R. R., "Arithmetic and Other Operations on Dempster-Shafer Structures," *International Journal of Man-Machine Studies,* Vol. 25, 1986, pp. 357–366.

[74] Yager, R. R., "On the Normalization of Fuzzy Belief Structures," *International Journal of Approximate Reasoning,* Vol. 14, 1996, pp. 127–153.

[75] Dubois, D., and H. Prade, "On Several Representations of an Uncertain Body of Evidence," *Fuzzy Information and Decision Processes,* 1982, pp. 167–181.

[76] Dubois, D., H. Prade, and S. Sandri, "On Possibility/Probability Transformations," in *Fuzzy Logic*, New York: Springer, 1993, pp. 103–112.

[77] Dubois, D., and H. Prade, "A Set-Theoretic View of Belief Functions Logical Operations and Approximations by Fuzzy Sets," *International Journal of General System,* Vol. 12, 1986, pp. 193–226.

[78] Smets, P., "The Degree of Belief in a Fuzzy Event," *Information Sciences,* Vol. 25, 1981, pp. 1–19.

[79] Lucas, C., and B. N. Araabi, "Generalization of the Dempster-Shafer Theory: A FuzzyValued Measure," *IEEE Trans. on Fuzzy Systems,* Vol. 7, 1999, pp. 255–270.

[80] Dubois, D., et al., "Probability-Possibility Transformations, Triangular Fuzzy Sets, and Probabilistic Inequalities," *Reliable Computing,* Vol. 10, 2004, pp. 273–297.

[81] Klir, G. J., and B. Parviz, "Probability-Possibility Transformations: A Comparison," *International Journal of General System,* Vol. 21, 1992, pp. 291–310.

[82] Slimen, Y. B., R. Ayachi, and N. B. Amor, "Probability-Possibility Transformation," in *Fuzzy Logic and Applications*, New York: Springer, 2013, pp. 122–130.

[83] Sudkamp, T., "On Probability-Possibility Transformations," *Fuzzy Sets and Systems,* Vol. 51, 1992, pp. 73–81.

[84] Destercke, S., "Fuzzy Belief Structures Viewed as Classical Belief Structures: A Practical Viewpoint," *IEEE Intl. Conf. on Fuzzy Systems (FUZZ)*, 2010, pp. 1–8.

[85] Smets, P., "Constructing the Pignistic Probability Function in a Context of Uncertainty," *UAI*, 1989, pp. 29–40.

[86] Sudano, J., "Pignistic Probability Transforms for Mixes of Low- and High-Probability Events," *Proc. of Fusion 2001,* 2001.

第 5 章　信息融合单元及处理策略

本章的目的是定义信息融合单元的概念，作为信息融合系统的最小颗粒组件，信息融合单元是不同个体信息元素和全局信息处理系统之间的中间概念层。下面将根据几种融合策略展示这种行为。

5.1　概　　述

信息融合方法主要集中于建立充分的置信模型（BM）来描述内在信息的不完善性，以及通过联合合并这些置信模型，开发允许不完善信息处理和融合的推理工具。处理单个信息元素 (J)（具有单元素（SE）输出集）的最广泛使用的置信模型是：概率分布 $\Pr\{\}$、证据质量函数 $m(\cdot)$ 和可能性分布 $\pi(\cdot)$。如前所述，这些置信模型允许表示、推理、处理和合并可能影响准时信息元素的所有形式的内在不完善。隶属函数 $\mu(\cdot)$ 构成了最合适的置信模型，允许表示和处理多个模糊信息元素，即具有多元素（ME）或模糊元素（FE）输出集。

本章介绍了信息融合单元（IFC）的概念，它是信息融合系统中最小颗粒的组件，认为信息融合单元是不同单个信息元素和全局信息处理系统之间的中间概念层。下面将根据几种融合策略展示这种行为。

如图 5.1 所示，融合质量（QoF）衡量的是融合过程本身的质量，而不是所产生信息的质量，它可能是与融合过程相关的约束或指标，而不是有自己质量描述的

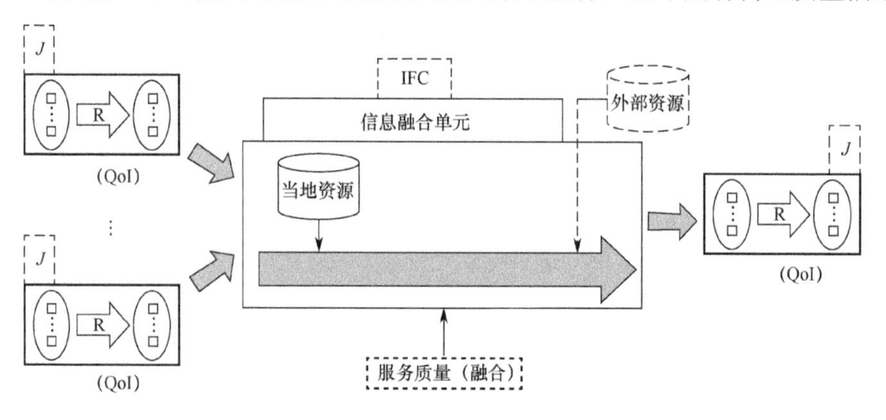

图 5.1　信息融合单元概念

信息（QoI）。信息融合和分析为用户提供服务。效率和有效性等问题对于提供可采取行动的信息非常重要。为了提供未来基于 FIAT 的设计和用户信息需求之间的交互，需要度量指标。选择的指标包括及时性、准确性、吞吐量、置信和成本。这些指标[1]类似于通信理论和人为因素文献中的标准服务质量（QoS）指标。

5.2 定义信息融合单元

聚集前面介绍的所有概念，一个信息元素 $J=(\Theta, X, \Omega)$ 除输入集 Θ 和输出集 Ω 外，如果已知以下特征，则认为是完全特征化的。

（1）信息输入范围（ISc）表示信息关系如何考虑定义集中的基本对象（单元数、复元数、模糊元数）。

（2）信息输出范围（OSc）表示信息关系如何考虑内容集中的基本对象（单元数、复元数和模糊元数）。

（3）不完善状态（St）表示信息元素是完善的（精确的和确定的）还是不完善的（不确定的、不精确的或模棱两可的）。

（4）不完善可用知识是基于置信模型（BM）的。

（5）信息可靠性权重（R）。

（6）信息一致度（Cons）。

在这种情况下，完全特征化的信息元素 J 可表示为

$$J=[(\Theta, X, \Omega), \mathrm{ISc}, \mathrm{OSc}, \mathrm{St}, \mathrm{BM}, \mathrm{R}, \mathrm{Cons}] \tag{5.1}$$

大多数信息处理系统认为信息元素是完全可靠的（即，具有单位可靠性权重），并且完全一致（具有单位一致度）。否则，使用可用的先验信息来表达和计算这些背景不完善指标。定义信息融合单元为允许信息元素融合的基本融合平台：

$$J_1=[(\Theta_1, X_1, \Omega_1), \mathrm{ISc}_1, \mathrm{OSc}_1, \mathrm{St}_1, \mathrm{BM}_1, \mathrm{R}_1, \mathrm{Cons}_1] \tag{5.2}$$

$$J_2=[(\Theta_2, X_2, \Omega_2), \mathrm{ISc}_2, \mathrm{OSc}_2, \mathrm{St}_2, \mathrm{BM}_2, \mathrm{R}_2, \mathrm{Cons}_2] \tag{5.3}$$

$$J_{1\oplus 2}=[(\Theta_{1\oplus 2}, X_{1\oplus 2}, \Omega_{1\oplus 2}), \mathrm{ISc}_{1\oplus 2}, \mathrm{OSc}_{1\oplus 2}, \mathrm{St}_{1\oplus 2}, \mathrm{BM}_{1\oplus 2}, \mathrm{R}_{1\oplus 2}, \mathrm{Cons}_{1\oplus 2}] \tag{5.4}$$

根据定向信息融合单元的目标，生成具有更好特征的新信息元素。图 5.2 说明了信息融合单元的概念，并介绍了以下符号。

（1）$\Theta_{1\oplus 2}$（相应的 $\Omega_{1\oplus 2}$）表示生成信息定义（内容）集。

（2）$\mathrm{ISc}_{1\oplus 2}$（相应的 $\mathrm{OSc}_{1\oplus 2}$）表示生成信息输入（输出）范围。

（3）$\mathrm{St}_{1\oplus 2}$ 是由此导致的信息不完善状态。

（4）$\mathrm{BM}_{1\oplus 2}$ 是由此导致的与信息元素 $J_{1\oplus 2}$ 相关的置信模型。

（5）$\mathrm{R}_{1\oplus 2}$（相应的 $\mathrm{Cons}_{1\oplus 2}$）表示由此导致的可靠性权重（一致度）。

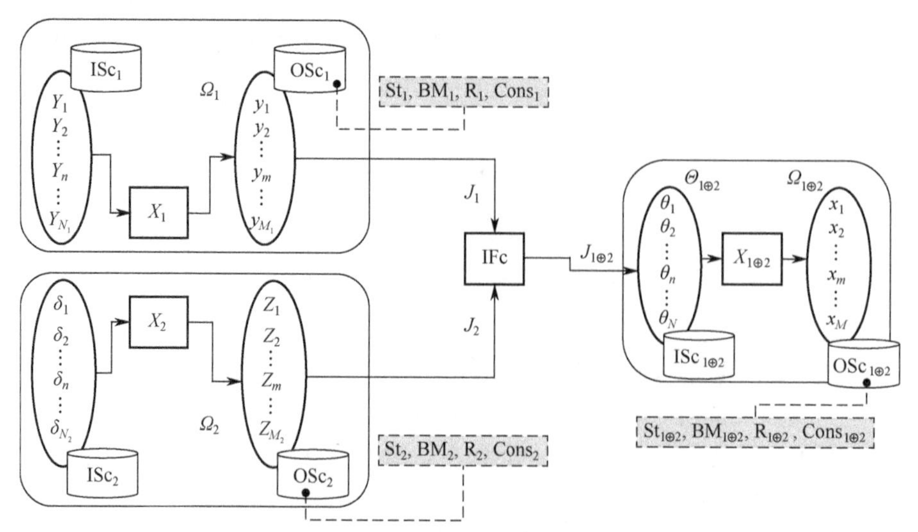

图 5.2　信息融合单元概念和标记

更好的特征限定符与信息融合单元的特定目标（信息质量、相关性和性能）密切相关。

所提出的信息融合单元模型定义具有以下优点。

（1）自包含：信息融合单元所产生的结果是一个信息元素，作为其自身的输入。因此，评估信息融合单元的质量将使用与其组成信息元素相同的标准。

（2）完全特征化：所有特征，如定义/内容集、输入/输出范围、不完善状态、置信模型、可靠性权重和一致性程度等，都清楚地区分和表达了表征单个输入信息元素以及结果信息元素的特征。

因此，提出的信息融合单元模型构成了两个信息元素融合的最通用的概念框架。事实上，这种一般和简单的信息融合单元概念与现有信息融合系统之间的结构和概念差距可以通过以下两个步骤来填补。

（1）定义信息融合单元的子类别。

（2）将全局系统视为一个更高的结构和概念信息处理层次，其中基本的信息融合单元均匀地组装在一起，以实现全局信息融合系统的定向目标。

因此，根据输入和产生的信息元素的信息融合单元结构和语义，可以识别 4 种信息融合单元类别，称为信息融合单元类型。这 4 种类型在很大程度上对应于融合策略的语义目标。这些处理信息融合策略表述如下。

（1）处理策略 1：信息融合单元，类型 1（数据融合）。

（2）处理策略 2：信息融合单元，类型 2（并行置信融合）。

（3）处理策略 3：信息融合单元，类型 3（顺序置信融合）。

（4）处理策略 4：信息融合单元，类型 4（竞争置信融合）。

5.3 处理策略 1：信息融合单元-类型 1（数据融合）

第一个遇到的信息融合单元类型，如信息融合单元-1 类（IFC-Type1），称为数据融合，考虑两个输入信息元素 J_1 和 J_2 的情况（图 5.3）。

（1）共享同一个定义集 Θ 但是输入范围可能不同。

（2）具有准时信息函数，其中认为相应的结果是完全已知的（精确和确定的）。

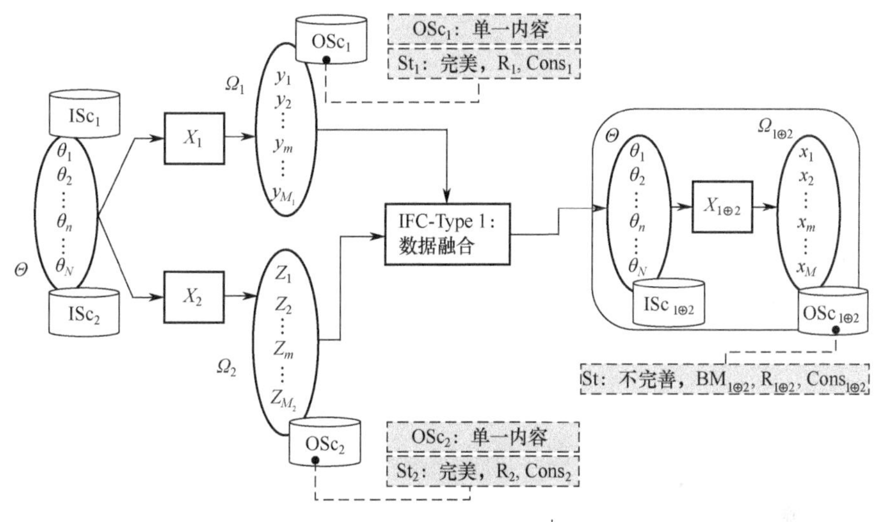

图 5.3　信息融合单元-类型 1（数据融合）

这种信息融合单元类型对应于多传感器融合情况，其中每个传感器捕获或测量观测对象或情况的特定特征，这与自身信息函数的物理过程相关。由于认为 J_1 和 J_2 是完美的信息元素，这种信息融合单元类型主要利用信息内容，并且通常可以使用确定性过程方法来表示。在某些信息函数具有物理意义的应用中，产生的联合信息函数与基于知识或智能信息关系等限定符相关联。

数据融合单元可实现多个潜在任务，如下。

（1）构建新的联合信息内容集 $\Omega_{1\oplus2}$；

（2）确定联合信息输出范围，该范围可保持或不保持准时 $\mathrm{OSc}_{1\oplus2}$；

（3）构造联合信息函数 $X_{1\oplus2}$；

（4）构建与联合信息元素相关的置信模型 $\mathrm{BM}_{1\oplus2}$；

（5）确定联合可靠性权重 $R_{1\oplus2}$ 以及联合一致性程度 $\mathrm{Cons}_{1\oplus2}$。

前 3 项任务即构建新的内容集、确定范围和联合信息函数密切相关，通常同时进行。

5.3.1 构建融合的信息元素

基于现有的知识以及信息融合单元的定向目标，内容集$\Omega_{1\oplus2}$可分为如下 3 类。

（1）$\Omega_{1\oplus2}$是两个内容集的笛卡儿乘积：$\Omega_{1\oplus2}=\Omega_1\times\Omega_2$。涉及考虑一个信息内容的增广向量$\boldsymbol{x}_m=[y_m,z_m]\in\Omega_1\times\Omega_2$。在这种情况下，得到的信息内容比表征信息输入对象的信息内容具有更高的信息内容级别。这种信息融合单元类型的简单遥感示例如图 5.4 所示，其中使用简单的红绿蓝（RGB）表示空间变换合并 3 个波段的图像，以生成基于颜色的信息内容图像（本书简化为黑白图）。

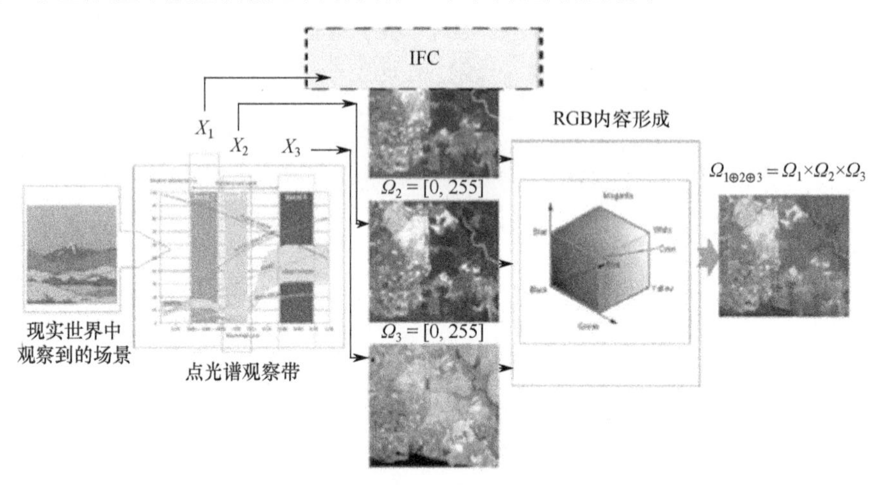

图 5.4 RGB 信息融合单元

（2）$-\Omega_{1\oplus2}$可以通过涉及两个输入信息内容集：$x_m=\text{Function}[y_m,z_m]$的函数链接来描述。它允许进一步放松信息处理或解释步骤。例如，基于像素的遥感成像，在获得多个图像（对应于不同的图像获取模式）的情况下，可获得作为简单彩色图像或输入图像的线性组合（输入信息基于像素的内容）的新图像（新输入信息基于像素的内容）[2-4]。在这种情况下，生成的联合信息函数$X_{1\oplus2}$基于外部可用知识以及输入信息函数X_1和X_2的物理解释。一个简单例子是广泛应用于遥感监测和植被分类的植被指数（VI）。植被指数定义为与植被光谱特征相关的两个或多个波段（即信息元素）的算术组合[5]，如图 5.5 所示。

（3）$-\Omega_{1\oplus2}$是一个更高级别的决策内容集，其中生成的内容对应于信息输入对象，（即决策和种类）的语义类别。在这种情况下，联合信息函数$X_{1\oplus2}$为决策信息函数，（即基于外部可用知识，根据模型和/或训练数据以及输入信息函数），并使用这两个输入内容实现决策过程，从而得出有针对性的决策。

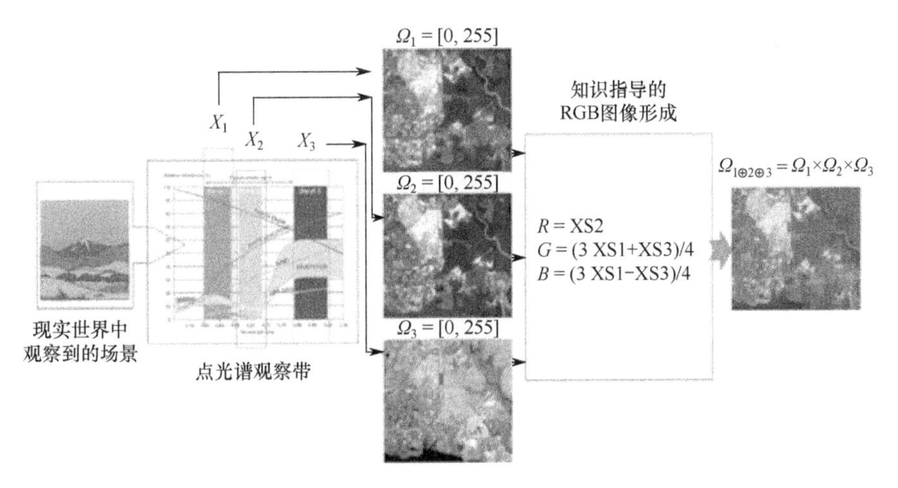

图 5.5　适应于植被指数提取的知识引导 RGB 信息融合单元

5.3.2 关于构建联合信息关系的注释

联合信息函数 $X_{1\oplus2}$ 的构造可能仅限于输入信息内容结果（假设可用且完美的）或扩展到利用信息融合单元可用的知识（与信息函数 X_1 和 X_2 有关）和可用的外部知识源。如前所述，除仅利用信息内容结果以外，利用其他知识源的信息融合单元通常称为基于知识的信息融合单元。

需要注意的是，在某些系统中，假设两个输入信息元素都是准时和完美的，这一事实并不排除获得非准时和/或不完美的联合信息元素。例如，假设在自动目标识别（ATR）系统中，信息元素 J_1（和对应的 J_2）的准时和完美的结果是：探测目标使用 A 型天线，（探测目标速度为 850 km/h）。信息关系 $X_{1\oplus2}$ 可能会产生检测目标是类型 Tar_1 或 Tar_2，这不是准时信息，或者可能会在潜在目标种类的集上产生概率分布，这是一个不确定的联合信息元素。因此，确定与联合信息相关的置信模型是信息融合应用中经常遇到的任务。

如果输入信息元素 J_1 和 J_2 不完全可靠或不完全一致，则确定联合可靠性权重 $R_{1\oplus2}$ 以及联合一致性度 $Cons_{1\oplus2}$ 构成信息融合单元特征化的关键问题，仍然是一个开放的研究课题。根据前面的解释，这种类型的信息融合单元显然具有很强的应用依赖性。这是它的主要缺点，因此，从建模的角度来看，超出图 5.3 中给出的概念模型和现有系统中可能遇到的潜在任务的一般范围是不现实的。如同 X_1 和 X_2 从一个场景观察中产生符号特征，符号配准的基本任务适合于 1 型信息融合单元。任务目标包括关联与相同场景组件（对象、位置、锚点等）对应的特征，这些特征可能来自多个模式。产生信息的信息融合单元对应于将每个场景组件或子组件链接到一组多模态特征（来自 X_1 和 X_2 输出集）的信息关系。

5.4 处理策略 2：信息融合单元–类型 2（并行置信融合）

信息融合单元–类型 2（IFC-Type2），称为并行置信融合，具有与数据融合类型框架相同的概念框架。如图 5.6 所示，基本区别在于，认为两个输入信息元素 J_1 和 J_2 是不完美的信息元素（准时结果未知），两者都通过它们相关的关系表示。

（1）置信模型 BM_1 和 BM_2。

（2）可靠性权重 R_1 和 R_2。

（3）一致性度 $Cons_1$ 和 $Cons_2$。

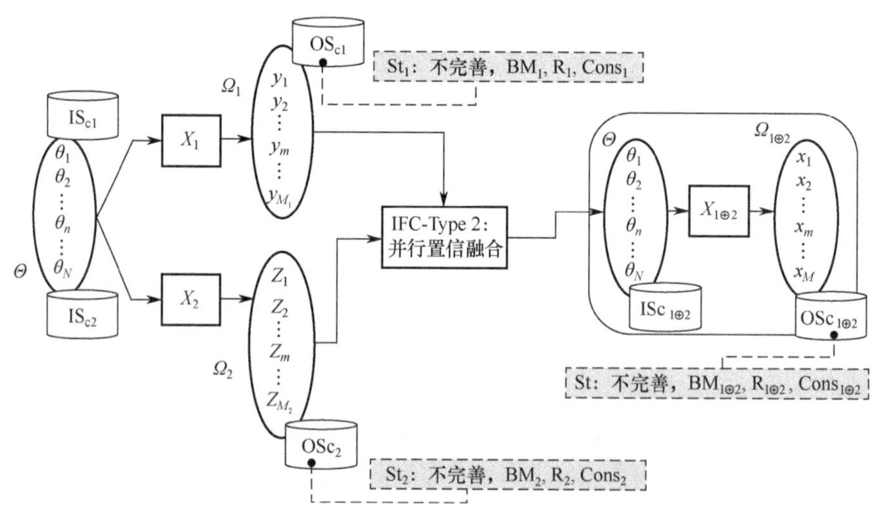

图 5.6　信息融合单元–类型 2（并行置信融合）

因此，这种类型的信息融合单元的重点不限于构造新的联合信息关系 $X_{1\oplus 2}$ 和联合内容集 $\Omega_{1\oplus 2}$，但扩展到包括导致定义于 $\Omega_{1\oplus 2}$ 的联合置信模型 $BM_{1\oplus 2}$，以及联合可靠度权重 $R_{1\oplus 2}$ 和一致性度 $Cons_{1\oplus 2}$ 的计算。

这种信息融合单元的一个简单例子是，J_1 和 J_2 是两个基于传感器的概率信息元素。在这种情况下，$\Omega_{1\oplus 2} = \Omega_1 \times \Omega_2$ 是 Ω_1 和 Ω_2 的笛卡儿积，$J_{1\oplus 2}$ 是联合概率信息，其中联合概率分布是相关联的联合置信模型。更一般来说，所有现有的数学融合框架（概率的、证据的、模糊的和可能性的）都将这个置信融合任务作为主要的理论基石，命名为联合的、多维的或条件的置信模型计算。

5.4.1 示例：贝叶斯决策

贝叶斯决策是解决一般模式识别和决策问题的一种基本的统计方法。它假设模式分类问题的解决方案完全基于概率置信值，并且所有相关的概率置信模型都是已知的[6]。

在这种情况下，使用以下符号。

（1）$\Theta=\{\theta_1,\theta_2,\cdots,\theta_N\}$ 是所观测的集合。

（2）$\Psi=\{y_1,y_2,\cdots,y_K\}$ 是特征集合。

（3）$\Omega=\{x_1,x_2,\cdots,x_K\}$ 是 M 类别的有限集合。

（4）$\Pi\{x_m\}=m$ ，$m=1,\cdots,M$ ，先验概率分布 $\Pi\{x_m\}$ 是随机选择的属于类别 x_m 的对象 $\theta\in\Theta$ 的概率。

（5）似然概率分布 $\Pr\{y_k\mid x_m\}$，当观察对象 θ 是从属于类别 x_m 的限制集 Θ_m 中随机选取时，$\Pr\{y_k\mid x_m\}$ 是观察特征 $y_k\in\Psi$ 的概率。

与最小错误率分类器相对应的贝叶斯决策规则包括选择类别，后验概率 $\Pr\{x_m\mid y_k\}$ 为最大值，即

$$\Pr\{x_m\mid y_k\}=\frac{\Pr\{y_k\mid x_m\}\bullet\Pi\{x_m\}}{\Pr\{y_k\}}=\frac{\Pr\{y_k\mid x_m\}\bullet\Pi\{x_m\}}{\sum_{k=1}^{K}\Pr\{y_k\mid x_m\}\bullet\Pi\{x_m\}}\tag{5.5}$$

设 J_1 和 J_2 表示先验和似然信息元素：

$$\begin{aligned}J_1=[(\Theta,X_1,\Omega),\mathrm{ISC}_1\equiv\text{单元素},\mathrm{OSC}_1\equiv\text{单元素},\mathrm{St}_1\equiv\text{不确定},\\\mathrm{BM}_1\equiv\Pi,R_1=1,\mathrm{Cons}_1=1]\end{aligned}\tag{5.6}$$

$$\begin{aligned}J_2=[(\Theta,X_2,\Omega),\mathrm{ISC}_2\equiv\text{多元素},\mathrm{OSC}_1\equiv\text{单元素},\mathrm{St}_1\equiv\text{不确定},\\\mathrm{BM}_2\equiv\Pr\{y_k\mid x_m\},R_2=1,\mathrm{Cons}_2=1]\end{aligned}\tag{5.7}$$

使用这两个信息元素，可以直接将贝叶斯决策规则建模为一个并行的置信融合信息融合单元（图 5.7）。

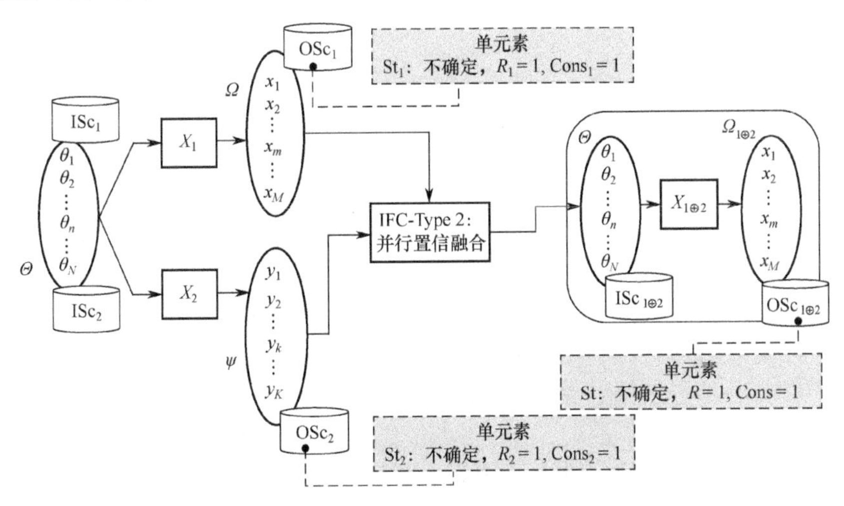

图 5.7　信息融合单元–类型 2（示例，贝叶斯分类）

得到的联合信息函数 $X_{1\oplus 2}$ 是基于两个单独的置信模型 $\mathrm{BM}_1 \equiv \Pi$ 和 $\mathrm{BM}_2 \equiv \Pr\{y_k \mid x_m\}$ 的使用，并计算了后验概率置信模型 $\mathrm{BM}_2 \equiv \Pr\{y_k \mid x_m\}$。可以注意到，$J_2$ 输入范围是一个具有 Θ 的分区多元素范围，对应于输出类（由 Ω 定义）：属于同一类 x 的所有模式 θ 定义了 Θ 的子集。因此，信息函数 X_2 依赖于外部统计知识来关联 Θ 以及 Ψ 。

符号配准也适用于信息融合单元−类型 2 的信息融合单元，因为 X_1 和 X_2 可能从一个场景观察中产生不确定的符号特征。例如，这些特征可能来自识别纹理区域或特定对象的分类操作符。在这种情况下，信息融合单元产生的信息对应于将每个场景组件或子组件链接到一组可能异构的符号类（来自 X_1 和 X_2 输出集）的信息关系。

5.5 处理策略 3：信息融合单元−类型 3（顺序置信融合）

第三种信息融合单元−类型 3（IFC-Type3）称为顺序置信融合，确切地代表了经典信息处理系统中遇到的主要概念结构，其中一个信息元素的结果依次用作另一个信息元素的输入（图 5.8）。

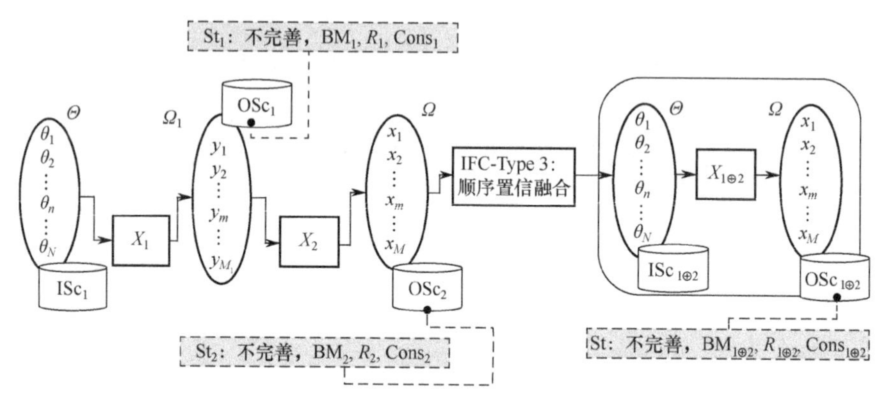

图 5.8　信息融合单元−类型 3（顺序置信融合）

对于这种类型的信息融合单元，自然产生的问题是：我们是否应该将这种情况视为信息融合？要回答这个有趣的问题，应该区分两种观点。

第一种观点认为这两个信息元素是独立的，而且是级联的，因此将 $X_{1\oplus 2}$ 构造为 X_1 的应用，从而导致来自 Ω_1 的信息内容结果，随后是信息函数 X_2 的应用。这一观点表明，将这种情况视为一种信息融合，是一种人工视角。

第二种观点考虑将 $X_{1\oplus 2}$ 作为信息函数，链接来自定义输入集 Θ 的对象直链接到源自内容集 Ω 的结果，避免显式遍历集合 Ω_1。当然取决于 X_1 和 X_2 ，但要建模这些信息函数的联合行为，可能需要外部知识来源。因此，这种情况不是两个单独信息元素的简单顺序串联，而是应该视为产生一个全局的和综合的信息元素。这一设想显然意味着，这种情况应该视为一种信息融合，如下面已有的顺序置信信息融合单元的例子所示。

5.5.1 示例 1：模糊关系组合

顺序置信融合类型应用的第一个简单示例涉及模糊关系的组合。将两个集合之间的模糊关系定义为这两个集合的笛卡儿积上的模糊集。考虑：

$$J_1=(\Theta,X_1,\Omega_1) \tag{5.8}$$

$$J_2=(\Omega_1,X_2,\Omega) \tag{5.9}$$

作为两个模糊信息元素，为此信息关系 X_1 和 X_2 定义了模糊关系，联系来自 Θ 的元素到来自 Ω_1 的元素，以及来自 Ω_1 的元素到来自 Ω 的元素：

$$\mu_{X_1}:\Theta\times\Omega_1\to[0,1] \qquad (\theta,y)\to\mu_{X_1}(\theta,y) \tag{5.10}$$

$$\mu_{X_2}:\Omega_1\times\Omega\to[0,1] \qquad (y,x)\to\mu_{X_2}(y,x) \tag{5.11}$$

在这种情况下，模糊信息元素

$$J_{1\oplus2}=J_2\circ J_1=(\Theta,X_{1\oplus2}=X_2\circ X_1,\Omega) \tag{5.12}$$

具有模糊信息关系的 $\mu_{x_1\bullet x_2}$ 定义为两个基本模糊关系的最大–最小组成：

$$\begin{cases}\Theta\times\Omega\to[0,1]\\(\theta,x)\to\mu_{X_1\circ X_2}(\theta,x)=\max\limits_{y}\Big[\min[\mu_{X_1}(\theta,y),\mu_{X_2}(y,x)]\Big]\end{cases} \tag{5.13}$$

5.5.2 示例 2：置信转换

置信转换指的是一般情况，其中 $J_1=(\Theta,X_1,\Omega_1)$ 是一个不完善信息元素，（对此有一个置信模型 BM₁）；$J_2=(\Omega_1,X_1,\Omega)$ 是一个确定性的信息元素。这里要解决的问题是定义全局不完善信息 $J_{1\oplus2}=(\Theta,X_{1\oplus2},\Omega)$，由此产生联合置信模型 $\mathrm{BM}_{1\oplus2}$。这里考虑了 3 种常见的实际情况：Zadeh 扩张原理、随机变量变换和证据质量细化与粗化。

5.5.2.1 Zadeh 的扩张原理

通过允许模糊和确定性信息元素的组合，Zadeh 的扩张原理[7]是顺序置信融合的一个典型例子。让我们考虑一下，$J_1=(\Theta,X_1,\Omega_1)$ 定义在 Ω_1 和 $J_2=(\Omega_1,X_1,\Omega)$，一个与隶属函数 $\mu(y)$ 有关的模糊信息元素，映射自 Ω_1 至 Ω，因此对每个 $y\in\Omega_1,X_2(y)=x\in\Omega$。Zadeh 的扩张原理允许定义于 Ω 的隶属函数 $\mu'(\cdot)$ 的确定，并与模糊信息元素 $J_{1\oplus2}=J_1\cdot J_2=(\Theta,X_{1\oplus2}=X_2\cdot X_1,\Omega)$ 相联系：

$$\mu'(x)=\sup_{y\in X_2^{-1}(x)}\mu(y) \tag{5.14}$$

注意，当结合决定性的和可能性的信息元素时，Zadeh 扩张原理也成立（第二个受不确定性影响，可用知识是模糊的）。

5.5.2.2 随机变量变换

在概率论框架下，随机变量变换问题是指将给定的随机变量用已知的解析函数变换成一个新随机变量的情况。接下来的挑战是计算转换后的随机变量的新概率分布。

考虑概率信息元素 J_1（概率论中的随机变量），已知的概率分布函数 $f_1(\cdot)$ 定义在 Ω_1 和 $J_2=(\Omega_1, X_2=g(X_1),\Omega)$，因此，变换信息元素导致一个定义在 Ω 上的新随机变量。$g(\cdot)$ 是一个确定性函数。概率论允许定义在 Ω 上的概率分布函数 $g(\cdot)$ 的确定，与概率信息元素 $J_{1\oplus 2}=J_2\cdot J_1=(\Theta, X_{1\oplus 2}=X_2\cdot X_1,\Omega)$ 相关[8]：

$$f(x)=\sum_{y_{\mathrm{r}}}\frac{1}{|g'(y_{\mathrm{r}})|}f_1(y_{\mathrm{r}}) \tag{5.15}$$

式中：y_{r} 表示方程 $g(y)=x$ 的所有实根；g' 为确定函数 $g(y)$ 的导数。

5.5.2.3 证据质量细化和粗化

在证据理论中，有时考虑一个质量函数是有用的，此函数相关于具有不同细节层次的识别 Ω 和 Ω_1 的框架。考虑证据信息元素 $J_1=(\Theta, X_1, \Omega_1)$，我们假设已知质量函数 $m_1: 2^{\Omega_1}\to[0,1]$，让 $J_2=(\Omega_1, X_2=g(X_1),\Omega)$ 表示确定信息元素，允许定义在粗糙框架 Ω_1 上的质量函数 m_1 转换到运行在精细框架上的质量函数 m_2。这种变换称为细化，而相反的变换则从精细框架 Ω_1 到粗糙框架 Ω，称为粗化[9]，如图 5.9 所示。

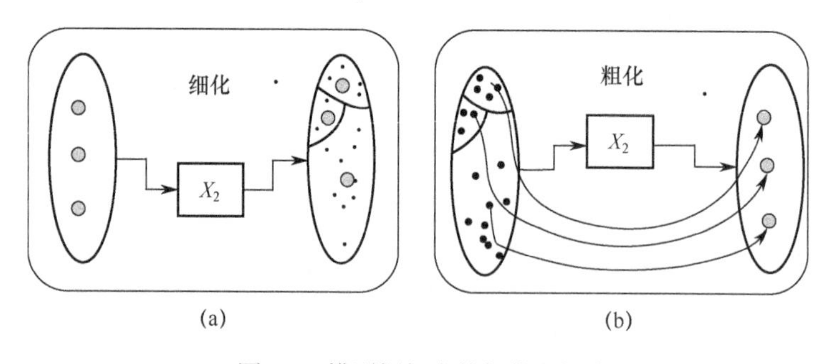

图 5.9 辨别框架中的粗化和细化

细化需要 Ω_1 是 Ω 的一个分区：也就是说，每个 $y\in\Omega_1$ 具有在更精细的框架 Ω 中信息内容对应的非空子集 $X_2(y)$，这些子集是相互不相交的。证据理论允许这样的证据置信转换，通过定义 Ω 之上的质量函数 $m_2: 2^{\Omega}\to[0,1]$ 与证据信息元素 $J_{1\oplus 2}=J_2\cdot J_1=(\Theta, X_{1\oplus 2}=X_2\cdot X_1,\Omega)$ 关联。例如，$m_1(\cdot)$ 的精化是由 Ω 之上的质量函数 $m_{12}(\cdot)$ 给出的，则

$$m_2\Big(\bigcup_{y\in A} X_2(y)\Big)=m_1(A)\quad A\subseteq\Omega_1 \tag{5.16}$$

如前所示，来自模式识别领域的典型处理链可以通过信息融合单元—类型 3 来描述。

5.6 处理策略 4：信息融合单元–类型 4（竞争置信融合）

信息融合单元–类型 4（IFC-Type4）称为竞争置信融合单元，无疑是信息融合界研究最多、形式化程度最高的融合模型。实际上，这种信息融合单元类型的目标是概念模型，其中两个输入信息元素 J_1 和 J_2 共享相同的信息输入和信息内容集，如图 5.10 所示。因此，两个单独的信息元素 J_1 和 J_2 处理相同的任务，但通过两个互补或并发的信息关系 X_1 和 X_2。

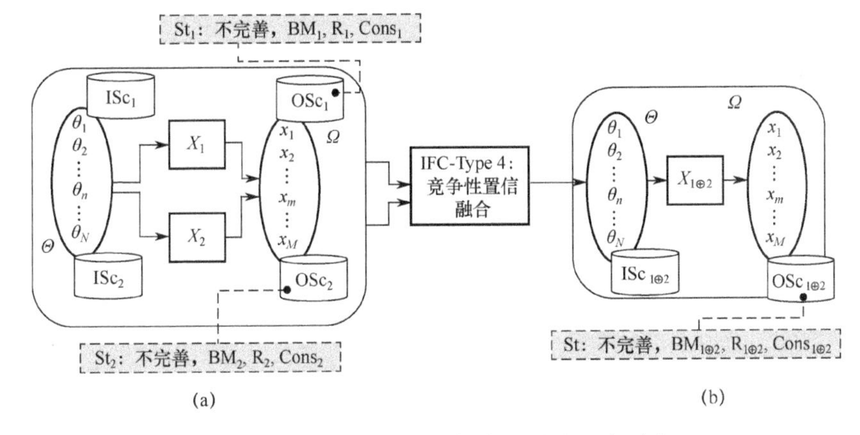

图 5.10　信息融合单元—类型 4（竞争置信融合）

这种信息融合单元类型在多专家决策融合问题，如模式识别、多传感器图像分类和场景解释中经常遇到。实际上，根据实际提取的特征、选定的决策策略或过程中涉及的相似性/相异性度量，假设每个单独的信息元素捕获问题的特定方面，如图 5.11 所示。当然，这些信息元素具有不同的强和/或弱特征和性能。

注意，在某些应用中，不同的信息元素可能使用相同的特征集（$\Omega_1 = \Omega_2$），但有不同的决策策略，反之亦然。信息融合的所有理论和方法都提出了一种或几种支持竞争置信模型融合的技术作为信息融合的基础。后面将描述其中的两个。信息融合单元–类型 4 通常涉及所有的融合机制，包括使结果融合以提供改进的信息。例如，两种分类方法可以给出在同一输入/输出空间上使用不同分类运算符的信息元素。这些运算符在整个集合上可能具有良好分类的非均匀能力。实际上，将它们的信息函数 X_1 和 X_2 组合成一个融合的函数 $X_{1\oplus2}$ 可能会带来更有趣的信息。

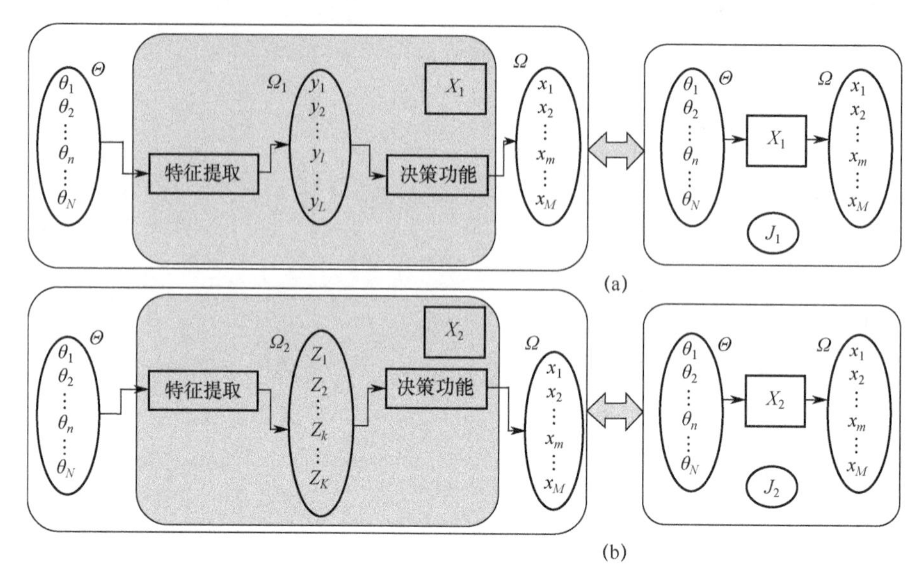

图 5.11　多专家决策信息元素模型

5.6.1 Dempster 并行基本概率分配组合规则

如前所述，在 Dempster-Shafer 证据理论的框架下，与信息元素相关联的置信模型 BM_n 依据基本概率分配进行定义[10]：$J_n=[(Q_n,X_n,W_n),\mathrm{ISc}_n,\mathrm{OSc}_n,\mathrm{St}_n,\mathrm{BM}_n,\mathrm{R}_n,\mathrm{Cons}_n]_{n=1,2}$ 。

允许计算具有基本可靠性权重 R_1 和 R_2 的联合可靠性权重 $\mathrm{R}_{1\oplus2}$ 的关系式，仍然是一个开放的研究问题。事实上，大多数信息融合方法并不试图明确计算 $\mathrm{R}_{1\oplus2}$ 。在第一步中，他们考虑所有信息元素的可靠性权重（或权重向量）来调整输入置信模型。这种置信折扣的调整操作，会为以下处理步骤产生完全可靠的信息元素。

一旦进行了可靠性权重的集成，第二步在完全可靠的输入信息元素的假设下合并置信模型，从而得到完全可靠的结果置信模型。几种允许可靠性权重 $R_n(n=1,2)$ ，整合的折扣规则在文献[10-12]中给出。其中一个使用可靠性权重 R_n $(n=1,2)$ ，在不同的内容子集之间重新分配置信水平，调整 Ω 的发生置信，使总信念保持等于单位值：

$$m_n^{\text{discounted}}(A)=R_n\cdot m_n(A)\qquad \forall A\subset\Omega,n=1,2 \tag{5.17}$$

$$m_n^{\text{discounted}}(\Omega)=(1-R_n)+R_n\cdot m_n(\Omega)\qquad n=1,2 \tag{5.18}$$

一旦调整，则认为这两个信息元素是完全可靠的，因此可以使用 Dempster 组合规则来进行置信模型融合。

5.6.2 混合竞争置信模型融合

一个关键而富有挑战性的信息融合任务涉及来自不同的数学模型的可用置信模

型 BM_1 和 BM_2 的情况。例如，在生成的信息元素是准时（$OSC_{1\oplus2} \equiv$ 单元素）的情况下，可以遇到图 5.12 给出的以下几种配置。

BM₂ \ BM₁	Pr_1	m_1	π_1
Pr_2		案例1	案例3
m_2	案例1		案例2
π_2	案例3	案例2	

图 5.12　混合竞争置信模型的融合

（1）案例 1：概率和基本概率分配模型融合。

（2）案例 2：可能性和基本概率分配模型融合；

（3）案例 3：概率和可能性模型融合。

关于案例 1（概率 $\leftrightarrow$ 证据），使用以下两种可能的解决方案。

（1）第一种解决方案（概率 $\rightarrow$ 证据）将概率分布视为证据质量函数的一个特例，称为贝叶斯质量函数，其中所有的置信值仅分布在信息内容上。没有质量归因于 Ω 的非单子子集。这种考虑允许直接融合两个证据质量函数。

（2）第二种解决方案（证据 $\rightarrow$ 概率）基于将质量函数转化为概率分布置信模型，例如，使用 Pignistic 变换。这将自动地考虑两个概率置信模型的融合。

当遇到案例 2 时，第一种解决方案（可能性 $\leftrightarrow$ 证据）置信模型的变换可以在两个方向上进行。事实上，当基本概率分配 m 是一致（焦点元素是嵌套的）时，一个诱导可能性分布 π 可由 m 定义：

$$\forall x_n \in \Omega.\pi(x_n) = \mathrm{Pl}(\{x_n\}) = \sum_{A/A\cap\{x_n\}\neq\phi} m(A) \tag{5.19}$$

式中：$\mathrm{Pl}(\cdot)$ 为根据基本概率分配计算的似然函数；x_n 为来自 Ω 的单子。

因此，将混合并发融合操作简化为两种可能性分布的融合。相反，由于任何可能性分布都可以转化为一致基本概率分配[13]，因此并发融合过程变成了两个基本概率分配的融合过程。

关于案例 3（可能性 $\leftrightarrow$ 概率），第一种方法是将两种信息元素转换为证据元素。然而，概率论和可能性理论之间也存在着完全的对应关系[14]，认为可能性是概率上限；实际上，概率加法算符对应于可能性框架中的最大算符。

5.7　分布式信息融合系统（DIFS）设计的述评

本节介绍了本章分布式信息融合系统（DIFS）设计中所述框架的开发情况。分布式系统最普遍的形式是网络。因此，这是一个信息融合网络的问题。从知识工程的角度来看，DIFS 由一小组希望自主的独立子模块组成，包括融合单元（信息融合单元），通常设计用于执行独立的任务和程序，然后根据它们的特定需求进行开发、评估和维护。

如图 5.13 所示，DIFS 有一个特定的目标（或查询）需要响应。DIFS 依赖于信息元素（J）的信息源和信息融合单元的处理来提供可操作的知识，即可以直接用于实现目标的知识。信息融合系统（IFS）的复杂处理系统架构分解具有许多优点，尤其是在鲁棒性、灵活开发和组件的维护，以及来自不同来源的知识的组合方面，但需要强大的技术来将不同的促进作用再次结合起来。有许多完全不同的原因可以证明这一点。

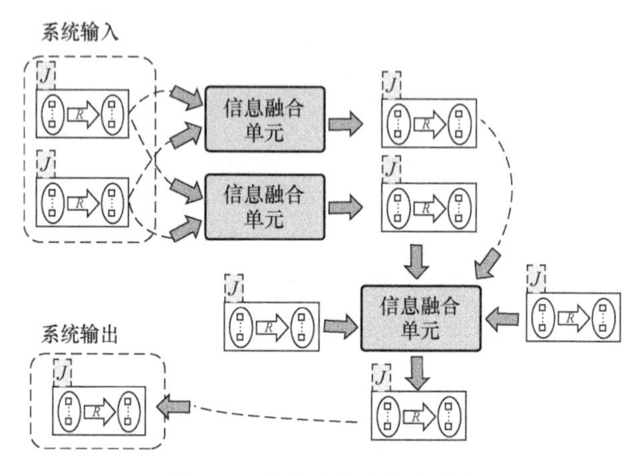

图 5.13　分布式信息融合系统

（1）有必要将来自不同感受信息元素通道的信息结合起来。然而，即使在一个单一的信息元素模态系统中，也可能需要整合互补信息。

（2）基于完全不同的范式开发了不同的处理组件（如将面向语料库的方法与基于更传统的手工建模技术的其他方法相结合）。如果成功，它将为自动获取的模型与现有的知识源（如语义数据库）提供更好的界面。另一个应用是集成所需的直接指令技术（如在交互式环境中）。

（3）设计了不同的组件来分离不同的知识源，以改进系统行为的某些方面，如可移植到其他域或相对于系统故障的清晰性。

（4）信息融合必须在适当的粒度级别上进行，这样才能有效地支持良好的局部选择。

（5）需要一个评估功能来根据不同系统子模块对处理目标的潜在贡献来评估它们，该功能可以基于对各个处理组件的自我评估（通常作为一种置信水平得分给出），也可以基于纯粹形式标准的外部评估。如果必须将替代（部分）解决方案整合到单一解决方案中，那么这种评估功能的可用性是最关键的。

（6）应尽量减少组件之间的相互依赖性，以避免因信息缺失或冲突而导致系统故障。这就需要一种基于某种软计算的灵活集成方案。如果使用得当，它可以防止出现故障的组件关闭整个处理链的情况。

5.8 小　结

本章提出了一个系统的信息融合框架，其功能结构适用于处理任何抽象层次：数据、信息和知识。提出的框架是以信息为中心的，因为信息 J 的一个元素的表征是最重要的。定义信息融合单元来处理一组信息元素，并将其组合成各种形式的体系结构（如 DIFS），允许处理多种异构信息源：这是理解当今大多数复杂动态环境中态势演变的必要条件。

参 考 文 献

[1] Blasch, E., P. Valin, and É. Bossé, "Measures of Effectiveness for High-Level Information Fusion," in High-Level Information Fusion Management and Systems Design, E. Blasch,É. Bossé, and D. A. Lambert, (eds.), Norwood, MA: Artech House, 2012, pp. 331–348.

[2] Gungor, O., and J. Shan, "An Optimal Fusion Approach for Optical and SAR Images," Proc. of the ISPRS Commission VII Mid-Term Symposium: Remote Sensing: From Pixels to Processes, 2006, pp. 111–116.

[3] Yin, Z., and A. A. Malcolm, "Thermal and Visual Image Processing and Fusion," *Singapore Inst. Manuf. Technol., Singapore, Tech. Rep. AT/00/016/MVS,* 2000.

[4] Sun, F., S. Li, and B. Yang, "A New Color Image Fusion Method for Visible and Infrared Images," IEEE Intl. Conf. on Robotics and Biomimetics 2007 (ROBIO 2007), 2007, pp. 2043–2048.

[5] Huete, A., et al., "A Comparison of Vegetation Indices over a Global Set of TM Images for EOS-MODIS," Remote Sensing of Environment, Vol. 59, 1997, pp. 440–451.

[6] Duda, R. O., P. E. Hart, and D. G. Stork, *Pattern Classification*, 2nd ed. New York: Wiley, 2001.

[7] Zadeh, L. A., "Fuzzy Sets," *Information and Control*, Vol. 8, 1965, pp. 338–353.

[8] Casella, G., and R. L. Berger, *Statistical Inference*, Vol. 2, Duxbury Pacific Grove, CA: Duxbury, 2002.

[9] Kohlas, J., and P. -A. Monney, "A Mathematical Theory of Hints (an Approach to the Dempster-Shafer Theory of Evidence)," *Lecture Notes in Economics and Mathematical Systems,* 1995.

[10] Shafer, G., *A Mathematical Theory of Evidence*, Princeton, NJ: Princeton University Press, 1976.

[11] Lefevre, E., O. Colot, and P. Vannoorenberghe, "Belief Function Combination and Conflict Management," Information Fusion, Vol. 3, 2002, pp. 149–162.

[12] Smets, P., "Data Fusion in the Transferable Belief Model," Proc. of 3rd Intl. Conf. on Information Fusion 2000 (FUSION 2000), vol. 1, 2000, pp. PS21–PS33.

[13] Dubois, D., and H. Prade, "On Several Representations of an Uncertain Body of Evidence," Fuzzy Information and Decision Processes, 1982, pp. 167–181.

[14] Dubois, D., et al., "Probability-Possibility Transformations, Triangular Fuzzy Sets, and Probabilistic Inequalities," Reliable Computing, Vol. 10, 2004, pp. 273–297.

第 6 章　信息融合单元的全息处理

本章提出了信息融合单元的全息处理框架。从复杂系统理论、信息哲学和计算机科学中借用的一些概念整合到这个框架的概念中。本章利用 Koestler 等提出的全息元和信息元的概念，发展出一种信息融合处理框架。所提出的功能全息结构适用于处理美国实验室联合理事会（JDL）模型中提出的四级信息融合单元。该框架包含了前几章所描述的信息元素和信息融合单元的概念，并提出了一种功能性的全息处理结构来将信息融合单元网络化，实现信息融合。该框架提倡一种目标驱动的方法，其概念来自商业科学，以考虑管理融合过程的信息质量。以一个遥感案例说明了该框架。最后，讨论了 JDL 数据和信息融合模型的全息解释。

6.1　概　　述

一般而言在军事领域，数据和信息融合包括有关的分析，而在民用领域，分析包括一些有关的数据和信息融合。为了充分支持决策者的期望，信息融合在很大程度上包含了分析，需要超越 JDL 数据融合模型及其修订版[1-5]，后者在过去 25 年中一直主导着对该领域发展的贡献。Lambert[6]指出："数据融合目前主要是基于机器的传感器融合范式。基于机器的更高层次融合在数据融合的主流 JDL 模型中得到承认，通过包括无固定形式的'2 级'和'3 级'模块，但这些更高层次还没有得到标准化理论框架的支持。"

有必要从基于机器的数据融合扩展到涉及人和机器的融合系统。要做到这一点，我们需要一个通用的信息融合框架来设计所有融合层次，特别是对于高级信息融合（HLIF）系统，其中的重点更多是对象之间的关系及其对场景的影响。Lambert 指出[6]："数据融合领域的传统根源在于传感器融合，其中"数据源"是已建立的传感器，"环境中感兴趣的方面"是移动对象，每个对象通常由一组状态向量表示。更广泛的定义反映出越来越强调将传感器融合推广到所谓的更高层次融合，即"环境中感兴趣的方面"不局限于对象。"

Kokar 等[7]指出，在信息融合领域，在构建融合系统之前，缺乏分析融合系统性能的理论工具。文献[8]中的讨论要求建立一个框架，在这个框架中，可以知识和信息进行表示、组合、解释和管理；利用决策理论影响态势或环境；多智能体系统可以形式化分布式。在 2010 年对信息融合框架的调查中，Llinas 得出结论[9]："虽然已经做出了许多努力来定义一个鲁棒的、扩展领域的信息融合框架，但我们对过去工作的回顾表明，还没有一个得到很好的定义的框架。”

在本章中，我们使用术语“框架”的含义与 Llinas 文献[9]中的相同，即软件框架：“概念结构……抽象，不由特定领域的组件填充……一种抽象，在该抽象中，提供通用功能的公共代码可以由提供特定功能的用户代码选择性地重写或专业化。”

此外，国际信息融合学会（ISIF）[10]理事会于 2011 年成立了融合过程模型和框架工作组（FPMFWG），认识到 JDL 模型在复杂动态环境（如网络物理和社会系统（CPSS））的信息融合系统设计中的不足。当面对 CPSS 复杂性时，向 JDL 模型添加层以覆盖缺失的方面的趋势可能有助于定义这样的框架。Lambert[6]更证明了这一点，他不得不解构 JDL 来提出他的高级融合蓝图。

在过去几十年中，政府机构、大学和行业为使用多种架构、软件平台和语言开发实现多个融合系统作出了大量努力[11-19]。随之而来的一个合理的问题是，为什么信息融合界在经过近 20 年的努力和所有这些实质性的努力之后仍然缺乏这一总体框架。答案部分在于 Lambert 文献[20]和文献[21]提出的巨大挑战范围内：范式、语义、认知、界面、系统、设计和评估。为了充分应对这些挑战，信息融合界需要的不仅是解决困难的科学问题的传统方法，此处还原论一直是主导方法[22]：“从最简单和最容易理解的对象开始，并逐渐上升到最复杂的知识。”在 CPS 环境中，人与机器相互连接的更高层次融合的设计不能局限于任何一个学科，但需要一个跨学科的理解（整体论而不是还原论），基于尚未发明的科学本质基础。诸如系统生物学[23]、进化经济学[24]、网络理论[25]和复杂系统科学[26]等新科学，应该对信息融合界具有越来越重要的意义。

考虑到整体论的观点，本章为定义一个支持动态复杂环境下信息融合系统设计的一般框架提供了以下贡献。

（1）使用原型动力学[27]中的信息元和复杂系统理论中的全息元[28]概念，定义和表征信息的基本元素。

（2）信息融合处理单元的定义和表征：其核心功能、特性和全息结构。

（3）信息融合功能处理框架的定义及其通过遥感案例的说明。

（4）讨论 JDL 数据融合模型的全息功能解释。

6.2 全息元和信息元的信息元素的解释

信息融合系统的成功与其基本组成部分的定义方式、相关知识的质量以及融合过程本身产生的可利用知识密切相关。然而，在信息融合领域很少有论文讨论这个话题。此外，对于什么是信息以及什么定义了信息的特征，人们没有达成一致意见。几项研究讨论了数年来数据、信息和知识之间的差异[29-30]，但结果仍有争议，如第 3 章所述。这些研究试图找出概念属性/特征之间的差异。例如，诸如数据、事实和信息等词汇通常与知识互换使用[30]。知识、信息和数据（KID）可以根据其抽象程度和数量进行分类。这些术语在本质上是分层的，数据是基础，信息据此建立意义，到达知识的顶峰[15]。使用原型动力学中信息元的概念，并不需要明确区分 KID 层次结构的各个层次。信息元可以是任何层次的：数据、信息、知识，甚至智慧[31]。

原型动力学中最基本的信息单位称为“信息元”（informon)。信息元这个词是拉丁语 informo 和希腊语 on（存在，实体）的融合。Sulis 指出[27]：“信息元只是指现实中具有信息能力的任何方面。信息元是存在于任何语义框架之前的现实的一个方面。信息元必须依附于、耦合于或共振于语义框架，才能赋予其形式、意义和行为。” Alonso 等指出[32]：“信息元是信息的基本元素，对全息元具有意义，使其能够做出正确的决定和执行正确的动作。”

术语全息元是由 Koestler[28]引入的，用来描述有机体和社会，他们为“半自治亚整体的多层次层次结构，分支成低阶亚整体”。术语全息元“holon”来自希腊语 holos（整体）加上后缀 on。在协作的时间层次（网络）中的全息元群组称为全息结构。当一个全息结构由公司组成时，与网络不同配置相对应的每个可能的企业称为虚拟企业[33-34]。

为什么全息元在未来的 CPSS 环境中有希望进行信息融合？全息元有两个主要性质[28]。具有层次结构的第一个属性确保全息元能够抵抗干扰的稳定形式。第二个属性是全息元具有一定程度的自主性，尽管受到上级的控制（如 JDL 模型的层次结构），但它可以处理应急计划。

6.2.1 信息融合背景下的全息元定义

人类的意义构建机制由 3 个因素组成：对象（或事件）、框架（语义框架）以及它们之间的关联[35]。原型动力学中有一个相似之处，即意义是一个由解释产生的持续过程[27]：“意义是一个局部结构，需要语义框架、智能体/用户、系统和背景之间的相互作用。背景在我们解释和使用呈现给我们的信息的能力中起着至关重要的作用。在所有定义中，一个经常引用的背景定义是由 Dey[36]（见第 2 章）给出：“背景是任何可以用来描述实体态势的信息。实体是与用户和应用之间的交互相关的人、地点或对象，包括用户和应用本身。” Laudy[37]强调了在态势理解中整合背景的必要性，他说：“如果不知道态势感知过程发生的背景，就不可能理解。”

例如，考虑下面的情况，它们是潜在系统的输入。首先，对于一个给定的 $x = 41$ 的值，从 x 不能理解，只知它是一个正整数；其次，考虑情况 $x = 41$℃

（105.8℉）它表示一组有意义语义中的一个元素。该值与温度有关。鉴于此 41℃是一个人的体温，人们可以开始对它进行推理，得出发烧和需要医生检查的结论。此外，了解传感器（水银、电子、塑料条温度计）、测量方法（口腔、直肠、肠道）、传感器规格或测量工具上任何特定调整的值可能非常重要。进一步解释或适当使用，如“John 的体温是 41℃”，可能会受到很大影响。因此，所有这些背景信息定义了与信息关系（这里是传感器）内在相关的内部背景。解读“John 的体温是 41℃”还取决于采集条件。事实上，依据随后的解释这是相当不同的，例如要知道温度采取时 John 是在桑拿房或室外。所有这些背景信息定义了一个外部背景，因为它可能会引入不同的解释，甚至是否 John 的体温实际上是 41℃。外部背景的范围也取决于整个系统的总体目标，例如，确切地知道 John 的体温为什么是 41℃可能并不重要，但仅限于已经超过 37℃（100.4℉）。

根据 Losee 的文献[38]，信息可以用过程或函数来定义：“信息是当前由函数或进程返回的附加或实例化到特征或变量的值。函数返回的值提供了有关函数参数或函数，或两者的信息。”该定义的优点是将信息定位为链接数据集的关系或函数概念[39]。上面提到的例子突出表明，从给定集合中观察数据不足以使其成为一个信息实体。因此，信息需要一个内容集，它的结果是如何获得的，以及它所指的内容。通过这种方式，Stonier[40]强调了“当只处理内容集时，无法获取完整的信息范围。”这导致了以下信息定义，该定义扩展了 Losee[38]提出的定义，包括全息元 H 的形式结构。

全息元的定义是一个由定义集和内容集组成的认知实体，定义集和内容集通过一种称为信息关系的函数关系相联系，与内部和外部背景相联系。

全息元表示为信息定义集、信息关系、信息内容集、内部背景和外部背景。全息元利用背景赋予信息元 T 以意义。全息元的定义与第 4 章中详细说明的信息元素相同。因此，如图 6.1 所示，全息元的主要组成部分如下。

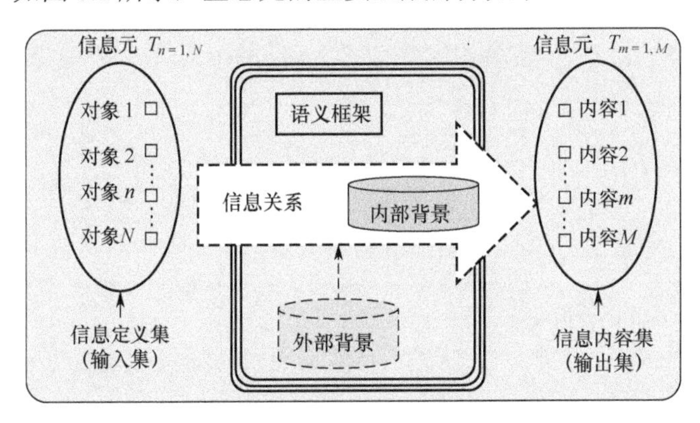

图 6.1　全息元 H 结构

（1）给出潜在信息输入元素（信息所指内容）的定义集：信息元$(T_{n=1,N})$。

（2）对信息产生的可能知识进行编码的内容集，如物理参数的测量或估计，决策，假设：信息元$(T_{m=1,M})$。

（3）表示模型（如数学、物理、概念）的信息关系（输入/输出关系），该模型将输入元素与生成的信息内容相关联。

（4）内部背景，收集关于信息关系本身的内在特征、约束或控制：语义框架。

（5）外部背景，包含有助于阐述信息元素的含义或解释的数据、信息或知识。

图 6.1 的 3 个组成部分的含义相当简单。对象和内容（信息元）表示通过信息关系链接的实体。然而，这些实体的性质可能是硬的（用数字、个体做定量定义）或软的（用文字、观点、预测做定性定义）。当信息关系不依赖于外部条件将对象链接到内容时，它可能是纯非个体的（或硬的）。然而，通过使用诸如主观判断、观点和感知（如来自人类专家）等认知因素，它也可能表现得更为柔和。为了处理这两种实体/关系，全息元必须使用语义框架来赋予信息元以意义。

如前所述，信息元可以位于 KID 层次结构的任何级别。它可能具有分形结构，从某种意义上说，它可能是由许多信息元构成的，这取决于使用它的全息元所需要的泛化程度：对于某个全息元，某个数据库的记录，D 将是一个信息元，而对于另一个全息元，包含该数据库 D 的整个本体将是它的信息元。只要信息元由全息元处理，就会出现更高语义级别的信息元。一个全息元总是使用至少一个信息元（它运行的系统状态的描述）；反之，一个信息元必须由至少一个全息元使用才能有意义；正如 Paggi[41]所述，全息元和信息元的概念之间是一种共生关系："全息元和信息元的概念之间存在一种依赖存在的关系，这意味着没有信息元就不可能存在全息元……没有全息元的信息元也不可能存在（因为信息元的定义）。鉴于每一个全息元都可以看作一个信息元，但不是相反的……"这显然适用于信息元素，在第 4 章中定义：J 是一个全息元素，作用于来自信息定义集$(T_{n=1,N})$和信息内容集$(T_{m=1,M})$中的信息元，如图 6.1 所示。这些信息元不一定是全息元。

6.3 全息元表征

根据与第 4.4 节相同的基本轴进行表征。

（1）信息内部集合范围（如分辨率和抽象级别）如何构建信息元集合的细节级别、问题表示和图像分辨率；

（2）信息关系元数：如何通过信息关系来考虑信息元集合；

（3）信息关系客观性：信息关系是在什么基础上连接输入和输出集的；

（4）信息不完善。

我们将只讨论关于全息元概念的第 4 点，信息不完善。

6.3.1 根据不确定度表示的全息元类型

全息元是根据信息元做出决定的实体。这些决策主要应对两种不确定性[42]：随机性和认知性。随机性源于所研究的现象或系统的可变性，而认知不确定性源于对所研究的数量、系统或现象缺乏了解。我们建议读者参考 Paggi 和 Alonso 文献[43]，他们提出了一个关于不确定性、置信、全息元和信息元的调查式讨论。

如果信息关系 X 是准时的以及唯一内容结果 x_{True} 是确定的且精确已知的，则全息元 $H=(\Theta,\mathrm{X},\Omega)$ 称为确定的。3 种主要方法广泛用于不确定性表示：概率的[44]、证据的[45]和可能性的[46-47]。这些表示用来定义各种类型的不确定全息元。图 6.2 中的列表内容不是详尽的，其他全息元可以根据不确定性的表示方式来定义。我们建议使用表 4.2 和图 4.9 中的信息，因为信息元素和全息元是等价的。

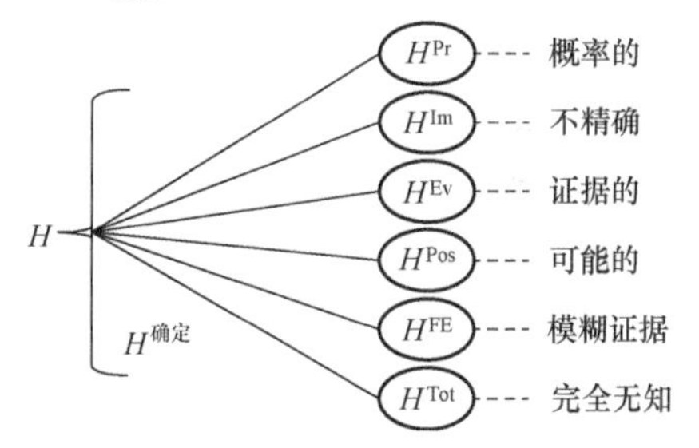

图 6.2　与不确定性表示法相匹配的全息元类型

6.4 作为全息元网络的信息融合单元

在本节中，将第 5 章介绍的信息融合单元的概念转化为全息元的概念，以执行为融合来自多个来源的信息所需的所有功能。信息融合单元相当于修订的 JDL[2]中的融合节点概念（图 2.20），在某种程度上相当于 Bossé等人文献[48]中描述的表征信息是融合系统的融合引擎。信息融合单元由信息融合核心功能组成。我们说这些功能是全息的，因为它们可以应用于 JDL 模型的任何抽象层次，可以将其描述为全息元。如图 6.3 顶部所示，修改后的 JDL[2,49]提出了一个基于 3 个功能的融合节点结构：共同参考、数据关联和状态估计。另一个来源，Nicholson[50]使用了 5 个核心功能：检测、分类、预测、相关和同化（组合功能）作为态势感知处理引擎。

这里的想法是为信息融合单元定义一组更详尽的核心函数，更好地描述其系统属性。例如，Kokar 等人[7]使用范畴理论、ISSA[51]、STDF[6]的形式化方法，Sulis 的原型动力学[27]中的因果挂毯可能有助于调整和改进当前的软件工程方法，用于指定和设计未来的复杂系统。

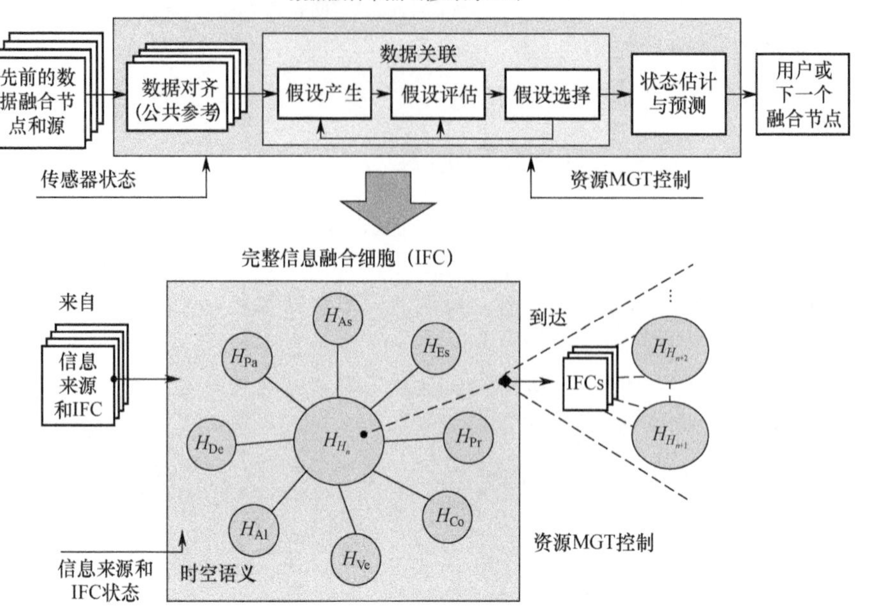

图 6.3　从 JDL 数据融合节点到信息融合单元的全息元网络

6.4.1 全息元信息融合核心函数

以下一组函数，包括修订后的 JDL 的 3 个函数，提出组成一个信息融合单元。

（1）$H_{\text{Al=对齐}}$（对齐）：时空语义。世界是在时间和空间上观察的。为了使观察有意义，需要理解背景。这 3 个维度（时间、空间、语义）下的共同参考是必要的。在图像处理中，时间和空间上的配准是众所周知的。背景可以用本体来表示，所以本体对齐就是语义对齐的一个例子。

（2）$H_{\text{De=检测}}$（检测）：信息元 $T_{n=1,N}$。将术语检测应用于 KID 金字塔的各个层次，这种通用函数涵盖了数据挖掘或知识发现领域，即自动搜索复杂模式的大量数据直至 KID 金字塔底部的过程。语义标记就是这个函数的一个例子。粒度计算可以看作是对复杂模式的检测。

（3）$H_{\text{Pa=划分}}$（划分）：$Part_{k=1,K}(\text{Object}_{n=1,N} \rightarrow \text{Class}_{m=1,M})$，划分$_{k=1,K}$（对象$_{n=1,N}$ $\rightarrow$ 类别$_{m=1,M}$）。面对世界的复杂性，划分简化了 KID 理解世界的过程。聚类和分类是划分的例子。

（4）H_{Co}=组合（组合）：信息元 $\sum\limits_{n=1,N,T_n}$。在很好地描述信息元之后，这个通用函数将这些元素结合起来以获得更好的感知。聚合和集成是可以执行组合功能的其他术语。

（5）$H_{\text{Ve=真实性}}$（真实性）：（真实，真实程度）$\to$元素、对象、关系。这是提出某项陈述或建议为真的行为。陈述或命题，也可以不作为断言，而作为推断或假设，可能是真的等。使用逻辑方法的断言就是该函数的一个例子。可靠性和相关性也可以是在该函数下计算的概念。

（6）$H_{\text{Es=估计}}$（估计）。为了跟踪系统的动态，预测系统的演化，以及应用一些控制，状态的概念是必不可少的。此函数意味着通过结合观测和系统动态（模型输出）来估计和预测（分析）未知的真实状态。简单的对象跟踪，以及更复杂的对象，如事件跟踪或群组跟踪可以考虑在这个通用函数里。

（7）$H_{\text{Pe=预测}}$（预测）：$T(t)\to T(t+1)$。为了跟踪系统的动态，预测系统的演化，以及应用一些控制，状态的概念是必不可少的。此函数是指通过结合观测和系统动态（模型输出）来估计和预测（分析）未知的真实状态。简单的对象跟踪，以及更复杂的对象，如事件跟踪或组跟踪可以考虑这个通用函数。

（8）$H_{\text{As=关联}}$（关联）：$(H_{n=a}\leftrightarrow H_{n=b})$，　$(T_{n=c}\leftrightarrow H_{n=d})$。这是考虑到所有维度、识别和描述全息元和信息元之间的任何联系或关系。信息元之间的关联、检测与对象轨迹之间的关联、链接分析等应用以及社交网络中的关系都是实现该通用功能的示例。

将构成信息融合单元的 8 种功能识别为全息元。全息元形成了称为全息结构的动态层次结构，这是一个信息融合单元网络，其中节点n由图 6.3 中居中的H_{H_n}表示。全息结构的特点是有效利用可用资源（JDL 4 级），具有很强的抗干扰能力和适应环境变化的能力。表征全息元的两个过程：出现和解体。全息元是从其他部分中产生的，在一个连续的过程中，它的组成部分会在以后解体。全息元应该根据一组标准（如效用、偏好、目标）和系统自动组织的条件来做更多的事情。对这些全息结构的定义需要从本章介绍的内容中进行大量的研究。

在我们的方法中，解释 JDL 模型的第 4 级（过程细化）的方法是定义这些全息结构。例如，该定义将包括不确定性如何影响全息元结构，回答图 6.4 中 6 个基本认知问题的方式，以及如何获得优化标准（如多目标多标准）意义上的优化设计。这项复杂的任务有待进一步研究。由于这些全息结构$H_{H(\text{JDL-级})}$没有明确的定义，全息元的出现和解体的原理也没有得到证明，所以我们将在本章的其余部分使用术语：信息融合单元。

信息融合单元网络将构成一个分布式信息融合系统。上面介绍的一组核心全息元组成了一个信息融合单元。全息元$H=(\Theta,F,\Omega)$，除了已知的输入集Θ和输出集Ω之外，还由以下特点描述。

（1）信息输入范围，表明信息关系如何从定义集合中考虑信息元（单一元数、复元数、模糊元数）。

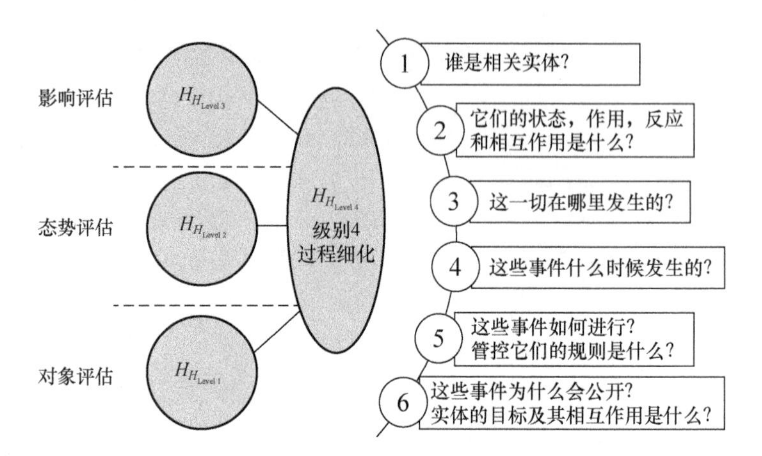

图 6.4 JDL 数据融合模型作为全息元的全息结构

（2）信息输出范围，表明信息关系如何从内容集合中考虑信息元（单一元数、复元数、模糊元数）。

（3）不完善全息元类型，表明是否将全息元视为完善或不完善及其表示（见第5章）。

（4）信息质量输入$Q(I_j)$，质量输出$Q(O_k)$。

（5）外部和内部背景转化为目标和约束(C_{jk},G_{jk})。

图 6.5 所示为使用集合 I、O、F、G 和 C，对信息融合单元的简化表示，定义如下[48]。

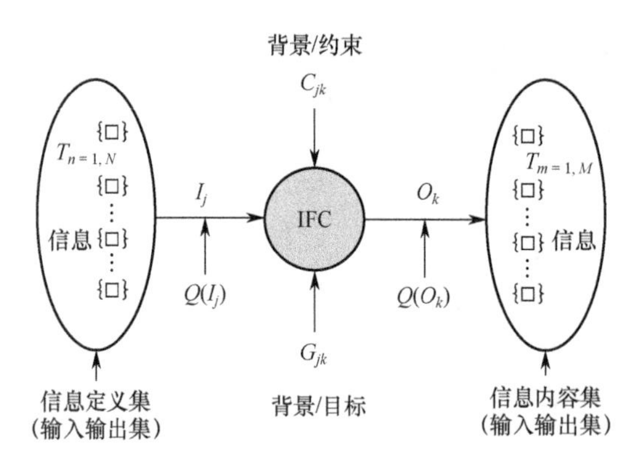

图 6.5 信息融合单元的一种简化表示

（1）I 是所有可信的输入类别 I_j 的集合，定义为信息融合单元入口处可用的一组信息元。

（2）O 是所有可信的输出类别 O_k 的集合，定义为一组信息元，表示信息融合单元（全息元处理信息元）预期的解决方案。

（3）F 是可能实现信息融合单元的所有全息元的所有信息关系的集合：IFC$\{H_{\mathrm{De}}, H_{\mathrm{Al}}, H_{\mathrm{Es}}, H_{\mathrm{Pr}}, H_{\mathrm{As}}, H_{\mathrm{Ve}}, H_{\mathrm{Pa}}, H_{\mathrm{Co}}\}$。$f: I \to O / f(I_j)|_{(C_{jk}, G_{jk})} = O_k$ 是定义在输入集 I 到输出集 O 上。

（4）G 是所有可信目标/查询的集合 G_{jk}：G_{jk} 是一组目标和查询，如果输入为 I_j，则实例化以生成输出 O_k。

（5）C 是所有可信控制的集合，包括背景知识（外部和内部背景）C_{jk}。C_{jk} 本身就是一组控制参数、模型和背景知识，只要输入是 I_j，则实例化以生成输出 O_k。

6.5 信息融合单元的质量和性能

考虑到可以通过质量函数 Q 验证任何输入 I_j 和输出 O_k 的质量。函数 Q：$X \to Q/Q(x) = q_x$ 定义在输入 I 或 O 上，转到质量 Q 的集合。例如，如果 q_x 是一个置信水平，那么 Q 可以是一个实区间[0，1]。Wald 对信息融合的定义[52]指出"……它旨在获得更高质量的信息……"。每个信息融合单元及其全息元都应该通过设计（全息结构）指向这个总体目标。在文献[53]中，Talburt 将信息质量（QoI）与其支持的应用价值联系起来。一个信息元的质量取决于它所激发的全息元。同一个信息元在用于不同的全息元时可以具有不同的质量。最常引用的分类 QoI 维度的框架之一（见第 4 章）来自 Wang-Strong[54]，其中 QoI 分为 4 类：内在的、背景的、代表性的和可访问的。

内在层次从本质、解释和建模的角度来描述信息元素，同时将其视为一个独立的实体，不受任何全局融合背景的影响。内在 QoI 标准的例子有准确性、可信度、客观性和声誉。相反地，背景层次从其影响、完整性、相关性、冲突和冗余等方面来描述信息元素在全局融合背景中的特征。背景 QoI 标准的例子有增值性、相关性、及时性、完整性和数据量。

表征（在人为因素的意义上，而不是机器内的表征）级别是处理问题（及其背景）的正式表征。它包括内部元素表示（如离散与连续的输出集）和语义对齐，允许将信息元视为融合处理的输入或输出（即参与到处理元素流中）。表征的 QoI 标准的例子有可解释性、易理解性、表征的一致性、表征的简洁性和可操作性。可达性水平表征了信息的可达性。这方面应该从多个角度来考虑。可访问性可以是物理的（如关于传感器的可用性），也可以是组织的，如拥有访问和处理特定信息元素的权利。可访问性 QoI 标准的例子是访问和安全性。

信息融合单元的质量和性能不仅取决于输入、控制和不断发展的目标（系统灵活性和适应性），而且还取决于这些输入的质量。例如，对于给定的目标集，如果给定了输入及其质量，则可以通过选择合适的控制集来控制信息融合单元。该控制集可能包括信息融合单元（1～4 级过程细化）使用的正式理论和模型。

6.5.1 期望的信息融合单元特性

在本节中，我们将讨论信息融合单元（这里称为融合函数 f）所期望的基本特性。我们认识到，这些特性既不是普遍的，也不是详尽无遗的。基于多标准决策分析工作[48]，提出了以下特性。这些特性表明了描述信息融合单元所需的正式研究。在文献[48]中，已经定义了一组初步的期望信息融合单元特性以及一个初始形式化。提出的性质有：中立性（或无偏性）、一致性（Condorcet 或 Pareto 原理）、单调性、显著性（保存数据）和融合错误的风险，如真实风险和经验风险。可能会开发许多其他特性。信息融合单元的特征是与背景相关的。

特性 1：中立性（或无偏性）。在相同的控制条件和目标查询条件下，融合函数 f 的输出 O_k 应该只依赖于输入 I_j 的内容。换句话说，在相同的条件下，f 不应该依赖于传感器输入的处理顺序。

特性 2：一致性（Condorcet 或 Pareto 原则）。可以定义此特性的多个版本和变体。如果是单传感器报告，f 产生的命题应与传感器报告一致。让我们考虑对给定目标多个传感器报告同一命题。如果当且仅当 O_k 与任何报告传感器的任何报告一致时，表示 f 是一致的。可能会阐明这种特性放松为一个由传感器组成的联盟而不是所有传感器。例如，可以根据已知的管理规则（例如物理学定律）定义另一个一致性版本。

特性 3：单调性。让我们考虑，对于给定的输入 I_j，融合函数 f 产生输出 O_k，具有质量 $Q(O_k)$。然后，如果添加了额外的信息源，并且该信息源支持输出 O_k，则应加强 O_k，且质量 $Q(O_k)$ 提高了。例如，如果输出是命题 a_1，具有似然 $Q(a_1)$，并且如果添加了附加传感器，并且该传感器生成有利于 a_1 的报告，则融合函数应加强命题 a_1。可能会定义此属性的放松版本。

特性 4：显著性（保存数据）。显著性基于测量理论概念[55]。融合函数 f 所涉及的任何处理都应遵守测量理论原理。这意味着，f 中任何融合模型所需信息的任何转换都应遵守显著性授权转换。

特性 5：融合错误的风险（真实风险和经验风险）。基于信息融合单元转换（信息关系），真实风险 R（f）应表示给定信息融合单元选择的期望最大误差风险的边界。融合误差的风险来源于统计假设检验分析和机器学习；信息融合单元可能产生错误解决方案的风险是什么？

每个信息融合单元都应该有一个严格而彻底的描述。我们预见，由于背景和应用的依赖性，应该对输入/输出矩阵的每个信息融合单元执行特征化过程。这个过程的结果是为每一对（I，O）呈现一组可接受的属性（如规范性、描述性、形式性、实用性），并且能够区分不同的信息融合单元。如前所述，信息融合单元设计问题的类型有助于定义一个全息结构，如图 6.6 所示，其中可以使用多标准多目标方法（优化或满足范式）来选择信息融合单元。

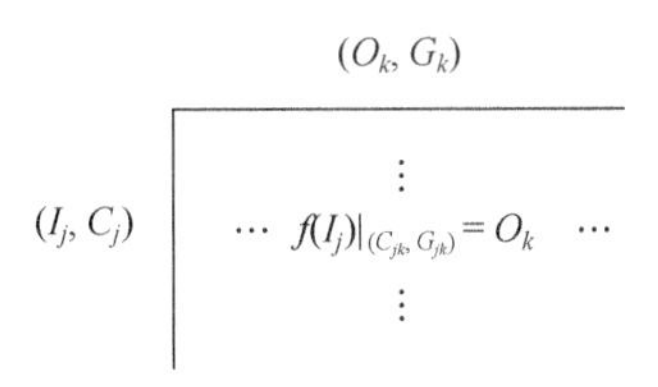

图 6.6　在给定的内外背景中最佳信息融合单元的选择

可能会引入信息融合单元的许多其他特性。从 Wang-Strong[54]的 QoI 维度中可以开发出其他特性，如亲和力（信息过载、控制、处理的复杂性）、透明性（能够解释和复制结果）、可测量性、可计算性、易处理性、完整性、可伸缩性和可分解性。通过对输入 I 和输出 O 分别进行多标准分析，可以导出一组 QoI 标准 Q。这项重要的分析工作留给今后的工作。

6.6　全息处理框架示例：遥感案例

本节提供了一个示例，说明如何使用所提出的框架为遥感的实际案例建模信息融合解决方案。实际的软件实现不受框架的影响。这是一个使用全息处理框架的事后分析。本书的主要目的是通过一个实际应用来说明所提出的全息体系结构的适用性。实际上，这种方法的一个好处是提供了一个通用的信息融合单元设计，在 JDL 模型的每个抽象层次上，该单元通常使用其 8 个核心功能进行操作。

6.6.1　背景和信息元生成

该应用的目标是利用从大量水下环境监测中采集的多个传感器来判断特定的沉船是否位于海底区域。这是一个典型的场景解释问题，它依赖于融合机制为决策提供场景的综合表示。

两个传感器用于获取海底现实（信息发生器）：侧视声纳（SLS）和多波束回声测测仪（MBES）。SLS 提供高分辨率图像，提供海底内容和地质性质的信息。MBES 获得海底几何形状。附加的传感器描述了采集过程：两个运动参考单元（MRU）和罗盘记录拖鱼和船舶姿态如横摇、俯仰、偏航和航向，一个 GPS 收集船舶地理位置，最后，声速剖面仪根据深度提供水下声速。

安装在无 GPS 传感器的拖鱼上（拖鱼是由船用可变长度电缆拖曳的水下小型装置），采集的图像无法测量任何定位数据。相反，MBES 安装在船上，因此允许精确的全球定位；然而，对单个波束进行地理定位是使用声速剖面来正确计算船舶和海床之间的有效声路径[56]。SLS 图像不受声传播曲率的影响，因为 SLS 在相当低的高度飞越海底。根据收集到的数据，发现是否观察到特定的沉船并不是一项简单的任务，显然是在多个抽象层次上运作。因此，这个嵌入多个子任务的难题显然可以从所提议的全息框架中获益。下面将具体展示。

6.6.2 遥感案例

基于提出的框架，图 6.7 给出了一个可能的架构，该架构具有搜索和发现水下沉船的能力。该系统的目标是利用多个传感器采集来发现特定水下沉船的存在。通过 3 个层次的抽象，图 6.7 描绘了从处理原始数据到最终决策的 8 个信息融合单元。连接来自不同抽象层次信息融合单元的黑线描绘了一个可能的信息融合系统全息结构。例如，信息融合单元⑦（来自抽象的影响级别）依赖信息融合单元⑤（来自态势级别），基于潜在沉船（对象）的完整地图来评估特定搜索残骸的检测。为建立这样一个地图，信息融合单元⑤需要将信息融合单元①嵌入到④（从对象级别），以便从原始数据源中检测潜在对象。

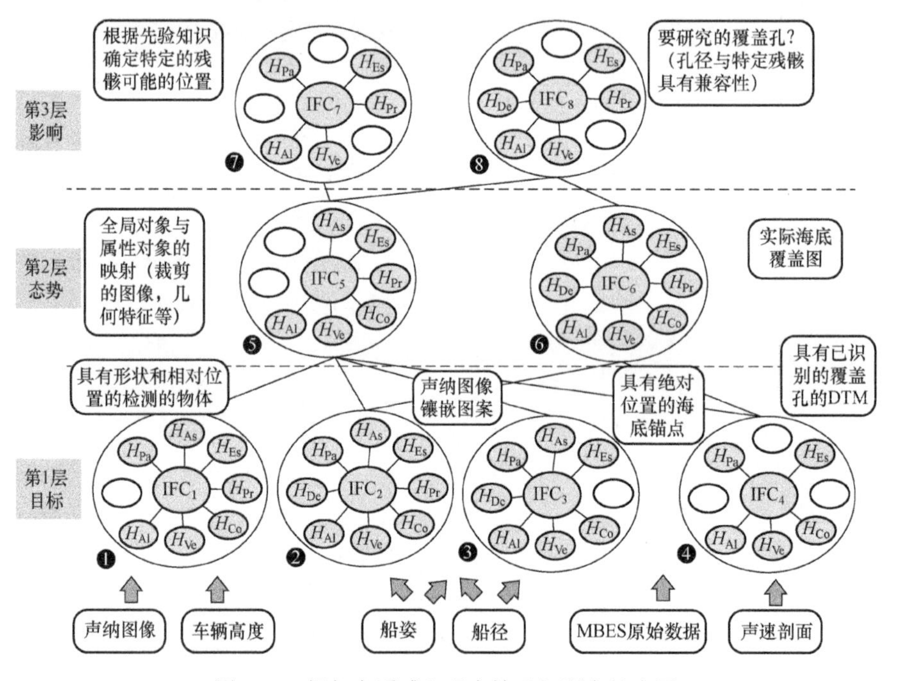

图 6.7　框架在遥感和现实情况问题中的应用

图 6.7 显示了每个信息融合单元建立在前面章节中定义的相同的通用架构之上。8 种全息元对应于信息融合单元的 8 种功能（全息元）：预测（H_{Pr}）、检测（H_{De}）、关联（H_{As}）、真实性（H_{Ve}）、组合（H_{Co}）、估计（H_{Es}）、划分（H_{Pa}）和对齐（H_{Al}）。图 6.7 还显示了每个信息融合单元执行信息融合单元任务所需的功能。这种表示清楚地说明了信息融合单元的全息性质。事实上，这 8 个功能的列表{H_{De},

H_{Al}, H_{Es}, H_{Pr}, H_{As}, H_{Ve}, H_{Pa}, H_{Co}}通过不同的信息融合单元和抽象层次保持不变。然而，根据输入信息元的抽象级别，实现每个全息元的技术可能不同。为了全面了解全息框架提供的解决方案，图 6.7 在某种程度上还表示了信息融合单元之间的信息流，解释了每个信息融合单元可以预期的输出。这就指导了全息结构中信息关系的选择。下面是 JDL 的每个级别的详细信息。

6.6.3 JDL 级别 1：对象

在这个层次上，信息融合单元（IFC）的目的是从原始数据和随后处理的原始数据中基本上提取出感兴趣的对象，以便提供给全局态势表示（级别 2）。

IFC（1）：根据原始声纳图像，该信息融合单元提取了海底对象的典型候选子图像。通常，此任务尝试检测图像回声和阴影区域（H_{De}，H_{Ve}，H_{Pa}），它们已经足够接近，就可以关联起来，以便创建反映海底上的实际对象或伪影（H_{Ve}）可能存在的对象（H_{As}）。结合拖鱼装置高度信息和阴影形状（H_{Al}，H_{Co}），可以估计出对象的高度轮廓（H_{Es}）。因此，IFC（1）从图像中生成一个潜在对象列表，其中包含它们的属性（高度、轮廓形状、纹理等）[57]。图 6.8 中的省略号延伸与投射阴影的长度有关。为了获得有效的对象轮廓（和高度），阴影长度必须根据声纳高度进行修正。

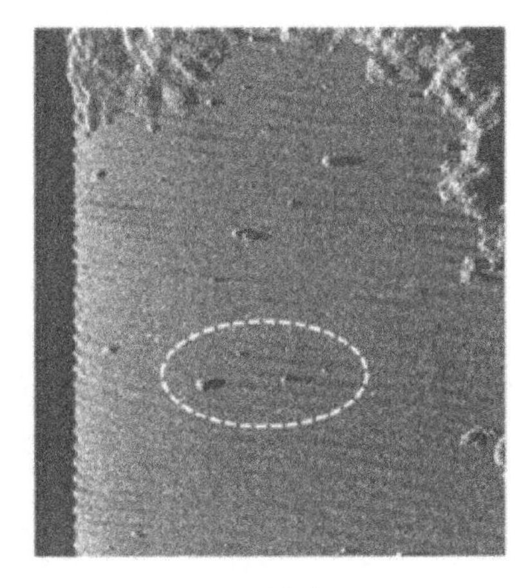

(a) 原始声纳图像

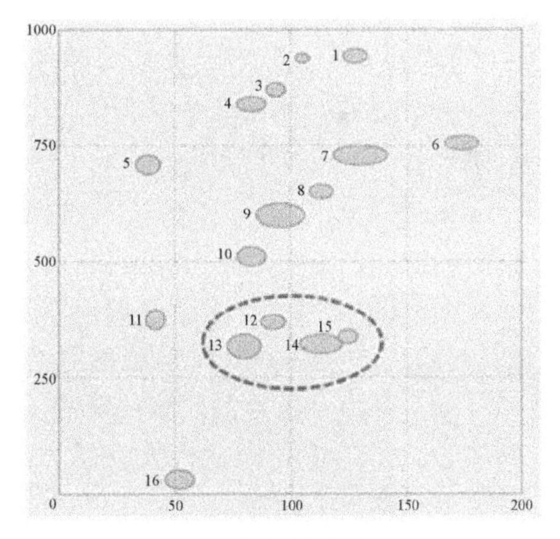

(b) 提取对象的地图

图 6.8 从 SLS 图像中提取的对象（或联络物）的示例

IFC（2）：一条航迹的原始声纳图像仅覆盖搜索区域的一部分；然而，这些图像也有部分重叠。因此，构建该区域的全局视图（即覆盖要搜索的整个区域的拼图）需要对齐（配准）（H_{Al}）和组合（H_{Co}）这些图像。配准技术{H_{De}，H_{Es}，H_{As}，H_{Ve}，H_{Pa}}无论是标志性的还是象征性的，都试图基于图像之间的共同强度或特征属性，以及这些相对空间分布（H_{Pr}）的锚点来关联图像[58]。

IFC（3）：根据 MBES 原始数据和声速剖面，可以使用内在置信水平{H_{Al}，H_{Es}，H_{Ve}，H_{Pa}，H_{Co}}估计每个波束的高程。从波束邻域（H_{As}）内的高程行为（局部梯度）来看，可以提取一些海底位置作为潜在对象位置，以及高程特征{H_{De}，H_{Es}，H_{Ve}}。

IFC（4）：从 MBES 原始数据和声速剖面中，可以对具有内在置信水平{H_{De}，H_{Es}，H_{Ve}，H_{Pa}，H_{Co}}的每个波束进行高程估计，以建立一个规则网格或数字地形图（DTM），给出区域高程图。该全局高程图还显示传感器未覆盖的区域，但同时也会通知达到所估计高程{H_{Es}，H_{Ve}}的波束的数量（可能来自多条轨道）。

6.6.4 JDL 级别 2：态势

这个级别的目的是通过分析对象之间的所有类型的关系（以及它们的属性和拓扑属性）来建立一个全局的态势视图。这样一种观点允许进一步的解释朝着实现总体目标或解决问题的方向行动。

IFC（5）：此信息融合单元收集 IFC（1）和 IFC（3）生成的所有对象，以构建区域潜在对象的全局地图。为了在基于图像和基于高程的对象之间执行关联，DTM（来自 IFC（4））和拼图（来自 IFC（2））充当全局指南{H_{Al}，H_{As}，H_{Ve}}。多个基于图像的对象或基于高程的对象可能对应于同一个海底对象，由于根据多个视点{H_{Es}，H_{Pr}，H_{Co}}[59]的多个观测，因此提供了这种对象的更详细的表示。多视图分类或特征化算法可能有利地用于此任务[57]。因此，在结果表示中，每个潜在的对象都可充分地描述（属性）和地理定位[60]。

IFC（6）：IFC（2）和 IFC（4）生成测量区域的全局视图，允许估计每个传感器系列的实际观测海底区域（以及观测量）。从这些观点来看，IFC（6）的目的是产生一个最终地图（H_{Co}），给出已知世界（H_{Pa}）的范围以及已知世界实际已知的程度{H_{Es}，H_{Ve}}。在估计实际覆盖范围之前，根据 DTM 的高程特征和拼图{H_{De}，H_{Al}，H_{Pr}，H_{As}，H_{Ve}}上出现的阴影的关联，将 DTM 和拼图对齐。图 6.9 说明了仅从两个 MBES 轨道覆盖图构建的覆盖图[61]。

6.6.5 JDL 级别 3：影响

这个级别与应用密切相关，因为它的目的是根据当前的态势（级别 2）为问题提供相关的答案。对于这个应用，需要回答两个问题：①观察到的搜索量是否包含感兴趣的沉船？②搜索是否完成，即是否有任何未观察到的搜索量足以容纳剩下的沉船？此外，这一级别还评估了更新后的全局当前态势如何影响所提供的答案。

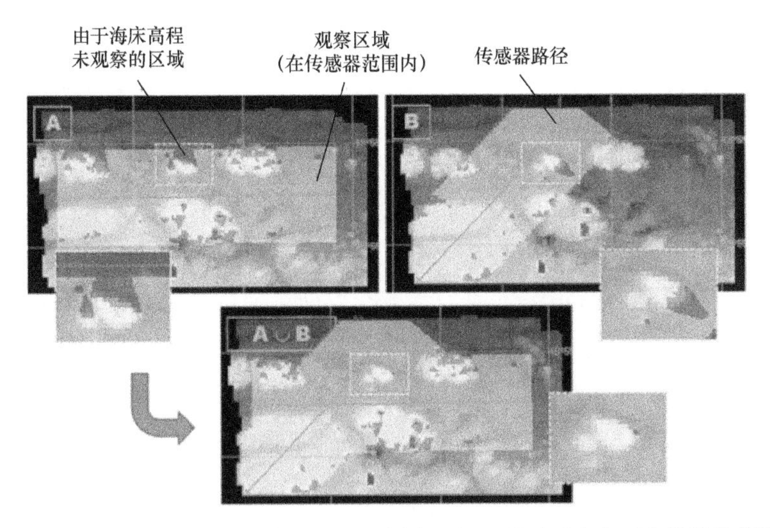

图 6.9 由信息融合单元操作的覆盖地图示例（地图 A 和 B 显示了来自两个单轨迹的覆盖范围。地图 A∪B 表示该调查的全局覆盖范围）

（1）IFC（7）：拥有来自 IFC（5）的潜在对象的地图，这个信息融合单元根据类似沉船的假设大小、残骸估计位置、船舶初始形状和{H_{Al}，H_{Es}，H_{Ve}，H_{Pa} }等先验知识，评估每个对象成为所搜索的沉船的机会{H_{Es} 和 H_{Ve}}。这一评价反映了对当前全局态势的认识。在处理新图像时，可能会检测到新对象或更新了已检测对象的属性（如通过 IFC（5）中的多视图分类）。通过更新全局态势，即使这样的局部变化也可能给每个对象带来重新评估的机会{H_{Al}， H_{Es}，H_{Ve}，H_{Pr}}。

（2）IFC（8）：了解 IFC（6）的实际海底覆盖范围、IFC（5）的潜在属性对象列表，以及关于搜索沉船的先验知识，可以估计一组可以找到沉船的未勘探覆盖区域{H_{De}，H_{Al}，H_{Es}，H_{Ve}，H_{Pa}}。在调查期间执行时，该组区域还可以用作任务规划系统的反馈，以根据任务目标和约束{H_{Al}，H_{Pr}}为传感器构建新路径并消除相关覆盖漏洞。

6.7 JDL 模型的全息解释

在基于信息融合与分析技术（FIAT）[62]的决策支持系统（DSS）设计中，应以整体的方式考虑 3 个主要方面，如图 2.22 所示：多智能体系统（MAS）理论，使分布式方面可以充分形式化，广义信息论（GIT）[63]用于知识表示和信息的不完整性，决策理论（运筹学）用于明确说明行为及其对环境的影响。

本节强调了 MAS 方面，即全息多智能体系统在 FIAT 作为 DSS 的集成中的潜在贡献。尽管全息系统应用在制造业相当普遍[64-66]，但是在信息系统业务（如医疗服务管理）等服务领域的应用要少得多[67]。除了少数几篇论文外，全息系统几乎不为 FIAT 界所知：一个说明信息融合处理功能的全息性质的著作[68]和较旧的论文，显示了在传感器管理和自适应信息融合控制方面的潜在应用[69-70]。本节介绍了 JDL 数据融合模型[72]的全息解释[71]，并提出了一种智能系统的数据和知识表示模型，该模型考虑了融合智能体的知识和信息的不完善性。

在过去 10 年中，对模型进行了后续修订，并提出了额外的级别[73]，以纳入对信息融合问题的新理解，最终形成了推荐的数据融合信息组（DFIG）模型[74]。在 DFIG 中，在原来的 JDL 基础上提出了两个附加级别：5 级（用户优化）和 6 级（任务管理）（见文献[75]第 2 章）。为了在这里进行讨论，我们将使用 1998 JDL 版本[76]的 4 个级别（1～4）。

6.7.1 复杂动态系统

复杂系统通常也是动态的，即系统对相同输入的响应随时间而变化。这种行为可以看作是一种学习或适应的方式。某些复杂系统的一个更有趣的特性是自组织性，它可理解为一种机制或过程，使系统在执行期间无需显式命令即可改变其组织结构[77]。我们可以把这个定义推广到任何自组织系统，把它改成“……在其生命周期期间”，以包括生命系统，如人类社会群体。自组织是一个期望系统的属性，其中变化可以协同实现系统目标。我们需要研究如何通过为层次结构 JDL 数据融合模型设计一个自适应系统来呈现这种特性。层次结构也与目标的结构有关。为此，使用复杂系统理论中的 3 个概念：全息元、信息元和全息结构。

6.7.1.1 全息元和全息结构

全息元形成动态的层次结构，称为全息结构，其特点是有效利用可用资源，对干扰具有高度的弹性，并能适应环境的变化[78]。全息在制造业中的应用正在得到广泛研究[65-66]。在信息技术领域，已经开发了许多应用：分布式系统和服务管理架构模型[79]和国家级卫生服务管理模型[80]。它还可用于预测短期内多智能体系统的协调和控制[81]，电信网络管理[82]，软件工程项目中发生的事故[83]。自然全息元的例子有细胞、人类肝脏、工作组或太阳系；一个自治的多智能体系统或一个（全息组织的）工厂可以是人工全息元的例子。

全息元可以看作是具体化的抽象智能体。也就是说，抽象的（抽象的意思是由其他智能体形成的）智能体有一个与他们的环境相互作用的物理部分。称这样的抽象智能体为全息智能体。换言之，全息元是构建自治和协作信息系统的构建块场景的一个元素，用于基于预定目标去选择、获取、处理、分析、检索和传播信息：例如，分布式信息融合系统。

全息范式在信息融合领域的适用性在于 JDL 模型提出的分层视图。如文献[41]所述，全息结构可以更自然地模拟过程的复杂性。全息结构允许在较低的层次上存在较高层次的某种（不同的）控制程度，同时，给予这些层次重组的自由，以便他们的参与者根据最优性/可满足性标准，如成本、时间、可信赖性、可靠性、信息质量和能力，能够达到较高层次设定的目标。这种半自治性将避免更高级别必须承担较低级别所需的所有规划和详细信息管理的必要性，这种情况发生在集中式体系结构的情况下。

全息结构反过来允许某些系统属性或行为的出现，比如著名的 IBM 自主原则[84]：自我配置、自我修复、自我优化和自我免疫。这些自主原则已得到提倡并应用于控制应用中，如 IBM 的 MAPE（监视、分析、计划、执行）循环，如图 6.10 所示。MAPE 的创建是为了在实际设计和应用中管理这些自主原则。我们坚信，JDL 的 4 级应该根据自主原则定义，并从使用 MAPE 循环的应用中获益。明显的能力应该具备全息元对不完善的信息和知识进行推理的能力，并根据一些方案（如强化、在线）进行学习。

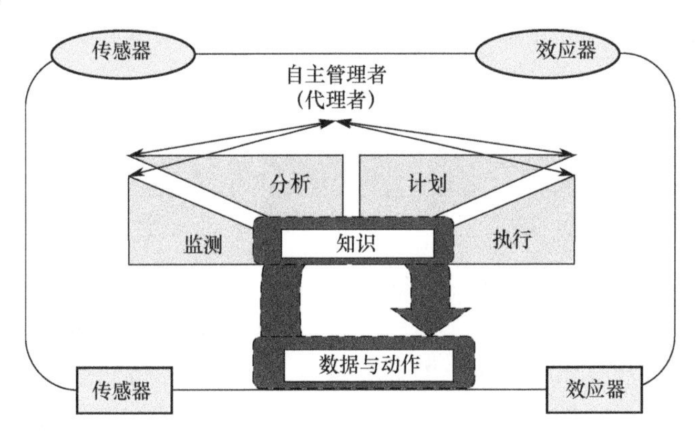

图 6.10　IBM MAPE 自主管理器控制循环

6.7.1.2　信息元

全息范式基于决策（或反应）的概念：全息元是一个基于信息（信息元）做出决策/反应的实体。全息元解释从他们的环境中获得的信息元。在科学界，信息元的定义主要有两种：一种是 Zeleznikar 的定义[85]，它将信息元与意识联系起来，其中信息元是一个突发的和有意识的实体；另一种是 Sulis[27]提出的定义，之后是文献[31，41-43，68]提出的定义。在这项工作中，我们采用了第二种观点，更具体地说："信息元是对全息元有意义的基本元素，它允许全息元做出正确的决定并执行正确的行动"[27,86]。只要信息元由全息元处理，就会出现更高语义级别的信息元信息：这是一个很好的特性，适用于 JDL 数据融合模型不断增加的语义处理级别。

6.7.1.3　信息融合单元和全息结构

上面提出了一种信息融合单元。如图 6.5 所示，一个信息融合单元根据一组目标和约束来计算信息融合过程在输入信息集上的一些函数，以传递输出信息元集。

这个信息融合单元是由网络化的全息元组成的全息元，每个全息元都有相似或不同的目标。

一个信息融合单元网络，可能通过概率的、证据的或可能性的框架来表示，可以全息结构形式组织成一个分布式的信息融合系统。一个全息元$\{H\}$的特征是（在任何时刻）具有以下特征：信息定义集、信息关系、信息内容集、内部背景和外部背景，如前几节所述。

与同一语义框架相关的一个信息元时间序列（信息元流）可形成一个线程，如对象的坐标序列和参考坐标序列。每个全息元实现一个或多个编织操作符，通过这些操作符生成线程的复杂模式，如对应于“对象正在接近我们”表达式的真实度的信息元。根据 Sulis 的原型动力学[27]，这些模式反过来就是信息元。如果我们认为先验地知道所有可能的信息元集，那么可以说一组输入信息元，在这种情况下，一个全息元实现一个关系（$I \to O$），称其为信息关系。在我们不知道完整的信息元集的情况下，这个问题仍然悬而未决。智能学习全息元应该能够完成输出集，但是输入集的影响仍然需要更多的定义工作。

6.8 信息融合的全息方法

利用全息方法可以建立分布式信息融合系统的模型，并从全息元的物理执行能力中获益。也就是说，如果我们不使用全息元，系统将规定要遵循的步骤，在最好的情况下，必须执行那些可以由系统自动触发的步骤，例如程序执行、数据的在线备份等，与许多其他操作同时进行（通常是那些涉及物理世界中的活动，例如对传感器或效应器的任何管理操作）。

6.8.1 JDL 模型的全息观点

解释 JDL 模型的一种方法是定义全息元或全息结构要处理的每一层，而全息结构实际上也是全息元。JDL 的 4 个级别显示了一个全息结构，其中级别 4 是元级别或管理器。为了在不同层次上实现每个目标，需要不同数量的信息融合单元协同工作。例如，在级别 1 中，目标可能是“基于观测以及跟踪关联、连续状态估计（如运动学）和离散状态估计（如目标类型和识别）来估计和预测实体状态”[76]。这可以通过一个基本的全息元来实现，例如，一个雷达操作员或一整组雷达操作员，如图 6.11 所示。

对应于 JDL 模型每个级别的全息元（图 6.11 中粗体六边形）是由信息融合单元构成的，而一种特殊类型的全息元构成了元级别（规划和控制全息元图 6.11 中虚线）。此类规划全息元的主要功能可设计如下。

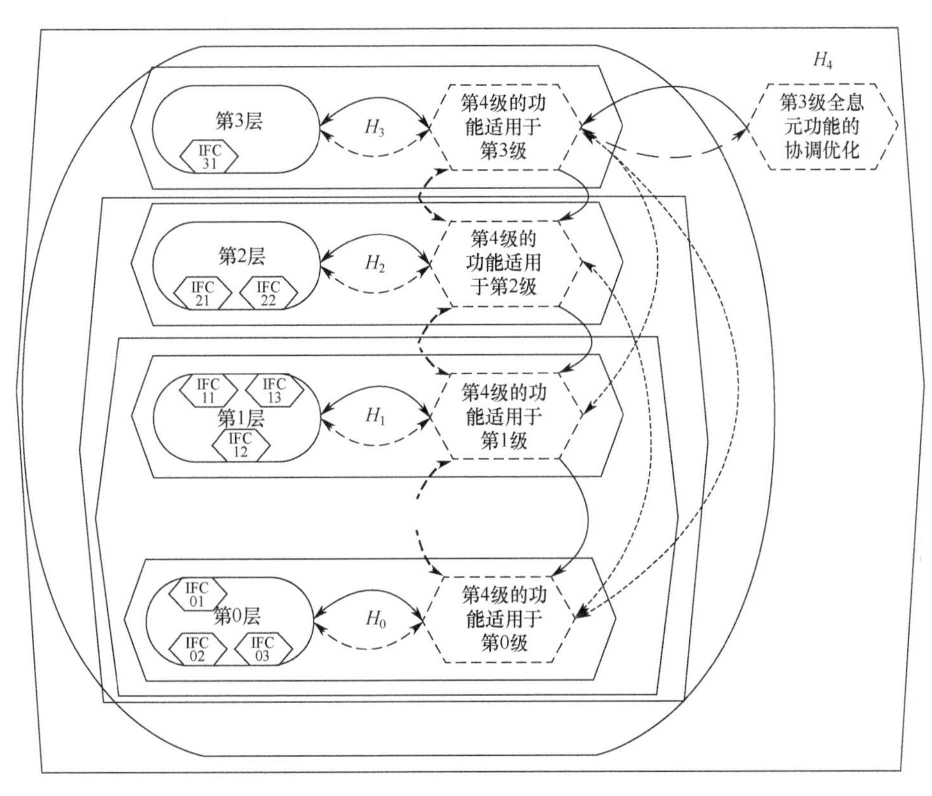

图 6.11 JDL 数据融合模型的全息解释

（1）来自更高级别的目标 g 是将 g 分解为子目标，由全息元在其各自的 JDL 级别实现。

（2）协调子目标的任务。

（3）如果任何指定的全息元失败，则重新规划。

该计划是根据最优性/可信度标准制定的。回想一下，计划全息元并没有创建任务，因为它是从同一级别全息元之间的交互（协商）中产生的：它只协调任务。图 6.11 中粗体的线条表示控制和协调。分段线（H_0、H_1、H_2、H_3 下面）表示所需的信息流，虚线表示可选的信息流。椭圆形意味着收藏。可选信息流的使用取决于虚线所示的更高级别的全息元信息处理能力。例如，假设级别 1 是通过使用两个销售数据库及其各自的管理员和数据挖掘系统来执行的。假设还要试图检测销售中的投机或欺诈行为，因此执行级别 4 的全息元可以联系数据库管理员（他们反过来会查询数据库）并询问/接收附加信息。然而，让我们有数百个雷达来探测不明船只，而不是两个数据库，则第 4 级的信息流应该得到管理。

全息结构将受到信息质量、全息元的行为和性能（如有效性）以及在全息结构元系统级别（如 JDL 的 4 级）预先建立的系统可信度优化/可满足性标准的影响。

关于全息结构可能出现的一般条件的研究留给了未来的工作。定义全息结构和全息元的出现和消解原理是一项复杂而富有挑战性的任务，需要多目标、多标准的优化，这超出了本书的范围。

6.8.1.1 目标和模型

在文献[48]中提出的模型中，目标是“实例化所有可信目标/查询的集合，给定输入 I_j 生成输出 O_K。”目标可以通过使用本体来处理。它们按类分组（如同一类的目标以相似的方式实现），并且这些类是通过目标之间的假定关系来设置的。通过定义和使用这些本体，可以明确某种类型关于创建本体的组织或背景的隐性知识。

6.8.1.2 控制、模型和目标的表示

这里提出的模型是文献[83]中讨论的继续。其思想是开始生成一个包含目标、模型和操作的本体，操作如下。一个模型所指的目标是由一系列行动构成的。一个目标属于一个目标的类，这些类是以这样的标准组成的：一个目标类 A 是 B 的一个特例，对于给定的模型，“如果 a 是类 A 的一个目标，b 是类 B 的一个目标，那么可通过实现 a，达到 b，或者如果 a 没有实现，则一个比一个更接近 b。”我们将说 A 是 B 的“儿子”。更正式地说，如果 B 包含 A，或者如果已知某个目标位于类 B 中，此目标在类 A 中的概率是已知的，或者已知类 A 中的每个对象都属于 B，那么 A 就是 B 的“子”。使用描述逻辑 ALC[87]，我们还可以表示解决方案、领域和组织的良好和更好的实践，并使用推理机[88-89]，我们可以推断解决方案的有效性（如果解决方案可以在该背景中应用）。此外，部分模型可以使用适当的模态逻辑来表示，如道义的[90]表示权限和义务。

6.8.2 JDL 4 个级别中全息元和信息元的示例

在表 6.1 中，包含了一个信息元、全息元和 JDL 模型交互级别的示例。基本上，在每个级别中执行的级别 4 的功能与该级别中任务的学习和优化有关。此外，在每个级别实例化的这些功能的示例有：对于级别 1，自适应数据对齐；级别 2，对象聚类的多标准优化；级别 3，优化威胁和事件检测的算法或启发式算法。

表 6.1 信息元和全息元的示例

融合级别	信息元（作为输入）	全息元（作为所执行的功能）	信息元（作为输出）
级别 1 对象评估	• 物理传感器和数据源； • 时间参考； • 空间坐标； • 单位、系统模型和数学方程式、标识数据库、对象、实体、对象特征（形状、颜色）观察方程，动态策略模型，状态向量定义	数据对齐、时间调整； 数据/对象相关性、假设生成、对象跟踪、身份估计、位置估计、卡尔曼滤波器、Dempster-Shaffer 组合规则、最大似然处理、最小二乘法……	数据对齐、背景中的数据、对象速度、对象进程、已识别的对象

（续）

融合级别	信息元（作为输入）	全息元（作为所执行的功能）	信息元（作为输出）
级别 2 态势评估	时间关系、社会关系、几何接近性、功能依赖性、背景环境、社会政治、商业规则、事件	聚类对象聚合、背景解释、事件活动聚合、关联、组织评估、结构网络、时间-事件关系	事件的类型、态势，已识别的网络，结构，已识别的活动
级别 3 影响评估	时间关系、社会关系、几何接近性、功能依赖性、背景环境、社会政治、商业规则、事件	意图预测，识别威胁时机；识别自身的漏洞；关键事件的时间安排	威胁、危机、事件、预测

执行级别 3 功能的几个全息元可以由级别 4 全息元协调。注意，考虑到第 4 级是优化和资源分配，需要自组织，不可能具有第 4 级所有功能的全息元；取而代之的是，存在一些全息元，其有助于优化和提高每个级别目标的实现。第 4 层的功能主要是分布/嵌入在其他层的全息元的头部，只有一小部分留给第 4 层 $H_{\text{level 4}}$ 的头部。

6.8.3 全息 JDL 模型的未来工作

本节报告的工作主要来自于文献[71]，其中提出了如何在信息融合系统设计中使用全息元方法的概念，但没有任何验证或演示。该主题的未来工作将专门针对主要应用领域之一（如智能能源管理、分布式健康系统、智能交通或国防与安全）进行概念验证。这一验证将通过设计一个基于前面介绍的原理的全息元信息融合原型系统来实现。

（1）如何构造 JDL 信息融合层的全息结构以获得最优结果，每个全息元可以使用的算法的描述，以便它可以选择其协作全息元来获得最优全息结构。

（2）全息结构如何影响信息融合系统的性质。

（3）定量验证所需的某些信息融合单元特性。

6.9 小 结

本章提出了一个全息信息融合框架，该框架具有一个全息功能结构，适用于处理 JDL 模型的任何抽象层级。所提出的框架可以看作是 JDL 处理模型的一种演化，可以用来设计复杂的信息融合系统。来自商业科学、复杂系统理论、信息哲学和计算机科学的概念已经成功地融入到这个框架中。来自原型动力学的概念，即 Sulis 框架本身对于信息融合领域仍然是未知的，已经证明其对开发通用信息融合处理框架非常有用。Koestler 等人提出了全息元和信息元的概念来模拟复杂动态系统的演化，已经证明这两个概念是所提出的信息融合框架的关键概念。该框架已经在概念上进行了定义和说明，但在形式化和组合测试方法方面仍有重要的工作要做，以便将该框架发展成一套强大的工具，用于设计、验证和检验，不仅是用于信息融合分布式系统，而且作为分析和信息融合的计算模型，可预见该框架将成为处理 CPSS 的异质性和复杂性的一个重要贡献者。

参考文献

[1] White, F. E., "Data Fusion Lexicon," Joint Directors of Laboratories, Technical Panel for C3, Data Fusion Sub-Panel, Naval Ocean Systems Center, San Diego, CA, 1987.

[2] Waltz, E., and J. Llinas, *Multisesnor Data Fusion*, Norwood, MA: Artech House, 1990.

[3] Llinas, J., et al., "Revisiting the JDL Data Fusion Model II," *Proc. of 7th International Conference on Information Fusion (FUSION 2004)*, Stockholm, Sweden, 2004.

[4] Steinberg, A. N., and C. L. Bowman, "Rethinking the JDL Data Fusion Levels," *Proc. of the Natl. Symp. on Sensor and Data Fusion, John Hopkins Applied Physics Laboratory*, 2004.

[5] Blasch, E., and S. Plano, "Level 5: User Refinement to Aid the Fusion Process," *SPIE Proceedings, Vol. 5099, Multisensor, Multisource Information Fusion: Architectures, Algorithms, and Applications*, 2003.

[6] Lambert, D. A., "A Blueprint for Higher-Level Fusion Systems," *Information Fusion,* Vol. 10, 2009, pp. 6–24.

[7] Kokar, M. M., J. A. Tomasik, and J. Weyman, "Formalizing Classes of Information Fusion Systems," *Information Fusion,* Vol. 5, 2004, pp. 189–202.

[8] Bossé, É., A. -L. Jousselme, and P. Maupin, "Situation Analysis for Decision Support: A Formal Approach," *Proc. of 10th Intl. Conf. on Information Fusion (FUSION 2007)*, Quebec City, 2007.

[9] Llinas, J., "A Survey and Analysis of Frameworks and Framework Issues for Information Fusion Applications," *Proc. of 5th Intl. Conf. on Hybrid Artificial Intelligence Systems, Hybrid Artificial Intelligence Systems, Lecture Notes in Computer Science, Vol. 6076*, 2010, pp. 14–23.

[10] *Fusion Process Model and Frameworks Working Group (FPMFWG)*, http://www.isif.org/node/154, 2011

[11] Das, S., *Computational Business Analytics*, Boca Raton, FL: Taylor and Francis, 2013.

[12] Hall, D. L., and J. M. Jordan, *Human-Centered Information Fusion*, Norwood, MA: Artech House, 2010.

[13] Das, S., *High-Level Data Fusion*, Norwood, MA: Artech House, 2008.

[14] Bossé, É., J. Roy, and S. Wark, *Concepts, Models and Tools for Information Fusion*: Norwood, MA: Artech House, 2007.

[15] Waltz, E., *Knowledge Management in the Intelligence Enterprise*, Norwood, MA: Artech House, 2003.

[16] Liggins, M. E., D. L. Hall, and J. Llinas, (eds.), *Handbook of Multisensor Data Fusion*, Boca Raton, FL: CRC Press, 2009.

[17] Hall, D. L., *Mathematical Techniques in Multisensor Data Fusion*, Norwood, MA: Artech House, 1992.

[18] Klein, L. A., *Sensor and Data Fusion Concepts and Applications*, New York: SPIE Optical Engineering Press, 1993.

[19] Luo, R. C., and M. G. Kay, (eds.), *Multisensor Integration and Fusion for Intelligent Machines and Systems*, New York: Ablex Publishing Corporation, 1995.

[20] Lambert, D. A., "Grand Challenges of Information Fusion," *Proc. of 6th Intl. Conf. on Information Fusion (FUSION 2003)*, Cairns, Australia, 2003.

[21] Blasch, E., "Situation Assessment and Situation Awareness," in *High-Level Information Fusion Management and Systems Design*, E. Blasch, É. Bossé, and D. A. Lambert, (eds.), Norwood, MA: Artech House, 2012, pp. 13–31.

[22] Descartes, R., *A Discourse on the Method*, Oxford, U.K.: Oxford University Press, 2006.

[23] Wikipedia, "Systems Biology," http://en.wikipedia.org/wiki/Systems_biology, 2013.

[24] Wikipedia, "Evolutionary Economics," http://en.wikipedia.org/wiki/Evolutionary_economics, 2013.

[25] Wikipedia, "Network Theory," http://en.wikipedia.org/wiki/Network_theory, 2013.

[26] Mitchell, M., *Complexity: A Guided Tour*, Oxford, U.K.: Oxford University Press, 2009.

[27] Sulis, W. H., "Archetypal Dynamics: An Approach to the Study of Emergence," *Formal Descriptions of Developing Systems, NATO Science Series,* Vol. 121, 2003, pp. 185–228.

[28] Koestler, A., *The Ghost in the Machine*, New York: Macmillan, 1967.

[29] Stenmark, D., "The Relationship Between Information and Knowledge," *Proc. of IRIS 24*, Ulvik, Norway, 2001.

[30] Giarratano, J., and G. Riley, *Expert Systems: Principles and Programming*, New York: PWS Publishing Company, 1998.

[31] Paggi, H., and F. Alonso, "A Holonic Model of System for the Resolution of Incidents in the Software Engineering Projects," *Proc. of 2009 Intl. IEEE Conf. on Computer and Automation Engineering*, Bangkok, Thailand, 2009.

[32] Alonso, F., et al., "Fundamental Elements of a Software Design and Construction Theory: Informons and Holons," *Proc. of the Intl. Symp. of Santa Caterina on Challenges in the Internet and Interdisciplinary Research (SSCCII)*, 2004.

[33] McHugh, P., G. W. Merli, and W. A. Wheeler, *Beyond Business Process Reengineering: Towards the Holonic Enterprise*, New York: Wiley, 1995.

[34] Ulieru, M., S. S. Walker, and R. W. Brennan, "The Holonic Enterprises a Collaborative Information Ecosystem," *Proc. of the Workshop on Holons: Autonomous and Cooperating Agents for Industry*, Montreal, Canada, 2001.

[35] Weick, K., *Sensemaking in Organizations*, Thousand Oaks, CA: Sage Publications, 1995.

[36]Dey, A., "Understanding and Using Context," *Personal and Ubiquitous Computing,* Vol. 5, 2001, pp. 4–7.

[37] Laudy, C., "Introducing Semantic Knowledge in High Level Information Fusion," Ph.D. Thesis, Université Pierre et Marie Curie, Paris, France, 2010.

[38] Losee, R. M., “A Discipline Independent Definition of Information,” *Journal of the American Society for Information Science,* Vol. 48, 1997, pp. 254–269.

[39] Solaiman, B., “Information Fusion Concepts: From Information Elements Definition to the Application of Fusion Approaches,” *Proceedings SPIE, Vol. 4385, Sensor Fusion: Architectures, Algorithms, and Applications*, 2001, pp. 205–212.

[40] Stonier, T., *Information and the Internal Structure of the Universe*, New York: SpringerVerlag, 1990.

[41] Paggi, H., and F. Alonso, “Uncertainty and Randomness: A Holonic Approach,” *2nd Intl. Conf. on Computer Engineering and Applications*, 2010.

[42] Dubois, D., “Uncertainty Theories: A Unified View,” *SIPTA School 08, UEE 08*, Montpellier, France, 2008.

[43] Paggi, H., and F. Alonso, “Beliefs, Certainty and Complex Systems Structure,” *Proc. of 2010 2nd Intl. Conf. on Computer Engineering and Applications (ICCEA)*, 2010.

[44] Pearl, J., *Probabilistic Reasoning in Intelligent Systems Networks of Plausible Inference*, Boston, MA: Morgan Kaufmann Publishers, 1988.

[45] Shafer, G., *A Mathematical Theory of Evidence*, Princeton, NJ: Princeton University Press, 1976.

[46] Zadeh, L., “Fuzzy Sets as the Basis for a Theory of Possibility,” *Fuzzy Sets and Systems,* Vol. 1, 1978, pp. 3–28.

[47] Dubois, D., and H. Prade, *Possibility Theory: An Approach to Computerized Processing of Uncertainty*, New York: Plenum Press, 1988.

[48] Bossé, É., A. Guitouni, and P. Valin, “An Essay to Characterize Information Fusion Systems,” *Proc. of 9th Intl. Conf. on Information Fusion (FUSION2006)*, Firenze, Italy, 2006.

[49] Bowman, C. L., and A. N. Steinberg, “Systems Engineering Approach for Implementing Data Fusion Systems,” in *Handbook of Multisensor Data Fusion*, M. E. Liggins, D. L. Hall, and J. Llinas, (eds.), Boca Raton, FL: CRC Press, 2009, pp. 561–596.

[50] Nicholson, D., “Defence Applications of Agent-Based Information Fusion,” *The Computer Journal,* Vol. 54, 2011, pp. 263–273.

[51] Maupin, P., and A. -L. Jousselme, “Interpreted Systems for Situation Analysis,” *Proc. of 10th Intl. Conf. on Information Fusion (FUSION2007),* Quebec City, Canada, 2007.

[52] Wald, L., “Some Terms of References in Data Fusion,” *IEEE Trans. on Geoscience and Remote Sensing,* Vol. 37, pp. 1190–1193, 1999.

[53] Talburt, J. R., *Entity Resolution and Information Quality*, Boston, MA: Morgan Kaufmann, 2011.

[54] Wang, R. Y., and D. M. Strong, “Beyond Accuracy: What Data Quality Means to Data Consumers,” *Journal of Management Information Systems,* Vol. 12, 1996, pp. 5–34.

[55] Suppes, P., *Foundations of Measurement, Vol. 2*: New York: Elsevier, 2014.

[56] Guériot, D., et al., “The Patch Test: A Comprehensive Calibration Tool for Multibeam Echosounders,” *IEEE Conference and Exhibition Oceans (2000 MTS)*, 2000, pp. 1655–1661.

[57] Daniel, S., and B. Solaiman, “Object Recognition on the Sea-Bottom Using Possibility Theory and Sonar Data Fusion,” *Proc. of the 1st Intl. Conf. on Information Fusion (FUSION1998)* Las Vegas, NV, 1998.

[58] Chailloux, C., et al., "Intensity-Based Block Matching Algorithm for Mosaicing Sonar Images," *IEEE Journal of Oceanic Engineering,* Vol. 36, 2011, pp. 627–645.

[59] Daniel, S., et al., "Side-Scan Sonar Image Matching," *IEEE Journal of Oceanic Engineering,* Vol. 23, 1998, pp. 245–259.

[60] Guériot, D., "Bathymetric and side-scan data fusion for sea-bottom 3D mosaicing," *IEEE Conference and Exhibition OCEANS 2000 MTS*, 2000.

[61] Guériot, D., C. Sintes, and B. Solaiman, "Sonar Data Simulation & Performance Assessment Through Tube Ray Tracing," *Underwater Acoustic Measurements: Technologies & Results (UAM'09)*, Nafplion, Greece, 2009.

[62] Bosse, E., A. L. Jousselme, and P. Maupin, "Situation Analysis for Decision Support: A Formal Approach," *10th Intl. Conf. on Information Fusion*, 2007, pp. 1–3.

[63] Klir, G. J., and M. J. Wierman, *Uncertainty-Based Information: Elements of Generalized Information Theory*, Berlin, Germany: Physica-Verlag HD, 1999.

[64] Botti, V., and A. Giret, "ANEMONA: A Multi-Agent Methodology for Holonic Manufacturing Systems," *Advanced Manufacturing*, 2008.

[65] Marík, V., J. L. M. Lastra, and P. Skobelev, "Industrial Applications of Holonic and Multi-Agent Systems," *Proc. of DEXA International Workshop,* Greenwich, UK, 2000, pp. 212–213.

[66] Marik, V., V. Vyatkin, and A. W. Colombo, *Holonic and Multi-Agent Systems for Manufacturing*, New York: Springer, 2007.

[67] Ulieru, M., S. Walker, and R. Brennan, "Holonic Enterprise as a Collaborative Information Ecosystem," *Workshop on Holons: Autonomous and Cooperative Agents for the Industry*, Montreal, Canada, 2001, pp. 1–13.

[68] Solaiman, B., et al., "A Conceptual Definition of a Holonic Processing Framework to Support the Design of Information Fusion Systems," *Information Fusion,* 2013.

[69] Benaskeur, A. R., F. Rhéaume, and É. Bossé, "Adaptation Hierarchy for Data Fusion and Sensor Management Applications," *Proc. Cognitive Systems with Interactive Sensors,* Paris, France, 2006.

[70] McGuire, P., et al., "The Application of Holonic Control to Tactical Sensor Management," *IEEE Workshop on Distributed Intelligent Systems: Collective Intelligence and Its Applications 2006 (DIS 2006)*, 2006, pp. 225–230.

[71] Paggi, H., et al., "On the Use of Holonic Agents in the Design of Information Fusion Systems," *17th Intl. Conf. on Information Fusion (FUSION)*, 2014, pp. 1–8.

[72] Blasch, E., et al., "Revisiting the JDL Model for Information Exploitation," *16th Intl. Conf. on Information Fusion (FUSION)*, 2013, pp. 129–136.

[73] Blasch, E., and S. Plano, "DFIG Level 5 (User Refinement) Issues Supporting Situational Assessment Reasoning," *8th Intl. Conf. on Information Fusion*, 2005.

[74] Blasch, E. P., et al., "High Level Information Fusion (HLIF): Survey of Models, Issues, and Grand Challenges," *IEEE Aerospace and Electronic Systems Magazine*, Vol. 27, pp. 4–20, 2012.

[75] Blasch, E., É. Bossé, and D. A. Lambert, *High-Level Information Fusion Management and Systems Design*, Norwood, MA: Artech House, 2012.

[76] Steinberg, A. N., C. L. Bowman, and F. E. White, "Revisions to the JDL data fusion model," *The Joint NATO/IRIS Conference*, Quebec City, 1999, pp. 430–441.

[77] C. Bourjot, et al., "Self-Organization in Multi-Agent Systems," Institut de Recherche en Informatique de Toulouse, Toulouse IRIT/2005-18-R, 2005.

[78] Botti, V., and A. Giret, *ANEMONA: A Multi-Agent Methodology for Holonic Manufacturing Systems*, New York: Springer-Verlag, 2008.

[79] Soriano, F. J., "Modelo de Arquitectura para Gestión Cooperativa de Sistemas y Servicios Distribuidos Basado en Agentes Autónomos," Doctor en Infromática, Facultad de Informática., Universidad Politécnica de Madrid, Madrid, Spain, 2003.

[80] Urra, P., "Reflexiones sobre la autonomía e interoperabilidad de los sistemas en la era de las redes," *Foro Internacional sobre Tecnologías e Información*, Cuba, 2004.

[81] Valckenaers, P., et al., "Emergent Short-Term Forecasting Through Ant Colony Engineering in Coordination and Control Systems," *Design of Complex Adaptive Systems,* Vol. 20, July 2006, pp. 261–278.

[82] Chou, L. -D., et al., "Implementation of Mobile-Agent-Based Network Management Systems for National Broadband Experimental Networks in Taiwan," in *Holonic and MultiAgent Systems for Manufacturing*, New York: Springer, 2003, pp. 280–289.

[83] Paggi Straneo, H., and F. Alonso Amo, "A Holonic Model of System for the Resolution of Incidents in the Software Engineering Projects," *2009 Intl. Conf. on Computer and Automation Engineering*, Bangkok, Thailand, 2009.

[84] Agoulmine, N., *Autonomic Network Management Principles: From Concepts to Applications*, New York: Elsevier Science, 2010.

[85] Zeleznikar, A., "Informon: An Emergent Conscious Component," *Informatica,* 2002.

[86] Alonso, F., et al., "Fundamental Elements of a Software Design and Construction Theory Informons and Holons," *Intl. Symp. of Santa Caterina on Challenges in the Internet and Interdisciplinary Research*, Amalfi, Italy, 2004.

[87]Baader, F., et al., *The Description Logics Handbook*, Cambridge, U.K.: Cambridge University Press, 2007.

[88] Parsia, B., and E. Sirin, "Pellet: An OWL DL Reasoner," *3rd Intl. Semantic Web Conf.*, 2004.

[89] Bobillo, F., M. Delgado, and J. Gómez-Romero, "DeLorean: A Reasoner for Fuzzy OWL 2," *Expert Systems with Applications,* Vol. 39, 2012, pp. 258–272.

[90] Chellas, B. F., *Modal Logic: An Introduction,* Cambridge, U.K.: Cambridge University Press, 1980.

第 7 章　基于 FIAT 的复杂环境决策支持

本章主要致力于为大数据的多样性和真实性维度提供解决方案（部分）。首先，我们提出了系统互操作性的两个关键概念：协作性和开放性。然后，我们给出了一个抽象状态机框架的应用，以支持基于信息融合与分析技术（FIAT）的集成决策支持系统的开发。应用的背景是防御联盟和一个简单的监视场景。

7.1 概　　述

信息融合与分析技术（FIAT）在支持决策方面的应用非常广泛。然而，很少有人，如果没有，在我们所知的范围内，是通过一个明确的框架整合 FIAT 概念获得结果：一个从一个领域到另一个领域可重用的框架（高度利用标准化），以及为大型系统（如 CPSS）获取和定制应用。然而，尽管在前几章中讨论过值得称赞的努力，但还没有达到完美状态。

在全书中，我们都主张在所有 CPSS 级别，如系统体系、技术、信息、知识、意义、感知和驱动上更好地集成的必要性。我们指出集成是因为人们认为网络化军事行动，如网络化作战、网络中心战的根本问题是信息和系统集成，正如 NATO 对系统互操作性的研究所揭示的那样[1-3]。军事领域[4]当然仍然是最受限制的环境，但未来的民用网络环境也迫切需要集成，如智能网格、智能交通和健康系统。在这里使用的是未来，因为这些系统，包括军事系统，目前都没有连接或集成到足以称其为 CPSS 的代表。

基于 FIAT 的决策支持系统（DSS）的设计完全依赖于背景和应用领域。除了前几章中关于决策支持的详细内容外，图 7.1 总结了我们的思路。图 7.1（a）提出将 FIAT 组装成 3 个主要类别（同样在图 2.22 中完成）。在设计基于 FIAT 的支持系统时，应以整体方式（集成）考虑这些类别，进行态势分析（第一同心层）或决策驱动（下两层）。FIAT 类别是：①多智能体系统（MAS）理论，使得分布式方面可以充分形式化；②知识和信息不完善的广义信息论（GIT）；③明确说明行动及其对环境影响的决策理论或运筹学（OR）。与环境（真实或虚拟）的交互是通过感知和驱动（最后一层）实现的。

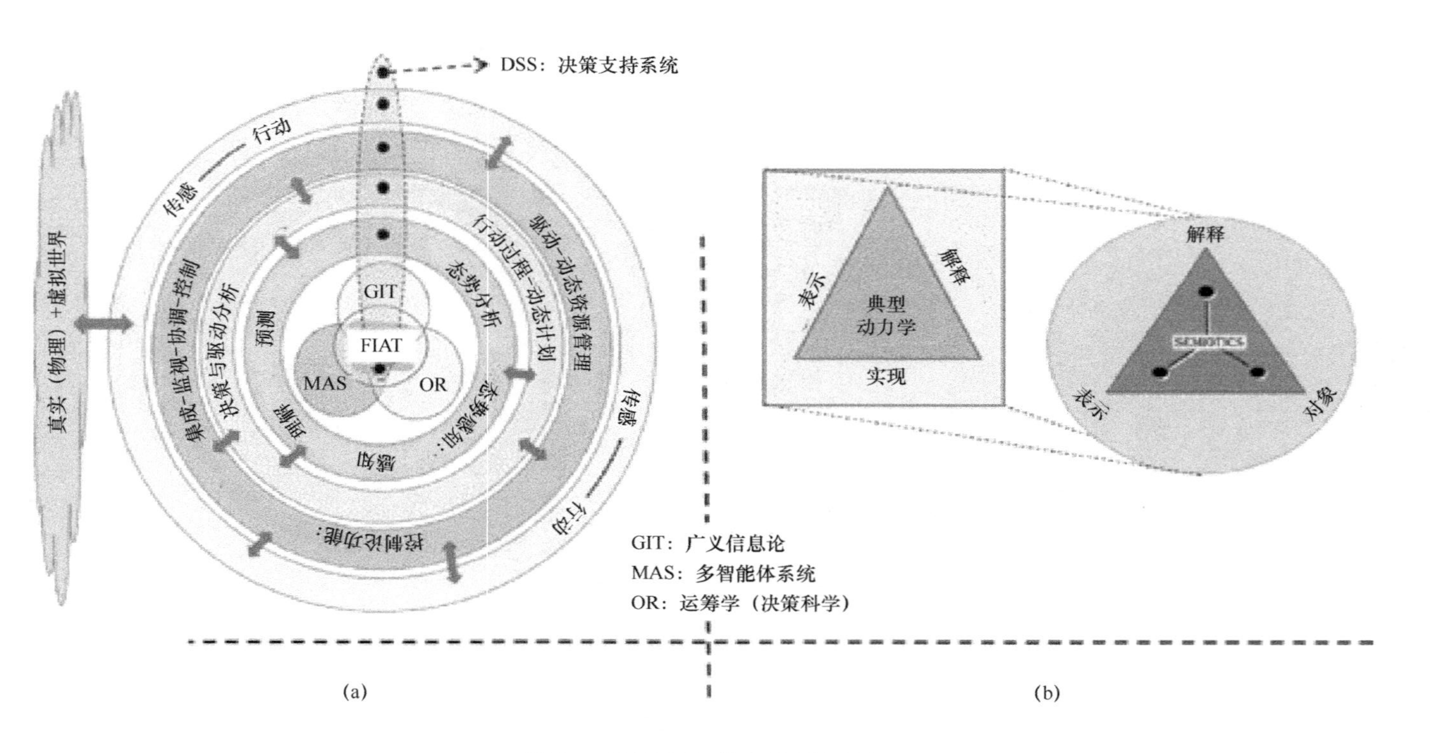

图 7.1　基于 FIAT 的决策支持系统

图 7.1 中的黑点表示潜在的集成点。大数据和物联网（IoT）与 CPSS 复杂的动态背景相关。例如，解决大数据“V”（价值、体量、真实性、多样性和速度）需要集成 FIAT。这种多方面的集成是极其复杂的，特别是当 CPSS 包含大量的网络物理系统（CPS）或 IoT 时。例如，稳定性和实时性问题仍然对 CPS 设计者提出了相当大的挑战；想象一下 CPS 网络的困难。Povendram[5]描述了这些 CPS 挑战，2012 年，Sztipanovits 等人[6]指出需要开发系统集成科学：

“十多年前，由于空间系统日益复杂的迅速增长的压力，航空航天界首次表达了对系统集成科学的需求。CPS 集成科学的独特挑战来自于 CPS 系统内部组件和交互的异质性。这种异质性推动了对物理和计算/网络领域之间的跨领域交互进行建模和分析的需求，并要求深入理解设计流程中异构抽象层的影响。随着基于 CPS 的解决方案变得无处不在，为确保系统行为可预测性，对理论、方法和工具的需求已经显著增加并扩展到大多数工程系统。”

第 4 章至第 6 章通过一个 FIAT 全息计算模型提出了一个集成框架。然而，在前面的讨论之后，只讨论了集成的几个方面。该模型遵循 Sulis 的原型动力学三元组框架。Sulis 的三元组与著名的符号学三元组是一致的，如图 7.1（b）所示，在这个模型中，信息的意义是从人们对它所做的事情（动作）中获得的。FIAT 的目标是将数据转化为信息，转化为可操作的知识，以支持复杂动态环境中的决策和行动。这些复杂的环境已经在第 1 章以及一些专门的书籍[7-9]中进行了描述，使用的术语包括 CPSS、CPS、IoT 和大数据。要解决这个问题是非常复杂的。一些基于 FIAT 的贡献已经存在，用于探索大的解决方案空间和 4 个关键的应用领域：能源，运输，健康和国防。需要几本书[10-15]才能全面覆盖解决方案空间，但一份非详尽的调查清单[16-29]显示了已经致力于解决该问题的工作水平。请注意，贡献要么来自信息融合，要么来自分析，提供集成 FIAT 方法。

本章主要致力于为大数据的多样性和真实性维度提供解决方案。首先，我们提出了系统互操作性的两个关键概念：协作性和开放性。这些概念已正式定义，并应用于组织范式，如军事联盟；然后，与基于抽象状态机（ASM）的设计基于 FIAT 的态势分析和决策支持系统的方法相比，我们进行了一些现有框架的优缺点分析。我们用一个简单的场景演示了 ASM 框架的应用，并演示了该框架如何将需求无缝地映射到一个抽象的可执行模型中，该模型可以通过仿真进行验证。这两项贡献对于支持基于 FIAT 的集成解决方案的开发至关重要。它们分别是异构环境下的系统互操作性和处理不完善信息的集成框架。

7.2 异构环境中的系统互操作性

大多数应用背景（尤其是 CPSS）的分布式特性要求关联异构本体规范并集成

来自多源的信息。不同来源提供的数据/信息必须转换为某种语言（如数学表示）或其他方式（如文本、视觉、图形、符号、规则），以便对其进行处理，使其具有语义意义。为了在应用之间进行协作，必须链接和集成多个数据源。如果所有的本体都是相似的，使用相同的词汇表达相同的语义、相同的背景假设和相同的逻辑形式主义，那么来自不同来源的规范表示的知识集成就很容易了。在大型 CPSS 中，如智能电网，发电、输电、配电和用户等不同的网络可能会开发出自己的本体。为了最大限度地发挥效益，这些异构的本体需要相互配合，但可能有不同的词汇表，甚至不同的底层形式。从多个信息系统访问数据或信息的能力称为信息互操作性。

在未来的 CPSS 中，不同的信息系统、应用和服务以有效和精确的方式进行数据、信息和知识的通信、共享和交换，并与其他系统、应用和服务集成以提供服务，这简直是强制性的。在 CPSS 中，所有类型的系统，如离散、离散事件、混合、人类以及所有数据源（如传感器、效应器）都是复杂网络的一部分。这强调了异构性（大数据中的多样性维度）的挑战，并因此强调了互操作性问题。

7.2.1 形式化军事联盟中协作性的 Barès 方法

本节基于 Barès 形式化在国防和安全联盟中互操作性的基本方法。

Barès[30-34]提出了一种形式化的建模方法来解决大型信息系统中的互操作性问题。他的方法依赖于 3 个主要概念：系统联合体的开放性结构、互操作性和协作性的不同领域的定义，以及可以使用参数来评估互操作性的数学工具。

地缘政治背景演变所产生的许多重要转变意味着一旦出现危机或冲突，国际社会就有责任。所有能够分担这一责任的国家越来越多地参与国际联盟。加入一个联盟的不同技术系统、网络和 C^4ISR（指挥、控制、通信、计算机、情报、监视和侦察）必须在特定条件和时间限制下，为执行联盟当局确定的共同任务而协作。“协作”一词是有意用来强调联盟所需的沟通方式。这个术语完全超越了简单的消息交换，后面也将说明。现在，让我们用一个智能体来说明这一点，要么是由于知识不足，要么是由于缺乏知识，智能体不能单独实现一个目标。此智能体将请求其他智能体的帮助。在解释所考虑的情况时，智能体指定了潜在协作方案中的开放性背景，以便其他智能体带来所请求的协助。这样做时，智能体必须将自己定位在一个协作方案中。此外，如果成员不愿意，这个假设的联盟就不可能成功。

（1）交流对需要介入的态势的知识。只要过程还在进行，就必须丰富这些知识（信息的有效性可能取决于时间）。

（2）交流操作过程和应用方法的专门知识。

（3）在适当的条件下，及时与协作的所有智能体分享可操作知识（支持驱动的演化）。

（4）在互操作性机制的不同级别添加智能（这可能对其他成员有很大帮助）。

Barès[30,35]将讨论局限于联盟的组织范式。然而，在多智能体领域大量分析遗产的支持下，他的概念可以适用于其他组织范式，如全息结构、组队和联盟[29,36-42]。在一个联盟中，要考虑的第一步是让系统在完成任务时进行协作。为此，需要面对的一个主要问题是，这些系统是异质性的：异质性是国家设计和就业概念所内在的。因此，它们在互操作性级别上存在巨大的缺陷。有人可能会说，通过制造网关来解决这个问题总是有可能的，但这只是一个暂时的解决办法。此外，网关解决方案不能简单而合理地推广。随着系统数量的增加（组合），这种泛化变得越来越困难。因此，更合理的做法是在每个系统中嵌入互操作性的新概念。

7.2.1.1 协作性概念

在系统 A 和系统 C 之间进行协作，假定两个系统都是可互操作的，而系统 A 和系统 C 之间的互操作假定它们彼此之间是可连接的，如图 7.2 所示。系统间的协作性只有在一定条件下才可能实现。事实上，系统必须做到以下事项。

（1）可连接的：系统能够根据已知协议交换数据。

（2）可互操作性：系统设计为逐步开放其结构，以实现更丰富的交流，实现共同目标。

互操作性要求如下。

（1）驱动世界的共同表示和理解（共同语义）。

（2）关于完成任务所需材料和工具的共享知识。

（3）观点和过程的趋同（趋同空间）。

（4）分享知识的环境。

（5）合作，整合建立协作关系所需的所有手段。

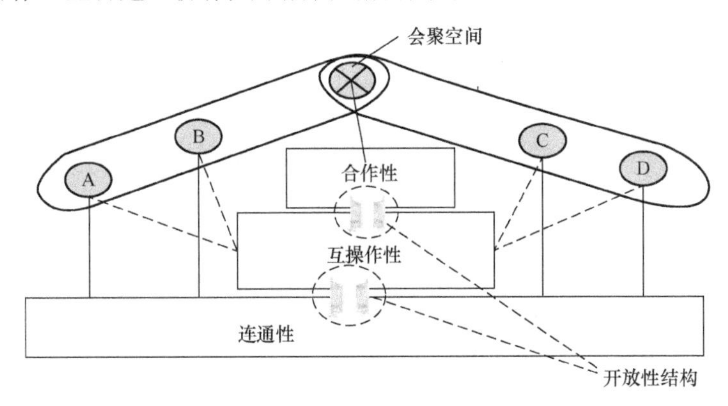

图 7.2　具有 3 个不同的互操作性领域（改编自文献[35]）

如图 7.2 所示，Barès[34]定义了一个与互操作性相关的三个域之间进行了区分的空间。这些领域是结构化的；它们有语义联系和各自不同的技术和方法。互操作性是建立连接性和协作性之间的重要联系。必须理解互操作性，而不仅仅是简单消息的交换。建模和符号表示是用来承载和共享知识。例如，在联盟中，C^4IRS 系统在协作行动中相互提供互助，以达到共同目标。C^4IRS 系统必须对它们正在做的事情有一个共同的理解。因此，有必要在互操作性领域引入语义概念，并确定能够增加智能和解释交换机制中智能的方式。最后，通过定义一个世界，所有（协作的）系统都能够共享组成联盟中共同活动的所有元素，协作性领域代表了要达到的最终层次。

协作性意味着其他系统概念，如并发性、并行性、通信和同步。例如，通信支持同步以获得及时和有用的信息，从而保证系统的正常运行和可靠性。这些系统概念主要涉及第 1 章中讨论的 4 个控制论功能中的两个：协调和控制。当将协作系统置于联盟框架中时，它还应当具有以下一些能力。

（1）开放性能力：一个系统的质量，以前是与其他系统相连的，与其他系统共享一个共同的理解，与联盟的一些主题有关，如地面疏散、医疗援助。系统的开放性似乎是联盟开放性结构的一个子集，如图 7.2 中开放性结构所指的各种连通门所示。

（2）互操作能力：系统以（可互操作的）动作和（互）操作的能力，与协作有关，更准确地说，是与在联盟内确定的命令和任务有关。

（3）协作性能力：当系统能够与相邻系统共享知识和专业知识时，我们认为一个系统是可相互协作的。理解系统为人和机器的网络（见第 1 章中的 CPSS 定义）。除了互操作性之外，系统还必须通过共享专业经验、技能和知识，如技能、规则、Rasmussen 模型的知识[43-44]进行协作，为了最好地完成一项共同的任务。

（4）执行行动的能力：假设一个系统拥有（1）、（2）和（3）中提到的在联盟中执行任务的所有能力。如果不严格遵守时间间隔的条件，则任务可能会失败。一个行动只在一个精确的时间间隔内有效，有时称为机会。

7.2.1.2 系统开放性的概念

互操作性的第一步也是必要的一步是开放性的概念。开放性背景是指（除了连接性之外）为互操作性而开放系统的方式和限制。首先，让我们定义一些与联盟相关的概念。

（1）联盟中的系统：一个系统 i 将由 S^i 指定（$i \in [1,n]$），n 是联盟中放置的系统数。他们应该能够分享最低限度的共同知识，并对基本秩序有共同的理解。

（2）联盟中的主题：主题是联盟所需的一组知识，描述一种能力，例如医疗援助或民事救援。主题 t 将由 T_t 指定（$t \in [1,q]$），q 是联盟的主题数。T_t 包含了数量可变的可互操作行动。行动 j 由 A_j 指定。

开放性的背景是以形式化的方式描述系统和联合主题之间现有关系的网络，其形式化基于一些数学概念，如关系和 Galois 连接。此背景由三元组 S、T、R 的形式化定义：

$$S :: S^1, \cdots, S^n \tag{7.1}$$

$$T :: T_1, \cdots, T_q \tag{7.2}$$

$$R :: R \subset S \times T \tag{7.3}$$

式中：R 为二元关系。

当联盟定义每个系统的任务时，可以先验地给出环境。当联盟运行和态势演变时，也可以定义它为一个后验概率。

示例 1：要求 3 个不同的国家在一个拯救非洲国家平民的联盟框架内进行合作。联盟的定义如下：涉及 3 个国家系统 S^1、S^2、S^3，并定义了 3 个联盟主题：地面疏散行动 T_1、空中运输 T_2 和后勤医疗援助 T_3。首先假设系统可以在与联盟主题相关的不同行动上进行互操作；然后，交换实现各自任务所需的知识。例如：

$$\begin{cases} R(S^1,T_1), R(S^1,T_2), R(S^1,T_3) \\ R(S^2,T_1), R(S^2,T_2), R(S^2,T_3) \\ R(S^3,T_1), R(S^3,T_2), R(S^3,T_3), \subset S \times T \end{cases} \tag{7.4}$$

图 7.3 中的示例 1 是一个特殊情况，$\{S^1,S^2,S^3\} \times \{T_1,T_2,T_3\}$ 上的关系 R 的总计。严格地从语义的角度考虑，系统对这个联盟所涉及的主题是完全开放的。这个例子描述了一个在现实中很少发生的理想态势。因此，在 Galois 连接的意义上，我们得到了一个独特的完全开放的耦合项[45-46]。子集 $\{S^1,S^2,S^3\}$ 必须是在子集 $\{T_1,T_2,T_3\}$ 上完全开放的。在图 7.3 的示例 2 中，没有两对耦合项。没有某些耦合项，$(S^1,T_3),(S^3,T_2)$ 使 $R \subset \{S^1,S^2,S^3\} \times \{T_1,T_2,T_3\}$ 不是全部。这个联盟必须减少其开放性背景。

关系R	T_1	T_2	T_3
S_1	■	■	■
S_2	■	■	■
S_3	■	■	■

(a) 示例1

关系R	T_1	T_2	T_3
S_1	■	■	
S_2	■	■	■
S_3	■		■

(b) 示例2

图 7.3 背景开放性说明

示例 1 描述了一个理想情况，因为 S 的所有系统对 T 的所有主题都是完全开放的。开放的条件定义为

$$\begin{cases} \exists i,t \mid S^i \in S \text{和} T_t \in T, \text{and} \mid \exists (S^i,T_t) \subset R \subset S \times T \\ i \in [1,2,\cdots,n], t \in [1,2,\cdots,q] \end{cases} \tag{7.5}$$

完全可互操作组（IG）定义为

$$< \text{IG}-\#(< S > \rho < T >) > \tag{7.6}$$

式中：ρ 表示 R 是 $S \times T$ 上的全部关系，换句话说，子集 S 和子集 T 之间只存在一个依赖关系。子集 S 在子集 T 上是全开的。所有的 IG 都必须编号（IG-#），以构建一个联盟开放结构的格子结构。

7.2.1.3　联盟的开放性结构

IG 的概念支持一个表示联盟开放性的形式结构：一个具有有趣性质的格子结构。让我们用一个例子来说明。图 7.4 展示了一个由 8 个系统子集组成的开放性背景下的联盟 C。这种背景是通过一个 IG 结构来转化的。根据这些 IG，建立一个图，其中其节点对应于编号 G（IG-#）。

图 7.4 的右边部分代表了联盟 C 唯一可能的开放性结构，显然，这取决于确定开放性背景的方式。图 7.4 中的表格允许以下有关联盟 C 的开放性说明。

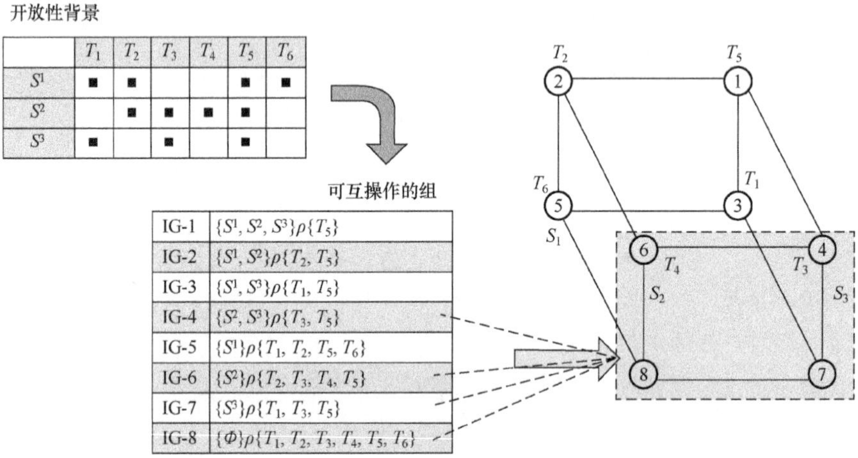

开放性背景

	T_1	T_2	T_3	T_4	T_5	T_6
S^1	■	■			■	■
S^2		■	■	■	■	
S^3	■		■		■	

可互操作的组

IG-1	$\{S^1, S^2, S^3\}\rho\{T_5\}$
IG-2	$\{S^1, S^2\}\rho\{T_2, T_5\}$
IG-3	$\{S^1, S^3\}\rho\{T_1, T_5\}$
IG-4	$\{S^2, S^3\}\rho\{T_3, T_5\}$
IG-5	$\{S^1\}\rho\{T_1, T_2, T_5, T_6\}$
IG-6	$\{S^2\}\rho\{T_2, T_3, T_4, T_5\}$
IG-7	$\{S^3\}\rho\{T_1, T_3, T_5\}$
IG-8	$\{\Phi\}\rho\{T_1, T_2, T_3, T_4, T_5, T_6\}$

图 7.4　联盟 C 的开放性背景和结构

（1）每个 IG-#都继承了图表中与其相关联的所有联盟主题。

（2）每个节点号都由与其相连的所有系统组成。

（3）该图可作为一种工具，用于可视化联盟 C 决策者的行动对基本互操作性的影响。例如，删除链接、将系统分配给联盟主题、抑制主题或出于安全原因限制节点。

7.2.1.4　互操作性空间的 Barès 定义

空间互操作性依赖于不同的概念，如图 7.5 所示。首先考虑一个操作不能与自身互可操作，但只能与能够处理它的系统交互。这将一个可互操作的动作指定为由一个耦合项表示：(S^i, A_j)，其中 $S^i \in S$ 以及 $A_j \in A$（联盟中所有允许的行动的集合）。这种耦合项 (S^i, A_j) 必须包含时间维度，因为态势和系统是动态的。(S^i, A_j) 的有效性将取决于时间窗口 θ_m，或表示为 (S^i, A_j, θ_m) 的机会窗口。系统 S^i 在分配给任务 M 的时间间隔 θ_m 内对动作 A_j 进行互操作。时间参数由联盟决策者确定。

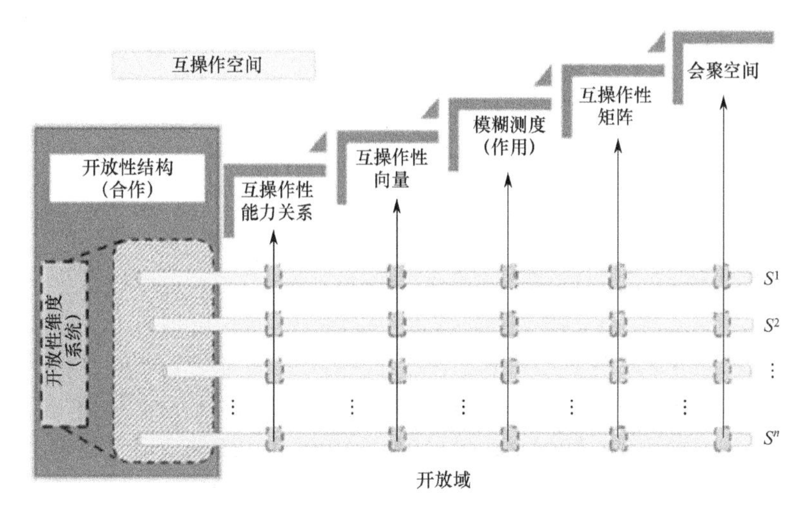

图 7.5　互操作性空间

7.2.1.5　互操作性能力关系

以命题演算的观点，定义一个预测的互操作关系 R。这个关系的元数是 3，通过这个关系，任何系统都可以评估其对联盟行动的操作能力。这种关系必须适用于每一个系统和联盟的每一个行动。我们形成以下命题：

$$R(S^i, \{A_j\}, \theta_M), \forall i \in [1, n], \forall j \in [1, p] \tag{7.7}$$

系统 S^i 认为自己有能力对行动 $\{A_j\}$ 进行互操作，式中所有的 A_j 都可以用一种形式的方式来描述。每个系统都必须确定第一个条件，这是互操作性的必要条件，但不是充分条件。根据它对周边世界的自我意识，一个系统能够判断它是否有必要的能力对一个行动进行互操作。事实上，关系 R 允许以下列方式定义有效的互操作性：在正常和通常情况下，一个系统 S^i 可以评估其在窗口时间 θ 内，对特定任务 M 的任何行动进行操作的能力。由于认为 $R(S^i, \{A_j\}, \theta_m)$ 是一个命题，我们可以为其分配一个真值：

$$\text{Val}[R(S^i, \{A_j\}, \theta_M)] :: \text{True}(T/1) \text{ 或 } \text{False}(F/0) \tag{7.8}$$

这意味着，如果为真，S^i 可以对 A_j 进行互操作，在时间窗口 θ，由任务 M 确定。$\forall i \in [1, n], \forall j \in [1, p]$；如果为假，则 S^i 无法对 A_j 进行互操作。在实践中，负责 S^i 的决策者有权应用这种关系，从而决定 S^i 相对于其任务背景的互操作性状态。以一种形式化的方式，S^i 在解释它自己的可能世界。

7.2.1.6 互操作行动的模糊表示

模糊测度是指在存在不完全信息的情况下表示不确定性的一种方法。由于我们不处理完整信息，在此可能使用概率，这里的建议是以主观方式确定数值系数或确定度。这些系数表示系统如何有必要对事先声明可能的行动进行互操作。让假设一个系统一次只执行一个可互操作的行动。因此，可以从以下单项定义一个全域 W：

$$W=\{(S^i,A_1),\cdots,(S^q,A_p)\}$$
$$\text{具有}\,d(S^i,A_n)::\text{可能性度，}\,d(S^i,A_n)\in[0,1] \tag{7.9}$$

式中：(S^i,A_n) 代表评估 S^i 执行行动 A_n 的可能性。

当附加一个可能性系数到一个全域集 U 的每个子集上时，就完全定义了一个模糊测度。如果 U 的基数是 n，则我们必须规定 2^n 个系数，以指定可能性的度量。在这里，我们将继续简单地观察，可以将U的每一个子集视为它所包含的一个单项的并集。因此，可能性度量的确定只能由 n 个元素来完成。图 7.6 展示了使用模糊立方体概念的可互操作行动的示例，其中维度如下。

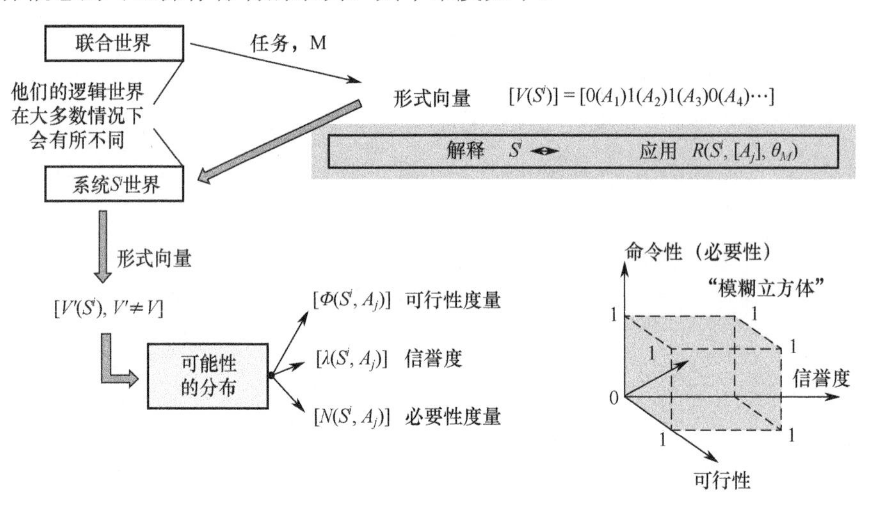

图 7.6 可互操作行动的模糊表示

（1）与可能性相当的可行性度量。

（2）强制性度量，与（1）的两倍的必要性相当。

（3）一种可信度度量，用于评估执行某项行动时对系统的信任程度。

维度 1 和维度 2 将由可能性分布来定义。

7.2.1.7 互操作性的模糊矩阵

对于给定的系统 S^i，如果我们连续应用互操作性的预测关系 R，对于耦合项

(S^i, A_j)，j 从 1～p 变化，如式（7.10）所示，得到一个二元向量 $\boldsymbol{V}(S^i)$。联盟中的向量和系统一样多：

$$\begin{cases} \mathrm{Val}[R(S^i, A_1)] :: T \\ \mathrm{Val}[R(S^i, A_3)] :: F \\ \cdots \\ \mathrm{Val}[R(S^i, A_p)] :: T \end{cases} \tag{7.10}$$

估计向量 $\boldsymbol{V}(S^i)$（第 j 行）的一个分量，例如：

$$\mathrm{Val}[\boldsymbol{V}(S^i)_j] :: F \Rightarrow \exists R(S^i, A_j) \tag{7.11}$$

式（7.11）中的假（F）表示联盟没有开放性结构，因此，S^i 没有语义可供评估。$\boldsymbol{V}(S^i)_j$ 不应该存在。从二进制向量或从（逻辑）世界产生的应用 R，对于不同的假（F）值，可以将模糊测度分配给每个向量分量。这些模糊向量是通过取世界 R 上的任意一个耦合项来计算的，例如：

$$\boldsymbol{V}(S^i)_{j=1,2,\cdots,p} :: 1 \tag{7.12}$$

或向量的元素 $\boldsymbol{V}(S^i)$，例如：

$$[\boldsymbol{V}(S^i)_{j=1,2,\cdots,p}](R) :: 1 \tag{7.13}$$

语义的评价 $\mathrm{Val}[\boldsymbol{V}(S^i)_{j=1,2,\cdots,p}] :: T$ 之所以有必要，是因为不可预知的事件发生在其本身系统的世界中，或者任务的变化可能会改变 S^i 的世界。这意味着 A_j 对系统和联盟的意义可能发生变化。在收集互操作性 $\boldsymbol{V}(S^i)$ 的所有向量时，得到了互操作性矩阵：

$$[\boldsymbol{I}(S^i)_{i=1,2,\cdots,n}] = [\boldsymbol{V}(S^1)\ \boldsymbol{V}(S^2)\ \cdots\ \boldsymbol{V}(S^n)] \tag{7.14}$$

该矩阵仅表示一种明显的互操作性，可以以不同的方式使用，例如表明理论上最具互操作性的系统 S^i，用于行动 A_j，或确定最适合的系统 S^i，运行在特殊条件下：对执行行动施加时间约束的任务。可以构造 3 种模糊互操作性矩阵。

（1）可行的互操作性矩阵：该矩阵给出了 S^i 互操作性的可行性维度。矩阵表示为

$$[\boldsymbol{I} - \boldsymbol{\Phi}(S^i)_{i=1,2,\cdots,n}] \tag{7.15}$$

（2）必要的互操作性矩阵：必要互操作性矩阵由上面内容和图 7.6 所述的必要性模糊向量构建。它表明一些系统所必需的互操作条件。该矩阵表示为

$$[\boldsymbol{I} - \boldsymbol{N}(S^i)_{i=1,2,\cdots,n}] \tag{7.16}$$

（3）可信的互操作性矩阵：该矩阵使处于成功互操作最佳位置的系统具有可见性。它表示为

$$[\boldsymbol{I}-\boldsymbol{\lambda}(S^{i})_{i=1,2,\cdots,n}] \tag{7.17}$$

然而，由于篇幅限制，我们无法给出这三个矩阵的详细用法示例，但读者可以在 Barès 等人[30,35]的文章中找到更多细节。

7.2.1.8 协作性空间的 Barès 定义

本节定义了协作性空间的概念。对于上述互操作性空间，使用了相同的方法。空间限制再次阻止我们像前面一样详细，但细节可以在文献[30-35]中找到。然而，值得一提的是，对于协作性，除了系统自身执行任何行动的能力外，系统还必须解释其他系统对行动进行互操作的能力。这意味着，除了 S^i 互操作性的预测关系（见第 7.2.2.5 节）外，还需要系统 S^i 的协作性的预测关系。

假设当 S^i 可以判断相邻的（协作的）系统在一个时间窗 θ_m 中对一组行动 $\{A_j\}$ 进行互操作的能力时，系统 S^i 具有协作性能力。这一能力由四联体表示：

$$[S^{i}\because S^{k},\{A_{j}\},\theta_{M}]\forall i,k\in[1,n],j\in[1,p] \tag{7.18}$$

式中：符号∵表示解释方式。

协作性的预测关系 R，首先根据以下条件定义：R::《能够协作》和 R::《解释其他系统在 $\{A_j\}$ 上进行互操作的能力》；然后可以写出以下预测关系：

$$R'[S^{i}\because S^{k},\{A_{j}\},\theta_{M}]\forall i,k\in[1,n],j\in[1,p] \tag{7.19}$$

这意味着 S^i 判断 S^k 能够在时间窗口 θ_m 中在 $\{A_j\}$ 上进行互操作（其中 θ_m 是常数）。这个评估采用一个模糊的可信性度量 λ。以预测演算视角看，关系 R 在这些条件下定义，等价于一个命题函数：表示变量 (S^i,S^k,A_j)。因此，对于给定的 S^i，预测的真值：S^k 可以在每个 $A_{j=1,2,\cdots,p}$ 上互操作，即

$$\mathrm{Val}[R'[S^{i}\because S^{k},\{A_{j}\},\theta_{M}]]::\mathrm{True} \tag{7.20}$$

如果为真，则意味着 S^i 解释 S^k 能够在行动 $\{A_j\}_{j=1,p}$ 上进行互操作，即

$$\mathrm{Val}[R'[S^{i}\because S^{k},\{A_{j}\},\theta_{M}]]::\mathrm{False} \tag{7.21}$$

如果为假，则意味着 S^i 认为 S^k 不能够在行动 $\{A_j\}_{j=1,p}$ 上进行互操作。

通过组合协作性向量，得到协作性矩阵。尽管互操作性矩阵是唯一的，但在协作性领域中有必要建立两类矩阵。第一类称为协作性系统，它将指出这组系统如何解释它们各自的互操作性；第二种称为协作性行动，考虑行动，即从基本行动理解联盟互操作性的矩阵。

7.2.1.9 协作性系统的矩阵

系统 S^i 的协作性矩阵用 $[\boldsymbol{C}(S^k)]$ 表示。可以对行和列进行特殊计算，以提供有用的见解来描述联盟的协作能力，即系统互操作质量（如易用性）的可见性。

列的性质：$[\boldsymbol{C}(S^k)]$ 是 S^k 的协作性系统的矩阵，并考虑该矩阵的第 m 列。如果

我们将矩阵$[\boldsymbol{C}(S^k)]$的向量列 m 的所有分量相加，那么我们得到一个标量$\alpha_{\mathrm{c}}(S^k)$，定义为

$$\alpha_{\mathrm{c}}(S)=\sum_{j=1}^{p}[\boldsymbol{C}(S^k)]_{j,m} \tag{7.22}$$

标量$\alpha_{\mathrm{c}}(S^k)$表示 S^m 如何评估 S^k 关于行动的互操作性强度。以下是两个情况来说明对该协作性系统矩阵的解释。

情况 1：$\alpha_{\mathrm{c}}(S^k)=0$。根据其评估，$S^m$ 认为 S^k 是不可互操作的。S^k 不能在联盟中扮演任何角色，因为 S^k 不能执行任何行动。这并不意味着 S^k 没有互操作能力。在这一点上，其他系统的评估是未知的，可能会提出一些问题，如 S^m 和 S^k 之间是否存在误判，以及 S^m 和 S^k 之间是否存在任何可共享的内容。

情况 2：$\alpha_{\mathrm{c}}(S^k)\neq 0$。这意味着 S^m 或多或少信任 S^k 的互操作能力。如果α_{c}的值接近 0，则 S^m 对 S^k 的信任较弱，并且认为 S^k 很可能失败。如果$\alpha_{\mathrm{c}}(S^k)$接近 1，那么 S^m 非常信任 S^k，并且认为 S^k 在互操作中是成功的。

图 7.7 给出了具有系统 S^2 和 3 个行动的协作性系统矩阵的示例。从这些矩阵中可以得到给定的系统观点。例如，在哪个行动上系统是最可互操作的？从这些行中，可以看出所有系统的观点（共识概念，线 l 的属性）。例如，哪个系统最适合在行动 l 上进行互操作。

$$[C(S^2)]=\begin{bmatrix} R'(S^1\because(S^2,A_1)) & R'(S^2\because(S^2,A_1)) & R'(S^3\because(S^2,A_1)) \\ R'(S^1\because(S^2,A_2)) & R'(S^2\because(S^2,A_2)) & R'(S^3\because(S^2,A_2)) \\ R'(S^1\because(S^2,A_3)) & R'(S^2\because(S^2,A_3)) & R'(S^3\because(S^2,A_3)) \\ R'(S^1\because(S^2,A_4)) & R'(S^2\because(S^2,A_4)) & R'(S^3\because(S^2,A_4)) \end{bmatrix}$$

$$[C(S^2)]=\begin{bmatrix} 1 & 1 & 0 \\ 0 & 0 & 1 \\ 0 & 0 & 0 \\ 1 & 1 & 0 \end{bmatrix} \qquad C[S^2]=\begin{bmatrix} 0.3 & 0.6 & 0.0 \\ 0.0 & 0.0 & 0.7 \\ 0.0 & 0.0 & 0.0 \\ 0.3 & 0.2 & 0.0 \end{bmatrix}$$

关系R'的应用　　　　信誉度

图 7.7　协作性系统矩阵

7.2.1.10　协作性行动的矩阵

我们现在定义另一种模糊矩阵，它允许联盟中所有系统所需的协作可见性。假设此特殊矩阵表示处于最佳行动互操作条件下的系统。因此，将这些矩阵称为协作行动矩阵。如果考虑到前面每个矩阵（见 7.2.1.9 节）中的第 j 行，将形成一个新的矩阵，报告相对于行动 A_j 的系统协作性能力。该矩阵用$[\boldsymbol{C}(A_j)]$表示，如图 7.8 所示。

协作性行动矩阵$[\boldsymbol{C}(A_j)]$呈现出有趣的特征：其结构为方形；它允许了解什么

是联盟系统在行动 A_j 上互操作的最佳位置；更重要的是，它评估了在特定行动上进行互操作的难度。例如，通过计算联盟所有行动 $\{A_j\}_{j=1,p}$ 的 $\boldsymbol{P}$ 矩阵，可以看出哪些行动难以实施，哪些行动可能使联盟陷入困境，或者迫使联盟面对困难的问题。

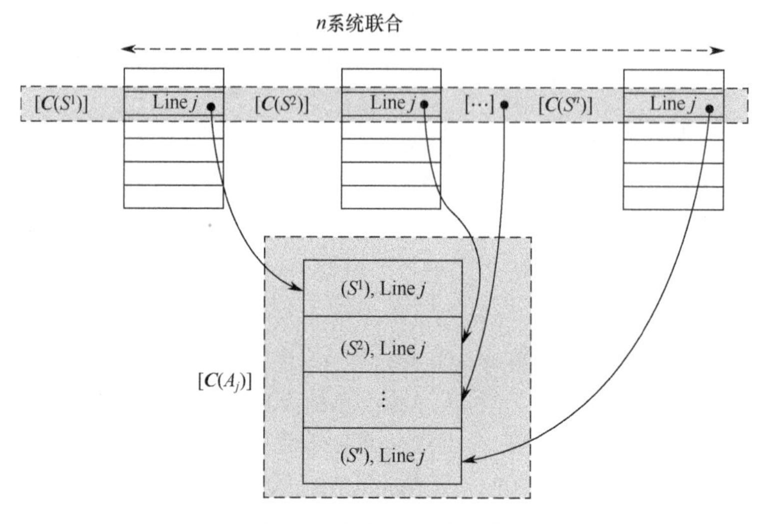

图 7.8　协作性行动矩阵

7.2.1.11　系统互操作性总结

7.2.1 节提出了系统开放性、可互操作组的非常创新的概念，并通过数学工具互操作性和协作性的模糊矩阵应用这些概念来评估和分析组织范例（如军事联盟）中的互操作性。它可以形式化联盟的开放性结构，并开发分析工具，以获得有趣的属性。基于 FIAT（模糊测度、可能性分布、基于逻辑的预测关系）的工具可以对 CPSS 等大型系统的互操作性进行定量评估。这种智能 FIAT 工具的开发扩大了我们对互操作性的理解，而互操作性对于解决大数据问题的多样性至关重要。

7.3　处理不完善信息的集成框架

7.2 节举例说明了系统和源的多样性以及互操作性问题。本节强调真实性维度。FIAT 提供了分析数据、实现态势感知和支持决策的技术和工具。描述和解释信息不完善性可能是基于 FIAT 的过程中最重要和最困难的任务。

FIAT 支持为意义构建将数据转换成可行动的知识，减少不确定性，从而提高系统可靠性的过程。意义和感知与任何智能体、人或机器的行为密切相关。目标驱动或基于活动的方法听起来很适合这个过程。一个框架的开发是一个核心需求，在这个框架中，可以将知识、信息和不确定性进行组织、结构化、表示、组合、管理、减少和更新。这种整合 FIAT 框架包括：①通过明确定义的态势和意识概念，提供表达知识的手段；②支持不确定性、置信和置信变化建模；③为 FIAT 与行动（用户和机器）的关联提供关键集成模型；④通过模块化、细化、验证和检验为系统设计提供实际支持；⑤在捕获系统行为时，在操作和功能建模之间提供一个好的折中方案；⑥使相当抽象的模型能够快速进行原型化和实验验证；⑦支持多智能体系统的建模。

文献中提出的信息融合框架数量非常有限，可以部分满足上述要求。许多重要而强大的分析工具和技术已经提供给科学和工程界，用于组织、集成和可视化大量数据。我们可以想到 MapReduce[47]、HADOOP[48-49]和 EXALEAD[50]等几个例子。仅在信息融合领域，最近就致力于定义一个集成融合框架：在文献[51]中引入的状态转移数据融合（STDF）模型，解释系统态势分析（ISSA）[52]，抽象状态机（ASM）方法[53-54]用于分布式系统的高级设计和分析，基于 OODA 的智能体[55]，重组设计方法[56]，用于态势评估的模糊认知图[57-59]，以及最近基于 Sulis 原型动力学和因果挂毯[62]的全息处理框架[60-61]。

7.3.1 处理不完善信息的集成框架

认知图（CM）也称为心理地图或心理模型，依照文献[63]：“一种心理表征，它服务于个体获取、编码、存储、回忆和解码有关其日常或隐喻性空间环境中现象的相对位置和属性信息。”可以将认知图描述为给定系统如何运作的定性模型。此图是基于定义的变量和这些变量之间的因果关系。这些变量可以是可测量的物理量，如核辐射水平或冰层覆盖率，或复杂的集合或事件，或抽象的概念，如网络威胁或意图。

Tolman[64]在 1948 年和 Kosko[65]在 1986 年正式提出这个概念，带来了模糊认知图（FCM）的现代概念，并已用于多种应用中[66]。FCM[65]是一个节点和连接弧的集合，用于表示系统状态和相互作用的因果关系：一个图形原型，用数值方法编码和处理模糊的因果推理。状态的模糊概念为处理该过程中所涉及的不确定性提供了一种方法。Leung 等[57-59,67]将 FCM 用于基于 FIAT 的应用，以支持态势评估、灾害管理、海岸监视和分布式传感。

与前几章讨论的其他可能的 FIAT 框架[51,53,60,68]一样，FCM 也具有有趣的特性，但仍需要进一步努力才能成为 FIAT 集成框架。例如，需要进行分析研究，以解决 FCM 的两个主要问题：缺乏设计工具来支持认知图开发和细化的自动合成过程，以及在多刺激态势下适当推理方案的开发。多个输入或初始状态的组合可能会产生具有意外行为的新模式。目前，构造和分析 FCM 的技术在实际中是不充分和不可行的，特别是对于大型复杂系统。最后，制定一个具体的 FIAT 框架不仅需要改进现有的 FCM 方法，还需要整合其他 FIAT 框架的有趣和相关特征，如文献[51，53，60，68]中所述。

7.3.2 Sulis 因果挂毯

原型动力学[62]是复杂系统中信息流建模的一种形式化方法。它建立在实现（系统）、解释（原型、心理模型）和表现（形式模型）的三位一体上（见第 2 章）。Sulis[69]提出使用挂毯作为形式表现模型。挂毯通过多层的、递归的、相互连接的图形结构来表示信息流，这些图形结构表示形式和语义。因果挂毯是一种特殊的挂毯模型，它从过程论[70]的观点出发，通过现实博弈来描述行为系统。观察量由挂毯信息元（见第 4 章）表示，而主观成分则融入到现实博弈中，决定挂毯的动态。这导致了一个随机图形动力系统与因果挂毯。尽管如此，这种方法仍然需要大量的科学发展，才能成为 FIAT 的一个整合框架。例如，7.3.1 节中的模糊认知图概念可以与 Sulis 的语义框架相联系。如上所述，制定具体的 FIAT 框架不仅需要改进 Sulis 和当前的 FCM 方法，还需要整合其他 FIAT 框架的有趣和相关的特征，如[51，53，60，68]中所述。

7.3.3 抽象状态机设计基于 FIAT 的系统

本节简要概述抽象状态机（ASM）方法的基本概念，用于分布式系统的高级设计和分析。这种方法可用于设计基于 FIAT 的智能支持系统，如文献[53]所示。有关 ASM 的更多详细信息，读者可以参见文献[53-54，71-73]。ASM 为离散动态系统建模提供了一种多用途的数学方法，其目标是弥合计算模型和规范方法之间的差距[74]。它们结合了过渡系统的两个众所周知的基本概念，对系统的动态方面进行建模，并对状态进行抽象，在任何所需的抽象级别上对静态方面进行建模。在过去的 10 年中，ASM 进一步发展成为一种系统工程方法[54]，它指导了软件和嵌入式硬件/软件系统的开发，从需求捕获到实现。目前，ASM 以其在架构、语言、协议以及几乎所有类型的顺序、并行和分布式系统的计算和数学建模方面的多功能性而闻名，并以实际应用为导向[53-54,71-77]。

用于系统设计和分析 ASM 方法建立在抽象状态机的概念之上，并将需求捕获和系统设计两个任务结合在一起。其目标是通过将精确的面向高级问题领域的建模集成到开发周期中，并将抽象模型系统地链接到可执行代码中，从而改进工业系统的开发。该方法由 3 个基本因素组成：①将需求捕获到一个精确而抽象的运作模型中，称为地面模型 ASM；②从地面模型到实施的系统化和渐进式改进；③通过模拟或测试，在各个抽象层次上对模型进行实验验证。ASM 提供的抽象自由支持在相同的复杂性水平上表达系统设计背后的原始想法，并使系统设计者能够强调设计的基本方面，而不是编码无关紧要的细节。

地面模型的操作特性与抽象自由度相结合，支持在开发的早期阶段，在繁琐的编码任务开始之前，对设计空间的探索和设计思想的实验验证。从地面模型 ASM

开始，应用逐步细化的过程，可以创建一个中间模型的层次结构，并系统地链接到实现中（图 7.9）。在细化的每一步，都可以对细化后的模型进行验证，对抽象模型进行检验。生成的层次结构作为一个设计文档，并允许人们跟踪需求直至实现。每一步对抽象模型的验证都可以用来纠正或进一步改进在更抽象的模型中做出的设计决策。

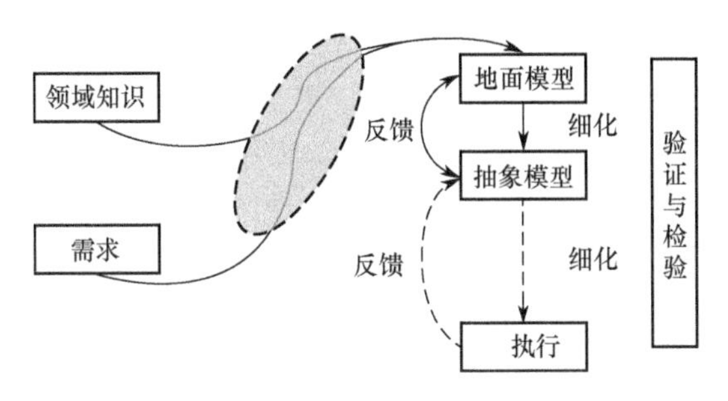

图 7.9　系统工程中的 ASM 方法

7.3.3.1　分布式 ASM

ASM 或基本 ASM 的最初概念定义为形式化单个计算智能体，同时，并行操作。定义一个基本的 ASM，M_A 为一个元组，其形式为 (F, J_s, T_R, P_{M_A})，式中 F 是函数名和符号的有限集，J_s 是签名的初始状态集，T_R 是转换规则声明集，$P_{M_A} \in T_R$ 是一个可区分的规则，称为主规则或机器 M_A 的程序。

F 的状态 G 是非空集 X 和解释 $f^G: X^n \to X$，表示 F 中的每个函数名 f。函数可以是静态的，也可以是动态的。动态函数的值可以随着状态到状态的变化而变化。对给定状态下的转换规则估值会生成一组状态 $\langle (f, \langle a_1, \cdots, a_n \rangle), \upsilon \rangle$，式中 f 是 F 和 $((a_1, \cdots, a_n), v) \in X$ 中的 n 元函数名。更新的 $(f, \arg s, v)$ 规定在下一个状态中更改位置 $(f, \arg s)$ 的内容。

分布式 ASM（DASM），$M_{A_{dist}}$ 由一个计算智能体的动态集合智能体来定义，每个智能体执行它的 ASM。这集合可以在 $M_{A_{dist}}$ 的运行过程中动态地改变，这是建模不同数量的计算资源所必需的。$M_{A_{dist}}$ 的智能体通常通过读写全局机器状态的共享位置来彼此交互，并且通常也与 $M_{A_{dist}}$ 的操作环境交互。

直观地说，$M_{A_{dist}}$ 的每个计算步骤都涉及到一个或多个智能体，每个智能体根据其对全局共享机器状态的局部视角执行单个计算步骤。底层语义模型调节智能体之间的交互，从而根据部分有序运行的定义解决潜在冲突[78]。

$M_{A_{dist}}$ 通过外部界面上可观察到的动作/事件与其操作环境（外部世界对 $M_{A_{dist}}$ 可见的一部分）进行交互，由受控和监控函数形式表示。特别感兴趣的是监控的函数，它们是由环境控制的只读函数。一个典型的例子是全局系统时间的抽象表示，即一个监控函数“现在”在线性有序的时间域中取值。“现在”的值在$M_{A_{dist}}$的运行上单调增加。

7.3.3.2　3个集成框架的优劣分析

本节对基于FIAT的系统设计的3个潜在集成框架：STDF、ISSA和ASM进行了优缺点分析。有关STDF、ISSA和ASM的更多详细信息，参见文献[10，51-53，68，71-73，79]。

STDF模型从更广泛的意义上获取了信息融合过程。它提供了明确定义的对象、态势和场景的概念，并用一个抽象的功能模型描述了信息融合过程[51]。然而，STDF并没有提供一个计算模型来表示如何实现该功能。STDF模型根据一组经过时间变换的抽象状态来查看底层系统。这似乎是一个正确的抽象，人们需要专注于信息融合过程的建模，但没有提供一个全面的形式化框架来实际建模和设计系统，事实上，STDF明确地将这样一个框架的选择留给了实践者。据我们所知，没有为STDF提供通用工具支持。

然而，ISSA方法为知识和不确定性的推理以及在分布式系统背景中处理置信变化概念提供了一个形式化的框架。与STDF不同，ISSA提供了一个用于建模分布式系统的计算底层形式化框架。与ASM一样，ISSA将并发和反应系统的分布式计算视为状态演化，假设多个计算智能体相互作用，并与其代表外部世界的操作环境相互作用。在ASM和ISSA中，底层计算模型将分布式系统的行为定义为：源自一组可分辨初始系统状态的所有可容许运行的集合。然而，ISSA中系统行为的基本观点倾向于系统建模的理论方面，建立在抽象的数学概念之上，这些概念似乎离实际的系统设计和开发更远[53]。

可靠的态势分析决策支持系统的实际设计和开发需要一个形式化的框架，该框架不仅提供态势分析概念和过程的形式化模型，而且还支持已建立的系统设计概念，如模块化、细化、验证和高级模型检验。为了系统地探索态势分析概念在有意义的应用场景中的实用性，控制实验需要抽象的可执行模型作为快速原型和实验验证的基础。

ASM提供了一个通用的计算模型，与系统的高级设计和系统分析方法相结合。原则上，多智能体分布式系统的ASM模型是可执行的，当与CoreASM（www.CoreASM.org上提供的开源项目）工具结合使用时，能够实现高度抽象设计规范的实验验证，并促进在开放工具环境中与其他工具和分析技术的互操作性。尽管ASM建模方法也用作构建基于知识的系统基础，但ASM并没有为知识和不确定性的推理提供具体支持，也没有为信息融合和态势分析提供内置支持。

表7.1总结了在态势分析和决策支持系统（SADS）的设计和分析背景下的每种方法的优缺点。基于这种比较，我们建议将ASM、STDF和ISSA结合起来，为SADS的设计、分析和开发提供一个全面的形式化框架。图7.10展示了这个框架的

主要组件，其中 ASM、STDF 和 ISSA 以其功能定位。

表 7.1　STDF、ISSA 和 ASM 的优势和挑战

STDF	优势	设计用于信息融合； 信息融合过程的统一模型； 明确定义了对象、态势和场景概念； 自由选择基于状态的底层系统建模框架
	弱点	无操作语义； 没有为系统建模的底层形式化框架（松散定义的状态概念）； 实施中的实际挑战； 没有工具支持
ISSA	优势	分布式系统建模的形式框架（状态、运行和状态转换的概念）； 知识和不确定性推理的形式化框架； 良好定义的态势、态势感知和态势分析概念
	弱点	不是一个实用的系统设计框架； 态势感知不是计算性的； 没有针对影响或意图的模型； 缺乏强大的工具支持
ASM	优势	具有明确定义的状态和状态转换概念的通用计算模型； 本质上是可操作的，但也支持功能性和声明性系统建模； 实用的系统设计：抽象、细化、模块化和可执行性； 许多实际应用； 支持多智能体和分布式系统设计； 现有工具支持
	弱点	没有明确支持关于知识和不确定性的推理或信息融合和态势分析

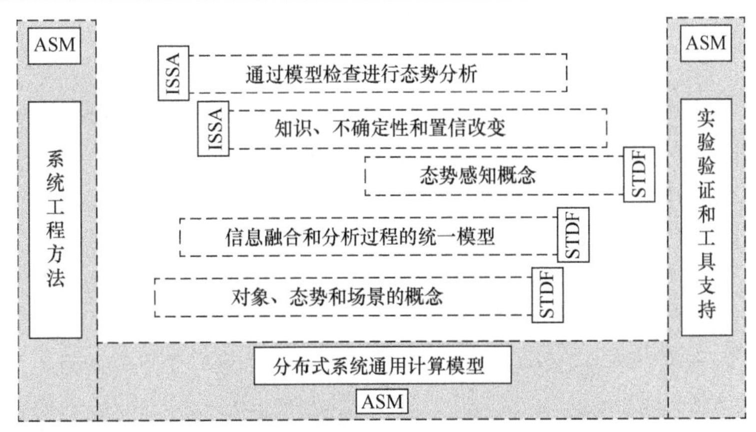

图 7.10　集成 ASM、STDF 和 ISSA

在此基础上，我们建立了分布式系统的 ASM 通用计算模型。STDF 和 ISSA 的系统视图，就转换状态而言，尤其是 STDF 在定义状态结构时提供的抽象自由度而言非常适合抽象状态机的概念。STDF 中的状态集可以映射到分布式 ASM 的全局状态，状态转换的想法可以通过 ASM 中的计算步骤来捕获。在此基础上，我们定义了对象、态势和场景的信息融合概念，在此基础上定义了信息融合过程的 STDF 统一模型。传感器信号将由接收环境输入的监控功能建模。引入了 ISSA 对知识表示、不确定性和置信变化的观点，使我们能够将智能体的态势感知建模为其局部状态的一部分。

ASM 的可执行性与 Core-ASM 建模环境相结合，除了通过模型检查或模拟进行态势分析外，还允许对抽象模型进行实验验证。STDF 的融合过程首先由图 7.11 中的控制状态 ASM 以操作形式建模；然后可以直接映射到由 DASM 智能体程序运行的 ASM 规则（以更新其态势感知）。一旦我们有了一个合适的系统模型和场景，关于真相、知识和时间的各种类型的查询就可以用于态势分析。可以通过将查询显式编码为派生函数并运行可执行模型，或者通过应用 ASM 可用的模型检查技术来检查这些查询[53]。

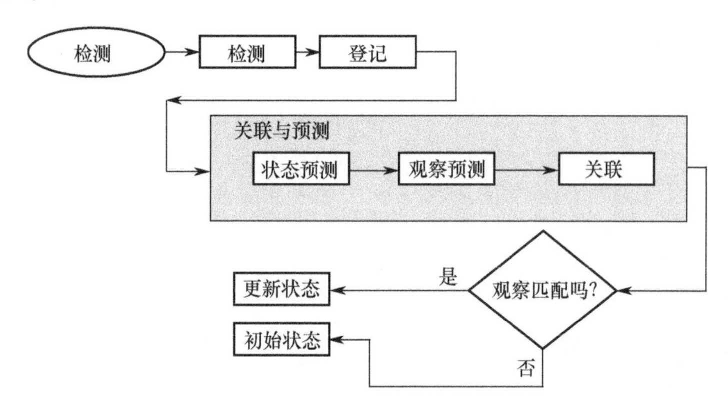

图 7.11　STDF 融合过程作为控制状态 ASM 的操作模型

STDF 中的语义值（对一个对象、一个态势或一个场景的理解）是基于相应实体的整个转换状态历史来定义的。在任何给定状态的 DASM 中，智能体只能在机器的当前状态下访问函数和项的值。然而，借助 ASM 中的抽象自由，可以引入一个值的历史概念，将在机器的当前状态中暴露机器以前状态中函数的历史值。文献[77]中也引入了类似的概念，其中假设 ASM 状态中位置的历史值是可访问的。对于这个框架，我们建议用以下符号，$f[k](a_1,\cdots,a_n)$，扩展 ASM，对其估值将得到函数 f 的值，具有参数 $a_1,\cdots,a_n$，表示机器的第 k 个之前的状态 $(k \in N)$。

在该定性分析的结论中，如果有人对动态态势的表示和推理感兴趣，并产生可通过实验验证和系统检验的固体系统设计，则设计和开发基于 FIAT 的 SADS 系统的形式化计算框架是不可避免的。这样一个框架不仅应该为 FIAT 提供一个基本的模型以及表示知识和不确定性的方法，而且应该为系统工程和模型的实验验证提供实际支持。为了满足这种形式化框架的一系列需求，我们提出将 STDF 和 ISSA 两种形式化方法与 ASM 的系统设计和分析方法相结合。这种集成已从文献[53]开始，需要考虑到第 5 章和第 6 章所阐述的原型动力学的概念。

7.3.3.3 应用场景：跟踪移动对象

本节说明了所提出的框架在基于 FIAT 的系统设计和建模中的应用。让我们考虑图 7.12 中描述的场景。在这里，我们将重点讨论态势分析的两个功能：关联和跟踪。该场景包括位于笛卡儿空间上的 4 个节点，代表两个观察者观测源 O_1 和 O_2，以及两个感兴趣的对象 A 和 B。A 和 B 是运动物体，在时间 t 的特征是向量 $\left\langle x_{\mathrm{A}}^t, y_{\mathrm{A}}^t, v_{x_{\mathrm{A}}}^t, v_{y_{\mathrm{A}}}^t \right\rangle$ 和 $\left\langle x_{\mathrm{B}}^t, y_{\mathrm{B}}^t, v_{x_{\mathrm{B}}}^t, v_{y_{\mathrm{B}}}^t \right\rangle$。$O_1$ 和 O_2 都配备了传感器 s_{O_1} 和 s_{O_2}，能够以时间间隔 Δt_{O_1} 和 Δt_{O_2} 观察 A 和 B 的位置和速度向量。每个传感器 s 都有一个观测误差向量 $\left\langle e_x^{\mathrm{s}}, e_y^{\mathrm{s}}, e_{v_x}^{\mathrm{s}}, e_{v_y}^{\mathrm{s}} \right\rangle$，定义了误差的范围，以及一个可变的误差系数 $e_{\mathrm{d}}^{\mathrm{s}}$，该系数随观察对象与观察者之间的距离 d 单调增加。我们将传感器 s 在距离 d 处观察对象 T 的可靠性定义为 d 的反函数：$d: R_{\mathrm{T}}^{\mathrm{s}} \cdots d^{-1}$。

使用 ASM，我们希望为图 7.12 场景建模 DSS，该场景满足以下要求：①系统应提供 A 和 B 的最后观测位置和速度的感知；②系统应在观测间隔内提供 A 和 B 位置的连续预测；③如果可能，观察者 O_1 和 O_2 应在一定阈值 R_{M} 下保持其观察结果的联合可靠性；④观察者 O_1 和 O_2 应始终与所有感兴趣的对象保持 d_{M} 的最小距离；⑤如果 A 和 B 在一段时间内保持接近，则可能会发生交会。交会概率可定义为

$$\Pr(\mathrm{A,B}) = \frac{1}{2}\left(\mathrm{e}^{\left(1-\tilde{t}_{\mathrm{r}}(\mathrm{A,B})^{-1}\right)} + \mathrm{e}^{\left(1-\tilde{d}_{\mathrm{r}}(\mathrm{A,B})^{-1}\right)} \right) \tag{7.23}$$

式中：$\tilde{d}_{\mathrm{r}}(\mathrm{A,B})$ 为 A 和 B 对应范围 $[d_{\mathrm{r}}^{\min}, d_{\mathrm{r}}^{\max}]$ 的在[0，1]内的标准化距离；$\tilde{t}_{\mathrm{r}}(\mathrm{A,B})$ 为 A 和 B 的距离小于 $d_{\mathrm{r}}^{\min}$ 的标准化持续时间。

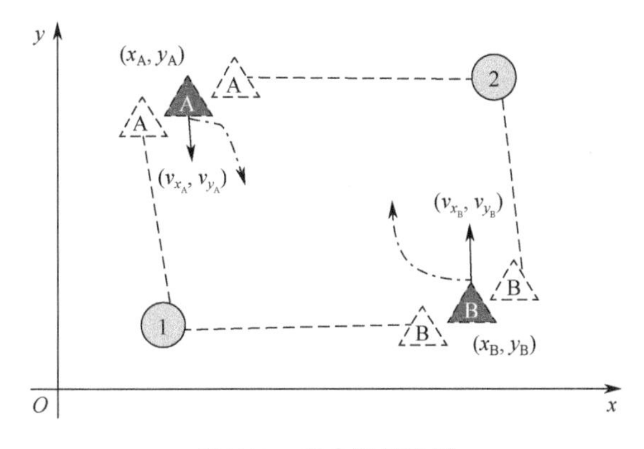

图 7.12 交会场景设置

7.3.3.4 场景交会的可执行抽象模型

我们将该系统建模为一个分布式多智能体系统，其中 4 个智能体代表感兴趣的对象 A 和 B 以及观察者资源O_1和O_2，第 5 个智能体 M 提供 A 和 B 的位置在未来的预测值，并计算交会的可能性。观察者和感兴趣的对象具有位置和速度属性，这些属性可能会随着时间的推移而改变，而且它们还有一个共同的行为，它们可以根据当前的速度更新位置。在这方面，我们可以在一个域节点下对这 4 个智能体进行分类。智能体O_1和O_2需要传感器来观察 A 和 B 的位置和速度，以及将其观察结果传达给智能体 M 的方法。在这个模型中，我们从通信层中提取，并假设 M 总是通过读取全局状态的共享位置来感知O_1和O_2的观测。由于空间的限制，这里我们只介绍探测交会的最精彩部分。

对于每个感兴趣对象 T 的观测值集合可以简单地定义为相对于观测值的可靠性的观测信息加权平均值：

$$\hat{O}_{\mathrm{M}}(T)=\frac{\sum_{\omega} R_{\mathrm{T}}^{\omega}\,\hat{O}_{\mathrm{M}}(T)}{\sum_{\omega} R_{\mathrm{T}}^{\omega}},\omega \in \text{观测者} \tag{7.24}$$

位置的预测可以使用感兴趣对象的典型 Kalman 滤波模型来建模。为了检测交会，将持续监测机器最后k_{h}状态下感兴趣对象的观测位置，以式（7.23）中给出的交会概率。如果概率高于可配置的阈值p_{thres}，系统将报告交会位置及其概率。

通过对抽象模型的细化，我们生成了系统的可执行模型，并使用 CoreASM 建模框架对模型进行了仿真。以生成可执行模型为目标的这种细化不仅有助于设计的实验验证，而且有助于发现模型的模糊性、缺失部分和松散端，并迫使系统分析人员/建模人员清楚地思考主要概念及其定义。在我们的 CoreASM 模型中，将传感器建模为导函数，从本质上来说为感兴趣对象的实际位置和速度添加了噪声。

STDF 模型建议使用可能的世界分布方法进行观测预测；然而，这种方法在实施中具有实际挑战性。在我们的抽象模型中，使用模拟来估计可能的世界分布。基于监控智能体 M 最后获得的融合信息，使用多个预测智能体来模拟感兴趣对象的行为，对 A 和 B 在未来的位置预测进行建模。当获得感兴趣对象的新的观测信息时，监测智能体创建了许多预测智能体，它们位于最后一个观察位置，具有 A 和 B 的最后观测速度。在任何时刻，预测智能体的分布提供了对感兴趣对象的当前可能位置的估计。

为了在仿真过程中观察系统的状态，我们使用态势观察插件扩展了 CoreASM 环境，该插件说明机器在运行时的状态，即节点的当前位置和速度向量（地面真值）、节点的观察位置、融合信息，以及对未来位置的预测。图 7.13 显示了这个插件输出的快照。观察O_1和O_2分别由实心矩形和实心三角形表示。感兴趣的对象 A 和 B 用实心十字表示。由O_1和O_2观察到的 A 和 B 的位置用两个矩形（为O_1）和两个空三角形

（为 O_2）标记。系统对 A 和 B 位置的理解（O_1 和 O_2 的融合位置观测）用两个实心黑色圆圈标记。试图估计 A 和 B 的当前位置的预测智能体用空圆圈表示。

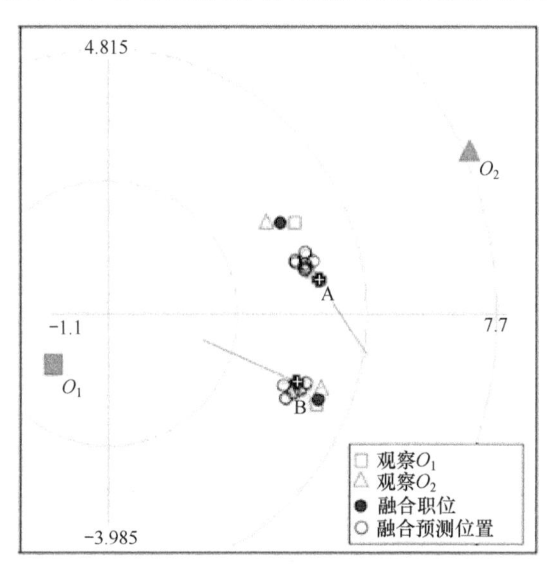

图 7.13　在 CoreASM 中运行的系统快照

7.4 小　结

本章介绍了支持复杂系统集成的两个主要贡献：异构环境下的系统互操作性和处理不完美信息的集成框架。基于 FIAT 的集成解决方案的开发正面临着这种复杂性。如果一个人对动态态势的表达和推理感兴趣，并产生可以通过实验验证和系统检验的实体系统设计，那么设计和开发态势分析决策支持系统的形式化计算框架是不可避免的。这样的框架不仅应该为分析、信息融合提供一个基本的模型，以及代表不确定性的知识和框架的手段，而且还应该为模型的系统工程和实验验证提供实际的支持。前几章介绍和本章讨论的大部分工作是建立这样一个框架的早期步骤。为了满足这种形式化框架的一套要求，需要将多个框架与 ASM 的系统设计和分析方法进行集成。

参考文献

[1] Alberts, D. S., *The Agility Advantage: A Survival Guide for Complex Enterprises and Endeavors*, Washington DC, CCRP Publication Series.

[2] Alberts, D. S., "Agility, Focus, and Convergence: The Future of Command and Control," DTIC Document, *The International C2 Journal*, Vol. 1, No. 1, 2007.

[3] Alberts, D. S., R. K. Huber, and J. Moffat, "NATO NEC C2 Maturity Model," NATO SAS-065, www.dodccrp.org, 2010.

[4] Liu, Z., et al., "Cyber-Physical-Social Systems for Command and Control," *IEEE Intelligent Systems,* Vol. 26, 2011, pp. 92–96.

[5] Poovendran, R., "Cyber-Physical Systems: Close Encounters Between Two Parallel Worlds [Point of View]," *Proc. of the IEEE,* Vol. 98, 2010, pp. 1363–1366.

[6] Sztipanovits, J., et al., "Toward a Science of Cyber-Physical System Integration," *Proc. of the IEEE,* Vol. 100, 2012, pp. 29–44.

[7] Lee, E. A., and S. A. Seshia, *Introduction to Embedded Systems: A Cyber-Physical Systems Approach*, Berkeley, CA: Lee & Seshia, 2011.

[8] Marwedel, P., *Embedded System Design: Embedded Systems Foundations of Cyber-Physical Systems*: New York: Springer Science & Business Media, 2010.

[9] Minelli, M., M. Chambers, and A. Dhiraj, *Big Data, Big Analytics: Emerging Business Intelligence and Analytic Trends for Today's Businesses*, New York: John Wiley & Sons, 2012.

[10] Blasch, E., E. Bosse, and D. A. Lambert, *High-Level Information Fusion Management and Systems Design*: Norwood, MA: Artech House, 2012.

[11] Bossé, É., J. Roy, and S. Wark, *Concepts, Models, and Tools for Information Fusion*, Norwood, MA: Artech House, 2007.

[12] Das, S., *Foundations of Decision-Making Agents*, New York: World Scientific Publishing, 2008.

[13] Das, S., *Computational Business Analytics*: New York: Taylor & Francis, 2013.

[14] Liggins, M., D. Hall, and J. Llinas, *Handbook of Multisensor Data Fusion: Theory and Practice*, 2nd ed., New York: Taylor & Francis, 2008.

[15] Hall, D. L., and J. M. Jordan, *Human-Centered Information Fusion*, Norwood, MA: Artech House, 2010.

[16] Abbasi, A. A., and M. Younis, "A Survey on Clustering Algorithms for Wireless Sensor Networks," *Computer Communications,* Vol. 30, 2007, pp. 2826–2841.

[17] Al Hasan, M., and M. J. Zaki, "A Survey of Link Prediction in Social Networks," in *Social Network Data Analytics*, New York: Springer, 2011, pp. 243–275.

[18] Saecker, M., and V. Markl, "Big Data Analytics on Modern Hardware Architectures: A Technology Survey, " *Business Intelligence*, Berlin Heidelberg: Springer, 2013, pp. 125–149.

[19] Atrey, P. K., et al., "Multimodal Fusion for Multimedia Analysis: A Survey," *Multimedia Systems,* Vol. 16, 2010, pp. 345–379.

[20] Atzori, L., A. Iera, and G. Morabito, "The Internet of Things: A Survey," *Computer Networks,* Vol. 54, 2010, pp. 2787–2805.

[21] Baldauf, M., S. Dustdar, and F. Rosenberg, "A Survey on Context-Aware Systems," *International Journal of Ad Hoc and Ubiquitous Computing,* Vol. 2, 2007, pp. 263–277.

[22] Berkhin, P., "A Survey of Clustering Data Mining Techniques," in *Grouping Multidimensional Data*, New York: Springer, 2006, pp. 25–71.

[23] Bettini, C., et al., "A Survey of Context Modelling and Reasoning Techniques," *Pervasive and Mobile Computing,* Vol. 6, 2010, pp. 161–180.

[24] Blasch, E. P., et al., "High Level Information Fusion (HLIF): Survey of Models, Issues, and Grand Challenges," *IEEE Aerospace and Electronic Systems Magazine,* Vol. 27, 2012, pp. 4–20.

[25] Bordawekar, R., et al., "Analyzing Analytics, Part 1: A Survey of Business Analytics Models And Algorithms," Technical Report RC25186, IBM TJ Watson Research Center, 2011.

[26] Bravo, C. E., et al., "State of the Art of Artificial Intelligence and Predictive Analytics in the E&P Industry: A Technology Survey," *SPE Journal,* Vol. 19, 2014, pp. 547–563.

[27] Chen, M., S. Mao, and Y. Liu, "Big Data: A Survey," *Mobile Networks and Applications,* Vol. 19, 2014, pp. 171–209.

[28] Fang, Z., and H. Liyan, "A Survey of Multi-Sensor Information Fusion Technology [J]," *Journal of Telemetry, Tracking and Command,* Vol. 3, 2006.

[29] Horling, B., and V. Lesser, "A Survey of Multi-Agent Organizational Paradigms," *The Knowledge Engineering Review,* Vol. 19, 2004, pp. 281–316.

[30] Bares, M., "Formal Approach of the Interoperability of C4IRS Operating Within a Coalition," *Proc. of 5th Intl. Command and Control Research and Technology Symp.*, 2001.

[31] Barès, M., *Maîtrise du savoir et efficience de l'action*, Paris, France: Editions L'Harmattan, 2007.

[32] Barès, M., "Proposal for Modeling a Coalition Interoperability," *6th Intl. Command and Control Research and Technology Symp.*, 2001.

[33] Handley, H. A., A. H. Levis, and M. Bares, "Levels of Interoperability in Coalition Systems," DTIC Document, 2001. Technical Report ADA467953, Fairfax, VA: George Mason University.

[34] Barès, M., *Pour une prospective des systèmes de commandement*, Paris, France: Polytechnica, 1996.

[35] Barès, M., and É. Bossé, "Besoin de coopérabilité pour les C4ISR opérant dans le cadre d'une coalition multinationale," *Symposium Transformation: vers des capacités européennes en réseau,* Paris, France, 2008.

[36] Elmogy, A. M., F. Karray, and A. M. Khamis, "Auction-Based Consensus Mechanism for Cooperative Tracking in Multi-Sensor Surveillance Systems," *JACIII,* Vol. 14, 2010, pp. 13–20.

[37] Khamis, A., "Swarm Intelligence in Robotics," presentation at University of Waterloo, https://www.researchgate.net/profile/Alaa_Khamis/publication/275342512_Swarm_Intelligence_in_Robotics/links/553901e90ef2239f4e7b2210.pdf.

[38] Khamis, A. M., M. S. Kamel, and M. Salichs, "Cooperation: Concepts and General Typology," *IEEE Intl. Conf. on Systems, Man and Cybernetics 2006 (SMC'06)*, 2006, pp. 1499–1505.

[39] Xuan, P., V. Lesser, and S. Zilberstein, "Communication Decisions in Multi-Agent Cooperation: Model and Experiments," *Proc. of 5th Intl. Conf. on Autonomous Agents*, 2001, pp. 616–623.

[40] Yu, H., et al., "A Survey of Multi-Agent Trust Management Systems," *IEEE Access,* Vol. 1, 2013, pp. 35–50.

[41] Hart, S., and A. Mas-Colell, *Cooperation: Game-Theoretic Approaches*, New York: Springer Science & Business Media, 2012.

[42] Yokoo, M., *Distributed Constraint Satisfaction: Foundations of Cooperation in MultiAgent Systems*, New York: Springer Science & Business Media, 2012.

[43] Rasmussen, J., A. M. Pejtersen, and L. P. Goodstein, *Cognitive Systems Engineering*, New York: Wiley, 1994.

[44] Rasmussen, J., "Skills, Rules, and Knowledge; Signals, Signs, and Symbols, and Other Distinctions in Human Performance Models," *IEEE Trans. on Systems, Man and Cybernetics*, 1983, pp. 257–266.

[45] Chaudron, L., and N. Maille, "Generalized Formal Concept Analysis," in *Conceptual Structures: Logical, Linguistic, and Computational Issues*, New York: Springer, 2000, pp. 357–370.

[46] Jaoua, A., and S. Elloumi, "Galois Connection, Formal Concepts and Galois Lattice in Real Relations: Application in a Real Classifier," *Journal of Systems and Software,* Vol. 60, 2002, pp. 149–163.

[47] Schroeck, M., et al., "Analytics: The Real-World Use of Big Data," 2012. http://www-03.ibm.com/systems/hu/resources/the_real_world_use_of_big_data.pdf.

[48] Zikopoulos, P., and C. Eaton, *Understanding Big Data: Analytics for Enterprise Class Hadoop and Streaming Data*, New York: McGraw-Hill Osborne Media, 2011.

[49] Olson, M., "Hadoop: Scalable, Flexible Data Storage and Analysis," *IQT Quarterly,* Vol. 1, 2010, pp. 14–18.

[50] Laura, W., *A Practical Guide to Big Data: Opportunities, Challenges & Tools*, Paris, France: Dassault Systèmes, 2012.

[51] Lambert, D. A., "A Blueprint for Higher-Level Fusion Systems," *Inf. Fusion,* Vol. 10, 2009, pp. 6–24.

[52] Maupin, P., and A. -L. Jousselme, "Interpreted Systems for Situation Analysis," *Proc. of 10th Intl. Conf. on Information Fusion (FUSION2007),* Quebec City, Canada, 2007.

[53] Farahbod, R., et al., "Integrating Abstract State Machines and Interpreted Systems for Situation Analysis Decision Support Design," *11th Intl. Conf. on Information Fusion*, 2008, pp. 1–8.

[54] Börger, E., and R. F. Stärk, *Abstract State Machines: A Method for High-Level System Design and Analysis; with 19 Tables*, New York: Springer, 2003.

[55] Valin, P., et al., "Testbed for Distributed High–Level Information Fusion and Dynamic Resource Management," *Intl. Conf. on Information Fusion*, 2010.

[56] Solano, M. A., S. Ekwaro-Osire, and M. M. Tanik, "High-Level Fusion for Intelligence Applications Using Recombinant Cognition Synthesis," *Information Fusion,* Vol. 13, 2012, pp. 79–98.

[57] Chandana, S., and H. Leung, "Distributed Situation Assessment for Intelligent Sensor Networks Based on Hierarchical Fuzzy Cognitive Maps," *IEEE Intl. Conf. on Systems, Man and Cybernetics*, 2008.

[58] Chandana, S., et al., "Fuzzy Cognitive Map Based Situation Assessment for Coastal Surveillance," *11th Intl. Conf. on Information Fusion*, 2008, pp. 1–6.

[59] Chandana, S., H. Leung, and J. Levy, "Disaster Management Model Based on Modified Fuzzy Cognitive Maps," *IEEE Intl. Conf. on Systems, Man and Cybernetics 2007 (ISIC)*, 2007, pp. 392–

397.

[60] Solaiman, B., et al., "A Conceptual Definition of a Holonic Processing Framework to Support the Design of Information Fusion Systems," *Information Fusion,* 2013.

[61] Paggi, H., et al., "On the Use of Holonic Agents in the Design of Information Fusion Systems," *17th Intl. Conf. on Information Fusion (FUSION)*, 2014, pp. 1–8.

[62] Sulis, W. H., "Archetypal Dynamics: An Approach to the Study of Emergence," *Formal Descriptions of Developing Systems, NATO Science Series,* Vol. 121, 2003, pp. 185–228.

[63] *Cognitive maps*, https://en.wikipedia.org/wiki/Cognitive_map.

[64] Tolman, E. C., "Cognitive Maps in Rats and Men," *Psychological Review,* Vol. 55, 1948, p. 189.

[65] Kosko, B., "Fuzzy Cognitive Maps," *International Journal of Man-Machine Studies,* Vol. 24, 1986, pp. 65–75.

[66] Kosko, B., *Fuzzy Cognitive Maps: Advances in Theory, Methodologies, Tools and Applications (Studies in Fuzziness and Soft Computing)*, New York: Springer, 2010.

[67] Leung, H., S. Chandana, and S. Wei, "Distributed Sensing Based on Intelligent Sensor Networks," *IEEE Circuits and Systems Magazine,* Vol. 8, 2008, pp. 38–52.

[68] Maupin, P., and A. -L. Jousselme, "A General Algebraic Framework for Situation Analysis," *Proc. of 8th Intl. Conf. on Information Fusion (FUSION2005)*, Philadelphia, PA, 2005.

[69] Sulis, W., "Causal Tapestries," *Bulletin of the American Physical Society,* Vol. 56, 2011.

[70] Sulis, W., "Archetypal Dynamics, Emergent Situations, and the Reality Game," *Nonlinear Dynamics, Psychology, and Life Sciences,* Vol. 14, 2010, pp. 209–238.

[71] Farahbod, R., U. Glässer, and M. Vajihollahi, "Specification and Validation of the Business Process Execution Language for Web Services," in *Abstract State Machines: Advances in Theory and Practice*, New York: Springer, 2004, pp. 78–94.

[72] Farahbod, R., V. Gervasi, and U. Glässer, "CoreASM: An Extensible ASM Execution Engine," *Fundamenta Informaticae,* Vol. 77, 2007, pp. 71–104.

[73] Farahbod, R., U. Glasser, and M. Vajihollahi, "An Abstract Machine Architecture for Web Service Based Business Process Management," *International Journal of Business Process Integration and Management,* Vol. 1, 2006, pp. 279–291.

[74] Börger, E., *Specification and Validation Methods*, New York: Clarendon, 1995.

[75] Glässer, U., R. Gotzhein, and A. Prinz, "The Formal Semantics of SDL-2000: Status and Perspectives," *Computer Networks,* Vol. 42, 2003, pp. 343–358.

[76] Börger, E., "The ASM Refinement Method," *Formal Aspects of Computing,* Vol. 15, 2003, pp. 237–257.

[77] Stärk, R. F., J. Schmid, and E. Börger, *Java and the Java Virtual Machine: Definition, Verification, Validation*, New York: Springer Science & Business Media, 2012.

[78] Glaesser, U., Y. Gurevich, and M. Veanes, "Abstract Communication Model for Distributed Systems," *IEEE Trans. on Software Engineering*, Vol. 30, 2004, pp. 458–472.

[79] R. Farahbod, V. Gervasi, and U. Glässer, "Executable Formal Specifications of Complex Distributed Systems with CoreASM," *Science of Computer Programming,* Vol. 79, 2014, pp. 23–38.

第 8 章　FIAT 前瞻性研究和未来工作

本章提出了关于 FIAT 的前瞻性研究活动，以提高面临信息过载（如大数据、物联网）和复杂性的网络物理和社会系统（CPSS）的信息质量（QoI）和可靠性。建议的研究活动列表是从前几章开始的一系列思考的结果，这些涉及我们对 FIAT 的立场及其在解决系统复杂性和信息过载问题方面的潜在用途。这份清单并不详尽，但在我们看来，如果这项研究是部分或全部进行的，那么将 FIAT 应用于国防和安全、健康、能源和交通等关键 CPSS 将取得重大进展。

8.1 概　　述

本章介绍了一些前瞻性研究活动，以促进 FIAT 在行动（实时和近实时）决策支持系统中的集成。总体目标是在决策者面临信息过载和系统复杂性的 CPSS 中提高信息质量（见 4.3 节）和系统可靠性（见 1.5 节）。如图 8.1 所示，所讨论的方法围绕 3 个主题进行组织，这些在每个应用领域都很常见：①领域知识表示和建模，②信息处理及其不完善，③基于 FIAT 的预测、诊断和规范性决策支持工具。在本

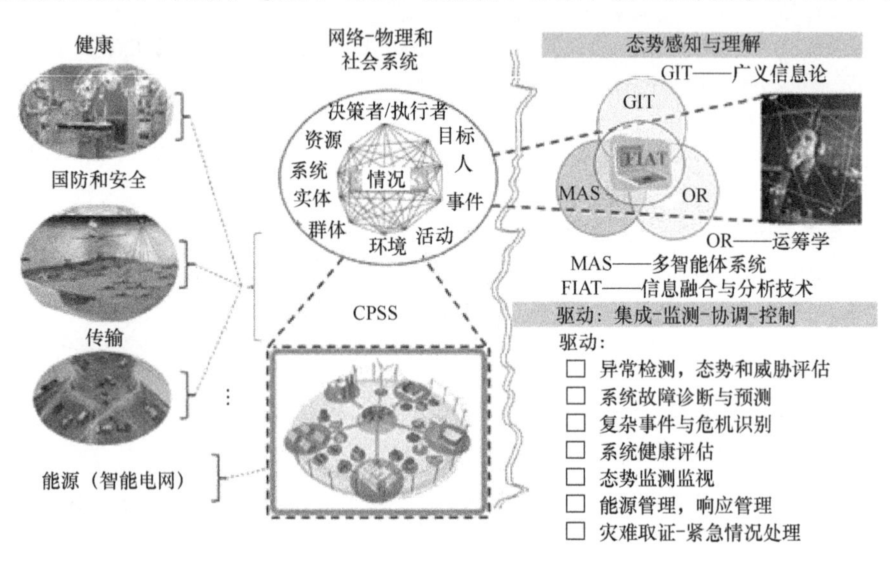

图 8.1　用于 CPSS 环境的基于 FIAT 的决策支持工具

章中，提供了未来电网智能系统网络背景中的一些示例，但研究活动对于其他 3 个关键 CPSS 环境非常有效：国防和安全、健康和运输。

8.2 领域知识的表示和建模

在人工智能（AI）领域，数据、信息和知识的概念是核心概念。人工智能旨在为计算机提供一定程度的模仿人类思维的智能。这种智能主要是在于利用背景，其中智能推理依赖于对感知世界的理解，观察（或感知）数据并提供给智能推理引擎，为其提供世界的表示模型。一旦系统感知到数据项，它们就成为信息，并根据数据项的观察背景和领域知识进行解释。来自不同来源的数据或信息必须转换成某种语言或其他方式（如可视化、图形、符号）。知识表示是将数据转换为可操作知识所需的关键步骤。

事实证明，本体论是捕获和指定不同粒度级别对象的分类信息以及它们之间各种关系的有效工具。本体论可用于建模物理对象（包括其物质组成、属性和特性）、非物理或心理对象（如概念、计划、意图）、时间事件（连续或分散的过程）以及这些项目之间的关系，如逻辑、因果、依赖、内部、外部和意向关系。本体论已用于交换各种领域的信息和知识表示：语义网[1]、电力系统自动化[2-5]、关键基础设施依赖关系[6]以及国防和安全问题[7-9]。本体论是 FIAT 的一部分，用于表示领域背景知识。它们是支持任何感知过程的非常重要的技术[7]。

8.2.1 电力网域建模中的本体论管理方法

电力网络正在向智能电网发展，多个设备和参与者不断交换数据，以提供面向用户的灵活服务和产品，同时运行可自愈、经济、生态友好和安全的网络。从电力系统资源生成的信息包含许多概念、文档和相关领域知识。此外，大量数据将由仪表、传感器、控制器和同步移相器生成。需要管理、分析和处理这些数据的技术。电力网络最终将涉及传输和配电设施中的网络化，包括大量传感器和数据源。必须将来自不同来源的数据或信息转换为某种语言（如数学）或其他方式（如文本、可视化、图形、符号），以便对其进行处理，使其具有意义。要在应用程序之间协同工作，必须链接和集成多个数据源。

如果所有的本体都是相似的，使用相同的词汇表达相同的预期意义、相同的背景假设和相同的逻辑形式主义，那么整合来自不同来源的形式化表示的知识将是很容易的。如在智能电网等大型 CPSS 中，不同的网络（发电、输电、配电、消费）可能会开发出自己的本体。为了最大化收益，这些异构本体需要相互协作，但可能有不同的词汇表，甚至有不同的底层形式。访问源自多个信息系统的数据或信息的能力称为信息互操作性（见第 7.2 节）。在未来的电网中，不同的信息系统、应用和服务以有效和精确的方式进行数据、信息和知识的通信、共享和交换，并与其他系统、应用和服务进行集成以提供服务，这简直是强制性的（见第 7.2 节）。

如前所述，本体已用于交换信息和表示各种领域中的知识。在电力系统[10]中，本体可用于描述电气概念及其用途，并能够描述用于保护、控制和监测电厂的自动化系统。描述逻辑（DL）[11]是一类重要而强大的基于逻辑的知识表示语言，用于构建本体，如本体 Web 语言（OWL）[12]。在电力 CPSS 中，所有类型的系统（离散、离散事件、混合、人工）以及所有数据源（相量测量管理单元（PMU）、电力系统稳定器（PSS）、柔性交流传输系统、智能仪表、智能控制器、柔性交流输电系统（FACTS）和能量管理系统（EMS））都是复杂网络的一部分。这强调了异构性的挑战，因此也强调了互操作性的问题。

大多数应用背景的分布式特性要求关联异构本体规范，并集成来自多个不同来源的信息。因此，本体管理方法（OMM）的开发对于应对异构性和实现系统互操作性至关重要。对齐[13-15]、合并和翻译[16-17]以及修订和完善[18-20]均需要 OMM。

8.2.2 电力网络领域建模的研究活动列表

鉴于将 FIAT 应用于未来电力智能电网，表 8.1 提出了一些前瞻性研究活动。当调整到特定的 CPSS 领域时，这些活动也适用于图 8.1 中的其他 CPSS。表 8.1 的列表将有助于解决大数据维度的多样性问题。

表 8.1 领域建模的 FIAT 研究活动列表

活动（第 1 组）：电网互操作性程度评估工具的开发
前瞻性研究方法： 从 Santodomingo 等[4]关于电网匹配本体论的著作开始，对现有电网标准进行分析，然后回顾电力系统自动化方面的最新进展[21]，最后分析互操作性问题，如文献[22-23]。 对 EPRI（电力研究所）或 CIGRÉ（国际大电网理事会）电力领域[24-26]进行案例研究、形式化、分类法、过程和本体论[27-28]分析，以了解其当前和未来在智能电网中的应用[29]。 通过将文献[30-33]的互操作性成熟度模型扩展到电力网络等系统体系，定义确定复杂网络互操作性/异质性程度的标准和措施。 预期结果： 一种系统健康评估方法，以现有电力网络（发电、输电、配电和完善）为例，评估复杂网络的互操作性或异构程度
活动（第 2 组）：定义表示域背景信息的方法
前瞻性研究方法： 开发背景信息[34-38]和高级信息（也称为软数据，例如人类专家判断、文本数据、语音信号、XML 文件或数据库）的表示方法，使用本体论[10]、概念图和符号学技术等方法，从扩展、调整，并将文献[36，39-44]和文献[34-38]的工作应用于电网领域。 首先扩展文献[27-28，45-51]的工作，探索表示各种电网过程的方法和语言。 预期结果： 构造软信息和背景信息以用于任何计算过程（例如融合过程）的方法。 电网业务流程的表示形式

（续）

活动（第 3 组）：本体管理方法（OMM）的开发
前瞻性研究方法： 开发本体管理方法，以应对异构性并实现电网中的互操作性，通过分析和调整以下工作：对齐[13,46,52]、合并和翻译[14,53-55]以及修订和细化[18,19,44]。 探索范畴理论[46,56]，这似乎是为本体管理方法[15,16]提供正式背景的一条很有前途的途径。范畴理论是一个概念框架，表示不同类型的结构是如何相互关联的[14,57]。 预期结果： 管理本体的方法：在电力网络领域中的集成、匹配、修订和细化

8.3 信息的处理及其不完善性

8.1 节举例说明了各种来源，如物理传感器、测量系统和专家意见的维度，并具有不同的格式，如数字、统计和语言。本节强调真实性维度。FIAT 提供技术和工具来分析数据，实现态势感知和支持决策。描述和解释信息不完善可能是基于 FIAT 的过程中最重要和最困难的任务。从这一特征中，用户可以选择最合适的决策支持概念。不确定性管理和信息相关性是任何计算机辅助推理方案背后的关键。

QoI 的一个非常关键的方面是信息的相关性；相关性应该是任何智能过滤和背景感知处理概念的支撑，并对决策质量和大数据环境中的信息量问题产生重大影响。信息相关性分析[58-62]是构建任何基于 FIAT 的支持系统以实现集成、控制、协调和监控等控制论功能的一个非常重要的先决条件。目标是评估所有可用信息源的相关性，为决策者提供与给定态势最相关的信息源。这就要求对给定任务执行所需的信息进行分类和优先级排序[63]：“随着数据变得丰富，主要问题不再是找到信息本身，而是轻松快速地掌握相关信息。”

FIAT 支持将数据转换为可操作的知识以进行意义构建、减少不确定性和提高系统可靠性的过程。意义和感知与任何智能体、人或机器的行动密切相关。目标驱动或基于活动的方法听起来适合这个过程。开发一个框架，在这个框架中，可以组织、结构化、表示、组合、管理、减少和更新知识、信息和不确定性，这是一个核心需求。此类整合 FIAT 框架（见第 5～7 章）的功能如下。

（1）通过明确定义的态势和感知概念，提供表示知识的方法。

（2）支持建模不确定性、置信和置信变化。

（3）根据 4 种控制论功能，特别是协调，提供 FIAT 和行动链接（用户和机器）的关键集成模型（图 8.2）。

（4）通过模块化、细化、验证和检验，为系统设计提供实际支持。

（5）在捕获系统行为时，在操作和功能建模之间提供良好的折衷。

（6）实现相当抽象模型的快速原型设计和实验验证。

（7）支持图 8.2 所示的多智能体组织的范例建模（根据文献[64-65]构建）。

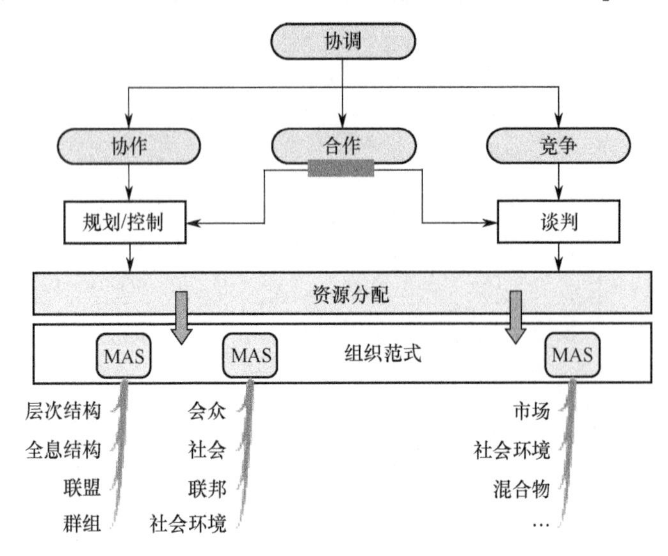

图 8.2　多智能体系统的组织范式

我们建议开展前瞻性研究活动（表 8.2），以开展①前几章中关于 FIAT 整合框架的定义和验证的工作，以及②作为 FIAT 整体部分的 QoI。表 8.2 中的活动列表适用于图 8.1 中的所有 CPSS。

表 8.2　FIAT 真实性维度的前瞻性研究活动（大数据）

活动（第 4 组）：FIAT 框架的定义和验证
前瞻性研究方法： 定义和验证一个集成的信息融合框架，其中包括分析、模型、系统和技术。 定义可以表示前几章中讨论的信息元素的数学结构，以及在分析和信息融合领域中可以通用的信息融合单元。与表 8.1 中的第 3 组一样，范畴理论和幺半群[66-67]、单子[68]和半群的概念[69-71]对于该定义可能非常重要。 预期结果：FIAT 集成框架将用于设计基于 FIAT 的实时和非实时决策支持，用于电网的诊断和预测应用
活动（第 5 组）：基于 FIAT 的 DSS 的设计方法
前瞻性研究方法： 对电网域进行多标准决策分析（MCDA）[72-74]，建立一组基于系统可靠性和 QoI 的标准[75-77]，可将态势分析与决策支持层（动态资源管理）集成，如图 7.1 所示。 基于上述 MCDA，并结合多目标、多标准优化，开发一种基于 FIAT 的操作决策支持系统的设计方法[75-79]。 预期结果： 一组标准（系统可靠性和 QoI），人们可以根据这些标准定义集成 FIAT 概念，以支持例如风险分析。 设计可操作基于 FIAT 的决策支持系统的方法学基础

（续）

活动（第 6 组）：网络物理系统（CPS）的模拟
前瞻性研究方法： 开发通用系统建模方法或通用仿真工具，代表网络和物理组件的属性和行为，以理解、设计和分析 CPS。由于多智能体系统具有建模和模拟复杂系统的能力，因此已针对该模拟提出了多智能体系统 [80-83]。 研究社会计算与受益于文献[84-85]工作的 CPS 模拟集成。 预期结果： 更好地理解与网络物理界面相关的复杂问题，以及整合社会计算维度的困难。 一种代表网络和物理组件的属性和行为的通用模拟工具
活动（第 7 组）：CPSS 中的性能评价方法
前瞻性研究方法： 研究经典性能模型（如排队网络、随机 Petri 网或随机过程代数）与基于模型的方法（如模型检查[86-87]）的集成，以及与 FIAT 框架的关系。 评估 FIAT 对 CPSS 背景中特定问题（如智能电网）的潜在贡献：利用文献[86-87]中讨论的性能评估模型，基于文献[88]中所述的可用试验台的扩展，开发 FIAT 试验台。 预期结果： 评估 FIAT 支持，以了解、设计和分析复杂环境中的 CPS 和社会计算
活动（第 8 组）：信息度量和距离的定义
前瞻性研究方法： 比较不同的不确定性概念，制定不确定性管理方法（UMM），考虑了不确定性的所有方面（偶然性和认知性）[89]，并制定与 UMM 的相关距离（度量），可用于评估 FIAT[89-91]。 分析不同 UMM 的操作含义和总不确定性度量的概念，如文献[92]；通过扩展以前的工作[94-97]，将测量理论[93]整合（进行链接）；考虑文献[7-8]的本体论观点，并与 UMM 结合，将 UMM 应用在电力网络领域中。 开发相似性度量以支持软融合图形方法[13,39,98]。 制定处理非相称计量措施[77,99]和非加性措施的方法[77，100-101]：模糊和 Choquet 积分。 预期结果： 描述和表示电力网络领域的不完善信息的数学工具，有可能应用于其他领域
活动（第 9 组）：硬/软信息融合方法和算法
前瞻性研究方法： 通过扩展文献[40-41，102]中的硬/软数据集、文献[39]中的概念图以及不可靠源的鲁棒组合[103-104]的工作，开发在计算上可处理的硬/软信息融合算法。 利用文献[105]实现软融合的工作，并扩展到硬/软融合方法的设计。 对由不同 UMM[106]所代表的不完全信息的异构源开发融合规则，并通过对电网领域的本体论和背景处理[7]丰富融合演算。 预期结果： 在电力网络中执行硬融合和软融合的 FIAT 方法和算法，有可能应用于其他领域

（续）

活动（第 10 组）：信息的相关性
前瞻性研究方法： 开发用于智能过滤算法设计的信息相关性的标准和形式化数学定义。 根据 QoI 标准概念化智能信息带宽，演示操作决策支持设计的概念；并扩展信息相关性的框架（FAIR）[58]，纳入 QoI 标准。 基于融合过程中整合的信息相关性，开发智能过滤和智能传感方法[107-110]。 预期结果： 相关信息标准及其在电力网络领域的应用，以及在其他领域的潜在应用
活动（第 11 组）：异构分类器的融合
前瞻性研究方法： 开发各种 UMM[111-114]和决策规则[115-118]下定义的分类器融合方法，以伴随可能性和证据性 UMM 来支持分类器融合。 预期结果： 结合异构分类器的结果的专门知识
活动（第 12 组）：自主分布式融合原则
前瞻性研究方法： 将 JDL 数据融合模型的第 4 级开发为自主过程细化级（自我修复、自我配置、自我保护和自我优化）；并利用文献[119-120]的工作在可信网络管理和设计方面。 预期结果： 一个以网络为中心的数据融合模型

8.4 基于 FIAT 的 DSS 预测/诊断/规范

可靠性在物理系统和计算机工程中得到了广泛的解决[121-125]。然而，由于我们对物理世界和网络世界之间的界面理解不足，可靠网络物理系统（CPS）[126]的设计非常不成熟。随着网络物理和社会系统中的社会计算维度的增加，这一点变得更加复杂。分布式物理系统的可靠性评估特别关注在提供足够信息数据的情况下随机行为的概率建模。在网络化 CP 的情况下，我们不仅面临任意性或随机性、不确定性，而且还面临认知或系统不确定性，如前几节所述。为网络物理界面的 4 个一般功能（集成、协调、监控和控制）提供决策支持以使整个系统可靠的传统方法，必须重新审视、调整或更经常地重新改造。通过我们称为基于 FIAT 的决策支持的途径，这种再创造是可能的，并且很少有论文讨论 FIAT 领域的可靠性概念[127-128]。

可以为网络物理界面的 4 个通用功能提供全部或部分决策支持。图 8.1 列出了一些具体驱动示例，如异常检测、故障诊断和危机识别。决策支持的性质主要有 3 部分：预测、诊断和适应性规范工具。复杂态势（如事件、危机、重大故障）的预测和诊断[129-131]在既有偶然性又有认知性不确定性的大型 CPSS 中相当困难。此处添加了动态资源管理意义上的规范性 DSS，以应对网络物理界面的约束（如实时、在线），并适应前面章节中的分析语言。

关于 AI 在机构和系统故障诊断中的应用，存在大量文献[132-136]。例如，基于 AI 的系统和离散事件系统（如有限自动机、Petri 网）的报告已出现在许多论文[137-139]中，以解决电力系统的故障诊断问题。这些方法需要细化以用于网络物理系统，因为它们要么遭受状态爆炸，要么获得实时启发（知识获取问题）；因此，应用仅限于小型系统。

Petri 网已广泛用于确定性识别[140-141]。然而，当必须考虑不确定性时，它们的使用程度要小得多[142-144]。贝叶斯网络、时态贝叶斯网络和隐马尔可夫模型[145-146]已广泛用于成功整合各种类型的不确定性。马尔可夫模型通常具有顺序性，因此不能提供合适的工具来表示和可视化 Petri 网擅长的并发性。自然地，Petri 网和马尔可夫模型的结合可以为 CPSS 的预测和诊断两者提供好处[142,147-150]。

上述方法强烈依赖于良好的系统动力学模型。如果动力学的重要方面确实未知，那么这些方法很少有效。为了解未知（例如结构和特征），可以开发机器学习方法。强化学习[151-153]是一套优化控制的理论和技术，在过去的 20 年里，主要在机器学习和操作研究领域中开发出来，用于近似动态编程。在线模式识别方法[154-155]也可以适应复杂环境，如电力网络。必须开发新的机器学习方法[156-159]，以学习隐藏在 CPS 网络方面的未知结构或行为模式。表 8.3 提供了一些前瞻性研究活动的非详尽列表，这些活动将有助于提供在动态复杂环境中的决策支持。表 8.3 中的活动列表适用于图 8.1 中的所有 CPSS。

表 8.3 基于 FIAT 的 DSS 的 FIAT 前瞻性研究活动

活动（第 13 组）：机器学习方法和算法
前瞻性研究方法： 从文献[136，155，160-162]中得到启发，通过特征提取、数据挖掘和机器学习构建更高层次的维度对象（如高维图、结构属性、聚类）。 对 CPS（如电力网络）的局部和全局结构特征之间的关系进行建模[163-165]。找到提取网络结构属性的方法（静态和动态情况）[166]。 根据模式识别多目标优化和决策的最新进展，开发所需的优化方案，以支持特征提取过程[167-168]。 预期结果： 知晓复杂网络的结构特性

（续）

活动（第 14 组）：基于 FIAT 的诊断/预测/规范工具
前瞻性研究方法： 将离散事件系统的当前建模方法（如 Petri 网）[144]与源自文献[47，143]的本体论方法相结合。 使用有限状态机，开发处理状态爆炸问题的技术：扩展文献[169-170]的工作。 通过扩展马尔可夫方法[146,174-175]和不确定性表示方法[175-178]，研究电力系统异常的预测模型[171-173]。 开发马尔可夫模型和进一步扩展（如可能性框架中的马尔可夫过程），以模拟危机中发生的事件序列或复杂事件[147-149,179]。 回顾一些用于物理分布式系统可靠性的状态空间方法（如 Petri 网、马尔可夫链），并使用更适合表示认知不确定性的 UMM 对其进行丰富。 扩展预测状态表示[171,173,180-184]和时间差分网络[185-188]，以开发 FIAT，用于结合基于经验（专家知识）的时间和空间抽象知识预测事件。 预期结果： 电力网络的一套预测和诊断工具，有可能应用于其他领域
活动（第 15 组）：基于 FIAT 的监控工具
前瞻性研究方法： 研究分布式传感器网络（DSN）的使用以及多标准决策和优化、AI 和智能传感以及混合优化[79,189-192]的最新进展，以评估其对监测解决方案的潜在贡献。 根据[108,156,166,193-195]制定传感器布置和资产监控策略。 采用分布式传感器/信息融合[195-198]，将传感器的数据直接输入自动推理系统，如 FIAT，以监控 CPS。 开发基于高维对象、在线学习和智能感知的网络感知概念和技术，如受文献[157]的启发，用于监控 CPS。 预期结果： 复杂网络的监控工具，可能应用于所有 CPSS 领域

8.5 小　　结

读者当然意识到问题空间和解决方案空间都是相当庞大和复杂的。作者并不自命对问题空间的所有方面进行全面描述，也不提供将定义解决方案空间的研究活动详尽列表，而是提供研究活动的建议，这些无疑将有助于更好地理解网络-物理界面，这普遍存在于我们今天和未来网络世界的 CPSS 中。在未来的一本书中，当前作者计划编辑国际上不同领域的作者关于 FIAT 应用的一些贡献，将沿着图 8.1 的 CPSS 领域收集：能源、健康、运输、国防和安全。

参考文献

[1] Berners-Lee, T., J. Hendler, and O. Lassila, “The Semantic Web,” *Scientific american,* Vol. 284, 2001, pp. 28–37.

[2] Uslar, M., "Semantic Interoperability Within the Power Systems Domain," *Proc. of 1st Intl. Workshop on Interoperability of Heterogeneous Information Systems*, 2005, pp. 39–46.

[3] Wang, L., A. Hosokawa, and H. Murayama, "An Evolutive and Multilingual CIM Ontology Management System," *Energy Procedia,* Vol. 12, 2011, pp. 18–26.

[4] Santodomingo, R., J. Rodríguez-Mondéjar, and M. Sanz-Bobi, "Ontology Matching Approach to the Harmonization of CIM and IEC 61850 Standards," *1st IEEE Intl. Conf. on Smart Grid Communications (SmartGridComm)*, 2010, pp. 55–60.

[5] Buse, D., et al., "Agent-Based Substation Automation," *Power and Energy Magazine, IEEE,* Vol. 1, 2003, pp. 50–55.

[6] Pederson, P., et al., "Critical Infrastructure Interdependency Modeling: A Survey of US and International Research," *Idaho National Laboratory,* 2006, pp. 1–20.

[7] Kokar, M. M., C. J. Matheus, and K. Baclawski, "Ontology-Based Situation Awareness," *Information Fusion,* Vol. 10, 2009, pp. 83–98.

[8] Kokar, M. M., J. A. Tomasik, and J. Weyman, "Formalizing Classes of Information Fusion Systems," *Information Fusion,* Vol. 5, 2004, pp. 189–202.

[9] Little, E., and G. Rogova, "Designing Ontologies for Higher Level Fusion," *Information Fusion,* Vol. 10, 2009, pp. 70–82.

[10] Feng, J., Q. Wu, and J. Fitch, "An Ontology for Knowledge Representation in Power Systems," *Proc. of UKACC Control, University of Bath, UK,* Vol. 35, 2004, pp. 1–5.

[11] Horrocks, I., "Applications of Description Logics: State of the Art and Research Challenges," in *Conceptual Structures: Common Semantics for Sharing Knowledge*, New York: Springer, 2005, pp. 78–90.

[12] McGuinness, D. L., and F. Van Harmelen, "OWL Web Ontology Language Overview," *W3C Recommendation,* Vol. 10, 2004, p. 10.

[13] Blasch, E. P., et al., "Ontology Alignment in Geographical Hard-Soft Information Fusion Systems," *2010 13th Conference on Information Fusion (FUSION)*, 2010, pp. 1–8.

[14] Kalfoglou, Y., and M. Schorlemmer, "Ontology Mapping: The State of the Art," *The Knowledge Engineering Review,* Vol. 18, 2003, pp. 1–31.

[15] Shvaiko, P., and J. Euzenat, "Ontology Matching: State of the Art and Future Challenges," *IEEE Trans. on Knowledge and Data Engineering*, Vol. 25, 2013, pp. 158–176.

[16] Zimmermann, A., et al., "Formalizing Ontology Alignment and Its Operations with Category Theory," *Proc. 4th Intl. Conf. on Formal Ontology in Information Systems (FOIS)*, 2006, pp. 277–288.

[17] Noy, N. F., "Tools for Mapping and Merging Ontologies," in *Handbook on Ontologies*, New York: Springer, 2004, pp. 365–384.

[18] McNeill, F. J., A. Bundy, and M. Schorlemmer, "Dynamic Ontology Refinement," University of Edinburgh, 2006.

[19] Klein, M., et al., "Ontology Versioning and Change Detection on the Web," in *Knowledge Engineering and Knowledge Management: Ontologies and the Semantic Web*, New York: Springer, 2002, pp. 197–212.

[20] Heflin, J., and J. Hendler, "Dynamic Ontologies on the Web," *AAAI/IAAI*, 2000, pp. 443–449.

[21] Strasser, T., et al., "Review of Trends and Challenges in Smart Grids: An Automation Point of View," in *Industrial Applications of Holonic and Multi-Agent Systems*, New York: Springer, 2013, pp. 1–12.

[22] Von Dollen, D., "Report to NIST on the Smart Grid Interoperability Standards Roadmap," *Electric Power Research Institute (EPRI) and National Institute of Standards and Technology,* 2009.

[23] Britton, J. P.. and A. Devos, "CIM-Based Standards and CIM Evolution," *IEEE Trans. on Power Systems*, Vol. 20, 2005, pp. 758–764.

[24] EPRI (Electric Power Research Institute), http://www.smartgrid.epri.com/.

[25] CIGRE (International Council on Large Electric Networks), http://www.cigre.org/.

[26] "IEC Smart Grid Standardization Roadmap," June 2010. http://eee.iec.ch/smartgrid/downloads/sg3_roadmap.pdf.

[27] Allweyer, T., *BPMN 2.0: Introduction to the Standard for Business Process Modeling*, Second Edition, Norderstedt: BoD–Books on Demand, 2010.

[28] Berners-Lee, T., and D. Connolly, "Delta: An Ontology for the Distribution of Differences Between RDF Graphs," 2004. http://dipl-arb-tmdiff.googlecode.com/hg/Quellen/[TBLO4] Delta-anOntologyForTheDistributionOfDifferencesBetweenRDFGraphs.pdf.

[29]Mo, Y., et al., "Cyber–Physical Security of a Smart Grid Infrastructure," *Proc. of the IEEE,* Vol. 100, 2012, pp. 195–209.

[30] Alberts, D. S., R. K. Huber, and J. Moffat, "NATO NEC C2 Maturity Model," NATO SAS-065, 2010, www.dodccrp.org2010.

[31] Guédria, W., Y. Naudet, and D. Chen, "Interoperability Maturity Models–Survey and Comparison," *On the Move to Meaningful Internet Systems: OTM 2008 Workshops*, 2008, pp. 273–282.

[32] Widergren, S., et al., "Smart Grid Interoperability Maturity Model," *2010 IEEE Power and Energy Society General Meeting*, 2010, pp. 1–6.

[33] Ford, T. C., et al., "Survey on Interoperability Measurement," DTIC Document2007. *Twelfth International Command and Control Research and Technology Symposium (12th ICCRTS)*, 2007.

[34] Beigl, M., et al., "Modeling and Using Context," *Proc. 7th Intl. and Interdisciplinary Conf. (CONTEXT 2011)*, Karlsruhe, Germany, September 26–30, 2011, 2011.

[35] Bettini, C., et al., "A Survey of Context Modelling and Reasoning Techniques," *Pervasive and Mobile Computing,* Vol. 6, 2010, pp. 161–180.

[36] Dey, A., "Understanding and Using Context," *Personal and Ubiquitous Computing,* Vol. 5, 2001, pp. 4–7.

[37] Hong, J. -Y., E. -H. Suh, and S. -J. Kim, "Context-Aware Systems: A Literature Review and Classification," *Expert Systems with Applications,* Vol. 36, 2009, pp. 8509–8522.

[38] Zimmermann, A., A. Lorenz, and R. Oppermann, "An Operational Definition of Context," in *Modeling and Using Context*, New York: Springer, 2007, pp. 558–571.

[39] Laudy, C., "Introducing semantic knowledge in high level information fusion," Ph.D. Thesis, Université Pierre et Marie Curie, Paris, France, 2010.

[40] Pravia, M. A., et al., "Generation of a Fundamental Data Set for Hard/Soft Information Fusion," *11th Intl. Conf. on Information Fusion*, 2008, pp. 1–8.

[41] Hall, D. L., et al., "A Framework for Dynamic Hard/Soft Fusion," *11th Intl. Conf. on Information Fusion*, 2008, pp. 1–8.

[42] Llinas, J., et al., "A Multi-Disciplinary University Research Initiative in Hard and Soft Information Fusion: Overview, Research Strategies and Initial Results," *13th Conference on Information Fusion (FUSION)*, 2010, pp. 1–7.

[43] Bouquet, P., et al., "C-OWL: Contextualizing Ontologies," *2nd Intl. Semantic Web Conf.* (*The Semantic Web ISWC 2003*), Sanibel Island, FL, 2003.

[44] Zurawski, M., "Distributed Multi-Contextual Ontology Evolution - A Step Towards Semantic Autonomy," *15th Intl. Conf. on Knowledge Engineering and Knowledge Management (EKAW 2006)*, Podebrady, Czech Republic, 2006.

[45] Koschmider, A., and A. Oberweis, "Ontology Based Business Process Description," *EMOIINTEROP*, 2005.

[46] Kutz, O., D. Lücke, and T. Mossakowski, "Heterogeneously Structured Ontologies," *Proc. of the Advances in Ontologies, Knowledge Representation Ontology Workshop,* Sydney, Australia, 2008, pp. 41–50.

[47] Recker, J. C., and M. Indulska, "An Ontology-Based Evaluation of Process Modeling with Petri Nets," *IBIS: International Journal of Interoperability in Business Information Systems,* Vol. 2, 2007, pp. 45–64.

[48] Brockmans, S., et al., "Semantic Alignment of Business Processes," *ICEIS,* Vol. 3, 2006, pp. 191–196.

[49] Kopp, O., et al., "The Difference Between Graph-Based and Block-Structured Business Process Modelling Languages," *Enterprise Modelling and Information Systems Architecture*, 2009.

[50] McHugh, P., G. W. Merli, and W. A. Wheeler, *Beyond Business Process Reengineering: Towards the Holonic Enterprise*, New York: Wiley, 1995.

[51] Mendling, J., K. B. Lassen, and U. Zdun, “Transformation Strategies Between BlockOriented and Graph-Oriented Process Modelling Languages,” *Multikonferenz Wirtschaftsinformatik*, 2006, pp. 297–312.

[52] Wang, J., and L. Gasser, “Mutual Online Ontology Alignment,” *Proc. of the Workshop on Ontologies in Agent Systems*, 2002.

[53] Chungoora, N., and R. Young, “Ontology Mapping to Support Semantic Interoperability in Product Design and Manufacture,” *Proc. of the 1st International Workshop on Model Driven Interoperability for Sustainable Information Systems (MDISIS 2008)*, 2008.

[54] Gruber, T., “A Translation Approach to Portable Ontology Specifications,” *Knowledge Acquisition,* Vol. 5, 1993, pp. 199–220.

[55] Heeps, S., et al., “Dynamic Ontology Mapping for Interacting Autonomous Systems.” http://sdstrowes.co.uk/publications/heeps-ontology.pdf.

[56] Johnson, M., and C. N. Dampney, “On Category Theory as a (Meta) Ontology for Information Systems Research,” *Proc. of Intl. Conf. on Formal Ontology in Information Systems*, Vol. 2001, 2001, pp. 59–69.

[57] Mijic, R., “Theoretical Approaches to Combining Heterogeneous Ontologies for Modular Knowledge Engineering,” Technical Report, University of Edinburgh, School of Informatics, 2008.

[58] Breton, R., et al., “Framework for the Analysis of Information Relevance (FAIR),” *2012 IEEE Intl. Multi-Disciplinary Conf. on Cognitive Methods in Situation Awareness and Decision Support (CogSIMA)*, 2012, pp. 210–213.

[59] Hadzagic, M., et al., “Reliability and Relevance in the Thresholded Dempster-Shafer Algorithm for ESM Data Fusion,” *15th Intl. Conf. on Information Fusion (FUSION)*, 2012, pp. 615–620.

[60] Pichon, F., D. Dubois, and T. Denœux, “Relevance and Truthfulness in Information Correction and Fusion,” *International Journal of Approximate Reasoning,* Vol. 53, 2012, pp. 159–175.

[61] Saracevic, T., “Relevance: A Review of the Literature and a Framework for Thinking on the Notion in Information Science. Part III: Behavior and Effects of Relevance,” *Journal of the American Society for Information Science and Technology,* Vol. 58, 2007, pp. 2126–2144.

[62] White, H. D., “Relevance Theory and Citations,” *Journal of Pragmatics,* Vol. 43, 2011, pp. 3345–3361.

[63] “Data, Data Everywhere,” *The Economist: A Special Report on Managing Information*, February 2010, http://www.economist.com/node/15557443.

[64] Horling, B., and V. Lesser, “A Survey of Multi-Agent Organizational Paradigms,” *The Knowledge Engineering Review,* Vol. 19, 2004, pp. 281–316.

[65] Khamis, A. M., M. S. Kamel, and M. Salichs, “Cooperation: Concepts and General Typology,” *IEEE Intl. Conf. on Systems, Man and Cybernetics 2006 (SMC’06)*, 2006, pp. 1499–1505.

[66] Krob, D., J. Mairesse, and I. Michos, "Computing the Average Parallelism in Trace Monoids," *Discrete Mathematics,* Vol. 273, 2003, pp. 131–162.

[67] Lin, J., "Monoidify! Monoids as a Design Principle for Efficient Mapreduce Algorithms," http://arxiv.org/pdf/1304.7544v1.pdf, 2013.

[68] Dzik, J., et al., "MBrace: Cloud Computing with Monads," *Proc. of 7th Workshop on Programming Languages and Operating Systems*, 2013, p. 7.

[69] Howie, J. M., *Fundamentals of Semigroup Theory*, Clarendon, U.K.: Oxford, 1995.

[70] Kuroki, N., "On Fuzzy Semigroups," *Information Sciences,* Vol. 53, 1991, pp. 203–236.

[71] White, D. R., and K. P. Reitz, "Graph and Semigroup Homomorphisms on Networks of Relations," *Social Networks,* Vol. 5, 1983, pp. 193–234.

[72] Tacnet, J. -M., et al., "Applying New Uncertainty Related Theories and Multicriteria Decision Analysis Methods to Snow Avalanche Risk Management," *Intl. Snow Science Workshop 2010 (ISSW)*, 2010.

[73] Greco, S., M. Ehrgott, and J. R. Figueira, *Trends in Multiple Criteria Decision Analysis*, New York: Springer, 2010.

[74] Figueira, J., S. Greco, and M. Ehrgott, *Multiple Criteria Decision Analysis: State of the Art Surveys*, New York: Springer, 2005.

[75] Wang, J. -J., et al., "Review on Multi-Criteria Decision Analysis Aid in Sustainable Energy Decision-Making," *Renewable and Sustainable Energy Reviews,* Vol. 13, 2009, pp. 2263–2278.

[76] Clivillé, V., L. Berrah, and G. Mauris, "Quantitative Expression and Aggregation of Performance Measurements Based on the MACBETH Multi-Criteria Method," *International Journal of Production Economics,* Vol. 105, 2007, pp. 171–189.

[77] Grabisch, M., and C. Labreuche, "A Decade of Application of the Choquet and Sugeno Integrals in Multi-Criteria Decision Aid," *Annals of Operations Research,* Vol. 175, 2010, pp. 247–286.

[78] Peng, Y., et al., "An Incident Information Management Framework Based on Data Integration, Data Mining, and Multi-Criteria Decision Making," *Decision Support Systems,* Vol. 51, 2011, pp. 316–327.

[79] Bansal, R., "Optimization Methods for Electric Power Systems: An Overview," *International Journal of Emerging Electric Power Systems,* Vol. 2, 2005.

[80] Ahmed, E., A. Elgazzar, and A. Hegazi, "An Overview of Complex Adaptive Systems," arXiv preprint nlin/0506059, http://arxiv.org/pdf/nlin/0506059.pdf, 2005.

[81] Lin, J., S. Sedigh, and A. R. Hurson, "An Agent-Based Approach to Reconciling Data Heterogeneity in Cyber-Physical Systems," *2011 IEEE Intl. Symp. on Parallel and Distributed Processing Workshops and PhD Forum (IPDPSW)*, 2011, pp. 93–103.

[82] Lin, J., S. Sedigh, and A. Miller, "Modeling Cyber-Physical Systems with Semantic Agents," *IEEE 34th Annual Computer Software and Applications Conf. Workshops (COMPSACW)*, 2010, pp. 13–18.

[83] Huang, J., et al., "Toward a Smart Cyber-Physical Space: A Context-Sensitive ResourceExplicit Service Model," *33rd Annual IEEE Intl. Computer Software and Applications Conf. 2009 (COMPSAC'09)*, 2009, pp. 122–127.

[84] Cook, D. J., and S. K. Das, "Pervasive Computing at Scale: Transforming the State of the Art," *Pervasive and Mobile Computing,* Vol. 8, 2012, pp. 22–35.

[85] Conti, M., et al., "Looking Ahead in Pervasive Computing: Challenges and Opportunities in the Era of Cyber–Physical Convergence," *Pervasive and Mobile Computing,* Vol. 8, 2012, pp. 2–21.

[86] Baier, C., and J. -P. Katoen, *Principles of Model Checking*: Cambridge, MA: MIT Press, 2008.

[87] Baier, C., et al., "Performance Evaluation and Model Checking Join Forces," *Communications of the ACM,* Vol. 53, pp. 76–85, 2010.

[88] Valin, P., et al., "Testbed for Distributed High–Level Information Fusion and Dynamic Resource Management," *Int. Conf. on Information Fusion*, 2010.

[89] Jousselme, A. -L., P. Maupin, and É. Bossé, "Uncertainty in a Situation Analysis Perspective," *Proc. of 6th Intl. Conf. of Information Fusion*, 2003.

[90] Jousselme, A. -L., and P. Maupin, "Distances in Evidence Theory: Comprehensive Survey and Generalizations," *International Journal of Approximate Reasoning,* Vol. 53, 2012, pp. 118–145.

[91] Costa, P. C., et al., "Towards Unbiased Evaluation of Uncertainty Reasoning: The URREF Ontology," *15th Intl. Conf. on Information Fusion (FUSION)*, 2012, pp. 2301–2308.

[92] Abellán, J., and A. Masegosa, "Requirements for Total Uncertainty Measures in Dempster–Shafer Theory of Evidence," *International Journal of General Systems*, Vol. 37, 2008, pp. 733–747.

[93] Salicone, S., *Measurement Uncertainty: An Approach Via the Mathematical Theory of Evidence*, New York: Springer, 2007.

[94] Liu, C., et al., "Reducing Algorithm Complexity for Computing an Aggregate Uncertainty Measure," *IEEE Trans. on Systems, Man and Cybernetics, Part A: Systems and Humans*, Vol. 37, 2007, pp. 669–679.

[95] Burkov, A., et al., "An Empirical Study of Uncertainty Measures in the Fuzzy Evidence Theory," *Proc. of 14th Intl. Conf. on Information Fusion (FUSION)*, 2011, pp. 1–8.

[96] Ferrero, A., M. Prioli, and S. Salicone, "Processing Dependent Systematic Contributions to Measurement Uncertainty," *Instrumentation and Measurement, IEEE Transactions on*, Vol. 62, Issue 4, 2013.

[97] Ferrero, A., and S. Salicone, "Uncertainty: Only One Mathematical Approach to Its Evaluation and Expression?" *IEEE Trans. on Instrumentation and Measurement*, Vol. 61, 2012, pp. 2167–2178.

[98] Gahegan, M., et al., "Measures of Similarity for Integrating Conceptual Geographical Knowledge: Some Ideas and Some Questions," *COSIT: Workshop on Semantic Similarity Measurements*, 2007.

[99] Labreuche, C., "Construction of a Choquet Integral and the Value Functions Without Any Commensurateness Assumption in Multi-Criteria Decision Making," *EUSFLAT Conf.*, 2011, pp. 90–97.

[100] Millet, I., and W. C. Wedley, "Modelling Risk and Uncertainty with the Analytic Hierarchy Process," Journal of Multi-Criteria Decision Analysis, Vol. 11, 2002, pp. 97–107.

[101] Chateauneuf, A., J. Eichberger, and S. Grant, "Choice Under Uncertainty with the Best and Worst in Mind: Neo-Additive Capacities," Journal of Economic Theory, vol. 137, 2007, pp. 538–567.

[102] Pravia, M. A., et al., "Lessons Learned in the Creation of a Data Set for Hard/Soft Information Fusion," 12th Intl. Conf. on Information Fusion 2009 (FUSION'09), 2009, pp. 2114–2121.

[103] Florea, M. C., et al., "Robust Combination Rules for Evidence Theory," Information Fusion, Vol. 10, 2009, pp. 183–197.

[104] Rogova, G., et al., "Context-Based Information Quality for Sequential Decision Making," 2013 IEEE Intl. Multi-Disciplinary Conf. on Cognitive Methods in Situation Awareness and Decision Support (CogSIMA), 2013, pp. 16–21.

[105] Kohler, H., et al., "Implementing Soft Fusion," 16th Intl. Conf. on Information Fusion (FUSION), 2013, pp. 389–396.

[106] Bowman, C. L., "Possibilistic Versus Probabilistic Trade-Off for Data Association," Optical Engineering and Photonics in Aerospace Sensing, 1993, pp. 341–351.

[107] Lemire, D., et al., "Collaborative Filtering and Inference Rules for Context-Aware Learning Object Recommendation," Interactive Technology and Smart Education, Vol. 2, 2005, pp. 179–188.

[108] Spencer, B. F., M. E. Ruiz-Sandoval, and N. Kurata, "Smart Sensing Technology: Opportunities and Challenges," Structural Control and Health Monitoring, Vol. 11, 2004, pp. 349–368.

[109] Tian, Y. -L., et al., "IBM Smart Surveillance System (S3): Event Based Video Surveillance System with an Open and Extensible Framework," Machine Vision and Applications, Vol. 19, 2008, pp. 315–327.

[110] Jain, P., "Intelligent Information Retrieval," SETIT 2005 3rd International Conference: Sciences of Electronic Technologies of Information and Telecomunications, Vol. 3, 2005.

[111] Altınçay, H., "On Naive Bayesian Fusion of Dependent Classifiers," Pattern Recognition Letters, Vol. 26, 2005, pp. 2463–2473.

[112] El-Bakry, H. M., "An Efficient Algorithm for Pattern Detection Using Combined Classifiers and Data Fusion," Information Fusion, Vol. 11, 2010, pp. 133–148.

[113] Kumar, S., J. Ghosh, and M. M. Crawford, "Hierarchical Fusion of Multiple Classifiers for Hyperspectral Data Analysis," Pattern Analysis & Applications, Vol. 5, 2002, pp. 210–220.

[114] Singh, S., et al., "Dynamic Fusion of Classifiers for Fault Diagnosis," SMC, 2007, pp. 2467–2472.

[115] Goebel, K., and W. Yan, "Choosing Classifiers for Decision Fusion," Proc. of 7th Intl. Conf. on Information Fusion, 2004, pp. 563–568.

[116] Gunes, V., et al., "Combination, Cooperation and Selection of Classifiers: A State of the Art," International Journal of Pattern Recognition and Artificial Intelligence, Vol. 17, 2003, pp. 1303–1324.

[117] Kuncheva, L. I., et al., "Is Independence Good For Combining Classifiers?" 15th Intl. Conf. on Pattern Recognition, 2000, pp. 168–171.

[118] Aliev, R., et al., "Fuzzy Logic-Based Generalized Decision Theory with Imperfect Information," Information Sciences, Vol. 189, 2012, pp. 18–42.

[119] IBM, "Automatic Computing," white paper, June 2005, http://www-03.ibm.com/autonomic/pdfs/AC%Blueprint%20White%20Paper%20V7.pdf.

[120] Agoulmine, N., Autonomic Network Management Principles: From Concepts to Applications, New York: Elsevier Science, 2010.

[121] Avizienis, A., et al., "Basic Concepts and Taxonomy of Dependable and Secure Computing," IEEE Trans. on Dependable and Secure Computing, Vol. 1, 2004, pp. 11–33.

[122] Wan, K., and V. Alagar, "Dependable Context-Sensitive Services in Cyber Physical Systems," IEEE 10th Intl. Conf. on Trust, Security and Privacy in Computing and Communications (TrustCom), 2011, pp. 687–694.

[123] Bobbio, A., et al., "Improving the Analysis of Dependable Systems by Mapping Fault Trees into Bayesian Networks," Reliability Engineering & System Safety, Vol. 71, 2001, pp. 249–260.

[124] Nicol, D. M., W. H. Sanders, and K. S. Trivedi, "Model-Based Evaluation: From Dependability to Security," IEEE Trans. on Dependable and Secure Computing, Vol. 1, 2004, pp. 48–65.

[125] Zio, E., "Reliability Engineering: Old Problems and New Challenges," Reliability Engineering & System Safety, Vol. 94, 2009, pp. 125–141.

[126] Lee, E. A., "Cyber Physical Systems: Design Challenges," 11th IEEE Intl. Symp. on Object Oriented Real-Time Distributed Computing (ISORC), 2008, pp. 363–369.

[127] Karlsson, A., "Dependable and Generic High-Level Information Fusion: Methods and Algorithms for Uncertainty Management," University of Skovde, Technical report HSlKl-TR-07-0032010, http://www.diva-portal.org/smash/get/diva2:345982/FULLTEXT03, 2007.

[128] Karlsson, A., R. Johansson, and S. F. Andler, "Imprecise Probability as an Approach to Improved Dependability in High-Level Information Fusion," in Interval/Probabilistic Uncertainty and Non-Classical Logics, New York: Springer, 2008, pp. 70–84.

[129] Wang, J. -W., and L. -L. Rong, "Cascade-Based Attack Vulnerability on the US Power Grid," Safety Science, Vol. 47, 2009, pp. 1332–1336.

[130] Motter, A. E., and Y. -C. Lai, “Cascade-Based Attacks on Complex Networks,” Physical Review E, Vol. 66, 2002, p. 065102.

[131] Chen, G., et al., “Attack Structural Vulnerability of Power Grids: A Hybrid Approach Based on Complex Networks,” Physica A: Statistical Mechanics and Its Applications, Vol. 389, 2010, pp. 595–603.

[132]Chiang, L. H., R. D. Braatz, and E. L. Russell, Fault Detection and Diagnosis in Industrial Systems, New York: Springer, 2001.

[133] Simon, L. M., Fault Detection: Theory, Methods and Systems, Hauppauge, NY: Nova Science Publishers, 2011.

[134] Venkatasubramanian, V., et al., “A Review of Process Fault Detection and Diagnosis: Part III: Process History Based Methods,” Computers & Chemical Engineering, Vol. 27, 2003, pp. 327–346.

[135] Venkatasubramanian, V., et al., “A Review of Process Fault Detection And Diagnosis: Part I: Quantitative Model-Based Methods,” Computers & Chemical Engineering, Vol. 27, 2003, pp. 293–311.

[136] McArthur, S. D., et al., “Automating Power System Fault Diagnosis Through Multi-Agent System Technology,” Proc. of the 37th Annual Hawaii Intl. Conf. on System Sciences, 2004.

[137] Davidson, E. M., et al., “Applying Multi-Agent System Technology in Practice: Automated Management and Analysis of SCADA and Digital Fault Recorder Data,” IEEE Trans. on Power Systems, Vol. 21, 2006, pp. 559–567.

[138] Lin, X., et al., “A Fault Diagnosis Method of Power Systems Based on Improved Objective Function and Genetic Algorithm-Tabu Search,” IEEE Trans. on Power Delivery, Vol. 25, 2010, pp. 1268–1274.

[139] Fritzen, P. C., et al., “Hybrid System Based on Constructive Heuristic and Integer Programming for the Solution of Problems of Fault Section Estimation and Alarm Processing in Power Systems,” Electric Power Systems Research, Vol. 90, 2012, pp. 55–66.

[140] Ren, H., Z.-Q. Mi, and H.-S. Zhao, “Power System Fault Diagnosis Modeling Techniques Based on Encoded Petri Nets,” Zhongguo Dianji Gongcheng Xuebao (Proc. of the Chinese Society of Electrical Engineering), 2005, pp. 44–49.

[141] Wang, J.-Y., and Y.-C. Ji, “Application of Fuzzy Petri Nets Knowledge Representation in Electric Power Transformer Fault Diagnosis,” Proc. of the CSEE, Vol. 23, 2003, pp. 121–125.

[142] Cardoso, J., R. Valette, and D. Dubois, “Possibilistic Petri Nets,” IEEE Trans. on Systems, Man, and Cybernetics, Part B: Cybernetics, Vol. 29, 1999, pp. 573–582.

[143] Lavee, G., et al., “Building Petri Nets from Video Event Ontologies,” in Advances in Visual Computing, New York: Springer, 2007, pp. 442–451.

[144] Dahlbom, A., L. Niklasson, and G. Falkman, “Situation Recognition and Hypothesis Management

Using Petri Nets," in Modeling Decisions for Artificial Intelligence, New York: Springer, 2009, pp. 303–314.

[145] Aberdeen, D., "A (Revised) Survey of Approximate Methods for Solving Partially Observable Markov Decision Processes," National ICT Australia, Canberra, Australia, Tech. Rep., 2003.

[146] Begleiter, R., R. El-Yaniv, and G. Yona, "On Prediction Using Variable Order Markov Models," J. Artif. Intell. Res.(JAIR), Vol. 22, 2004, pp. 385–421.

[147] Soubaras, H., "On Evidential Markov Chains," in Foundations of Reasoning Under Uncertainty, New York: Springer, 2010, pp. 247–264.

[148] Soubaras, H., "An Evidential Measure of Risk in Evidential Markov Chains," in Symbolic and Quantitative Approaches to Reasoning with Uncertainty, New York: Springer, 2009, pp. 863–874.

[149] Sabbadin, R., "Possibilistic Markov Decision Processes," Engineering Applications of Artificial Intelligence, Vol. 14, 2001, pp. 287–300.

[150] Dubois, D., F. D. de Saintcyr, and H. Prade, "Updating, Transition Constraints and Possibilistic Markov Chains," Advances in Intelligent Computing (IPMU'94), 1995, pp. 261–272.

[151] Kaelbling, L. P., M. L. Littman, and A. W. Moore, "Reinforcement Learning: A Survey," Journal of Artificial Intelligence Research, Vol. 4, 1996, pp. 237–285.

[152] Yu, T., and B. Zhou, "Reinforcement Learning Based CPS Self-Tuning Control Methodology for Interconnected Power Systems," Power System Protection and Control, Vol. 10, 2009.

[153] Ernst, D., M. Glavic, and L. Wehenkel, "Power Systems Stability Control: Reinforcement Learning Framework," IEEE Trans. on Power Systems, Vol. 19, 2004, pp. 427–435.

[154] Nguyen, T. T., and G. Armitage, "A Survey of Techniques for Internet Traffic Classification Using Machine Learning," IEEE Communications Surveys & Tutorials, Vol. 10, 2008, pp. 56–76.

[155] Shi, W.-W., H.-S. Yan, and K.-P. Ma, "A New Method of Early Fault Diagnosis Based on Machine Learning," Proc. of 2005 Intl. Conf. on Machine Learning and Cybernetics, 2005, pp. 3271–3276.

[156] Zhang, Y., M. D. Ilic, and O. K. Tonguz, "Mitigating Blackouts Via Smart Relays: A Machine Learning Approach," Proc. of the IEEE, Vol. 99, 2011, pp. 94–118.

[157] Harley, R. G., and J. Liang, "Computational Intelligence in Smart Grids," IEEE SSCI 2011 Symp. Series on Computational Intelligence CIASG, 2011.

[158] Jiang, Z., "Computational Intelligence Techniques for a Smart Electric Grid of the Future," Advances in Neural Networks, 2009, pp. 1191–1201.

[159] Guarracino, M. R., et al., "Supervised Classification of Distributed Data Streams for Smart Grids," Energy Systems, Vol. 3, 2012, pp. 95–108.

[160] Hady, M. F. A., and F. Schwenker, "Decision Templates Based RBF Network for TreeStructured Multiple Classifier Fusion," in Multiple Classifier Systems, New York: Springer, 2009, pp. 92–101.

[161] Micalizio, R., "On-Line Monitoring and Diagnosis of a Multi-Agent System: A ModelBased

Approach," Citeseer, 2007.

[162] Thorsley, D., and D. Teneketzis, "Diagnosability of Stochastic Discrete-Event Systems," IEEE Trans. on Automatic Control, Vol. 50, 2005, pp. 476–492.

[163] Doreian, P., V. Batagelj, and A. Ferligoj, Generalized Blockmodeling, Cambridge, U.K.: Cambridge University Press, 2005.

[164] Batagelj, V., et al., "Generalized blockmodeling with Pajek," Metodoloski zvezki, Vol. 1, 2004, pp. 455–467.

[165] Žiberna, A., "Generalized Blockmodeling of Valued Networks," Social Networks, Vol. 29, 2007, pp. 105–126.

[166] Flynn, D., J. Ritchie, and M. Cregan, "Data Mining Techniques Applied to Power Plant Performance Monitoring," 16th IFAC World Congress, Prague, 2005.

[167] Khreich, W., et al., "Adaptive ROC-Based Ensembles of HMMs Applied to Anomaly Detection," Pattern Recognition, Vol. 45, 2012, pp. 208–230.

[168]Bose, A., "Smart Transmission Grid Applications and Their Supporting Infrastructure," IEEE Trans. on Smart Grid, Vol. 1, 2010, pp. 11–19.

[169] Ramírez-Treviño, A., et al., "Online Fault Diagnosis of Discrete Event Systems. A Petri Net-Based Approach," IEEE Trans. on Automation Science and Engineering, Vol. 4, 2007, pp. 31–39.

[170] Santoyo-Sanchez, A., et al., "Fault Diagnosis of Electrical Systems Using Interpreted Petri Nets," IEEE Intl. Conf. on Emerging Technologies and Factory Automation 2008 (ETFA 2008), 2008, pp. 538–546.

[171] Littman, M. L., R. S. Sutton, and S. Singh, "Predictive Representations of State," Advances in Neural Information Processing Systems, Vol. 2, 2002, pp. 1555–1562.

[172] McCracken, P., and M. Bowling, "Online Discovery and Learning of Predictive State Representations," Advances in Neural Information Processing Systems, Vol. 18, 2006, p. 875.

[173] Singh, S., et al., "Learning Predictive State Representations," ICML, 2003, pp. 712–719.

[174] Dong, M., and D. He, "A Segmental Hidden Semi-Markov Model (HSMM)-Based Diagnostics and Prognostics Framework and Methodology," Mechanical Systems and Signal Processing, Vol. 21, 2007, pp. 2248–2266.

[175] Gupta, V., and S. Dharmaraja, "Semi-Markov Modeling of Dependability of VoIP Network in the Presence of Resource Degradation and Security Attacks," Reliability Engineering & System Safety, Vol. 96, 2011, pp. 1627–1636.

[176] Du, Y., H. Wang, and Y. Pang, "A Hidden Markov Models-Based Anomaly Intrusion Detection Method," Fifth World Congress on Intelligent Control and Automation 2004 (WCICA 2004), 2004, pp. 4348–4351.

[177] Camci, F., and R. B. Chinnam, "Dynamic Bayesian Networks for Machine Diagnostics:

Hierarchical Hidden Markov Models Vs. Competitive Learning," Proc. of 2005 IEEE International Joint Conference on Neural Networks (IJCNN'05), 2005, pp. 1752–1757.

[178] Calderaro, V., et al., "Failure Identification in Smart Grids Based on Petri Net Modeling," IEEE Trans. on Industrial Electronics, Vol. 58, 2011, pp. 4613–4623.

[179] Pieczynski, W., "Multisensor Triplet Markov Chains and Theory of Evidence," International Journal of Approximate Reasoning, Vol. 45, 2007, pp. 1–16.

[180] Bowling, M., et al., "Learning Predictive State Representations Using Non-Blind Policies," Proc. of the 23rd Intl. Conf. on Machine Learning, 2006, pp. 129–136.

[181] Tanner, B., et al., "Grounding Abstractions in Predictive State Representations," IJCAI, 2007, pp. 1077–1082.

[182]Wingate, D., et al., "Relational Knowledge with Predictive State Representations," IJCAI, 2007, pp. 2035–2040.

[183] Wolfe, B., and S. Singh, "Predictive State Representations with Options," Proc. of 23rd Intl. Conf. on Machine Learning, 2006, pp. 1025–1032.

[184] Gammerman, A., and V. Vovk, "Hedging Predictions in Machine Learning The Second Computer Journal Lecture," The Computer Journal, Vol. 50, 2007, pp. 151–163.

[185] Berzuini, C., "Modeling Temporal Processes Via Belief Networks and Petri Nets, with Application to Expert Systems," Annals of Mathematics and Artificial Intelligence, Vol. 2, 1990, pp. 39–64.

[186] Serir, L., E. Ramasso, and N. Zerhouni, "Time-Sliced Temporal Evidential Networks: The Case of Evidential HMM with Application to Dynamical System Analysis," 2011 IEEE Conference on Prognostics and Health Management (PHM), 2011, pp. 1–10.

[187] Sutton, R. S., E. J. Rafols, and A. Koop, "Temporal Abstraction in Temporal-Difference Networks," Advances in Neural Information Processing Systems, Vol. 18, 2006, p. 1313.

[188] Moreira, M. V., T. C. Jesus, and J. C. Basilio, "Polynomial Time Verification of Decentralized Diagnosability of Discrete Event Systems," IEEE Trans. on Automatic Control, Vol. 56, 2011, pp. 1679–1684.

[189] AlRashidi, M. R., and M. E. El-Hawary, "A Survey of Particle Swarm Optimization Applications in Electric Power Systems," IEEE Trans. on Evolutionary Computation, Vol. 13, 2009, pp. 913–918.

[190] Kezunovic, M., L. Xie, and S. Grijalva, "The Role of Big Data in Improving Power System Operation and Protection," 2013 IREP Symp. Bulk Power System Dynamics and Control-IX Optimization, Security and Control of the Emerging Power Grid (IREP), 2013, pp. 1–9.

[191] Kimotho, J. K., et al., "Machinery Prognostic Method Based on Multi-Class Support Vector Machines and Hybrid Differential Evolution–Particle Swarm Optimization," Chemical Engineering Transactions, Vol. 33, http://www.aidic.it/cet/13/33/104.pdf, 2013.

[192] Okhravi, H., F. Sheldon, and J. Haines, “Data Diodes in Support of Trustworthy Cyber Infrastructure and Net-Centric Cyber Decision Support,” in Optimization and Security Challenges in Smart Power Grids, New York: Springer, 2013, pp. 203–216.

[193] McGuire, P., et al., “The Application of Holonic Control to Tactical Sensor Management,” IEEE Workshop on Distributed Intelligent Systems: Collective Intelligence and Its Applications (DIS 2006), 2006, pp. 225–230.

[194] Peng, C., H. Sun, and J. Guo, “Multi-Objective Optimal PMU Placement Using A Non-Dominated Sorting Differential Evolution Algorithm,” International Journal of Electrical Power & Energy Systems, Vol. 32, 2010, pp. 886–892.

[195] Ilic, M. D., et al., “Modeling of Future Cyber–Physical Energy Systems for Distributed Sensing and Control,” IEEE Trans. on Systems, Man and Cybernetics, Part A: Systems and Humans, Vol. 40, 2010, pp. 825–838.

[196] Nakamura, E. F., and A. A. Loureiro, “Information Fusion in Wireless Sensor Networks,” Proc. of the 2008 ACM SIGMOD Intl. Conf. on Management of Data, 2008, pp. 1365–1372.

[197] Wu, F.-J., Y.-F. Kao, and Y.-C. Tseng, “From Wireless Sensor Networks Towards Cyber Physical Systems,” Pervasive and Mobile Computing, Vol. 7, 2011, pp. 397–413.

[198] Linda, O., et al., “Towards Resilient Critical Infrastructures: Application of Type-2 Fuzzy Logic in Embedded Network Security Cyber Sensor,” 2011 4th International Symposium on Resilient Control Systems (ISRCS), 2011, pp. 26–32.

第9章 总 结

信息过载和复杂性是军事和民用现代网络环境的核心问题，此环境称为网络物理和社会系统（CPSS）。本书致力于信息融合与分析技术（FIAT），以帮助解决这些核心问题。FIAT 代表数百种方法和技术（图 2.22 和图 3.11）。对于这些方法和技术中的每一种，都有专用的书籍介绍（见前面的参考文献）。仅就信息融合和分析而言，就有 50 多本书籍可用[1-6]。编写本书的目的不是要再增加一本，而是要坚持在算法层面（如特定方法和 Dempster-Shafer 理论或贝叶斯）和系统层面（如系统协作）开发集成原则的必要性。我们之所以指出集成，是因为人们认为网络化军事行动的根本问题是信息和系统集成，正如 NATO 关于系统互操作性的研究所揭示的那样[7-9]。对于智能电网、智能交通和医疗系统等民用 CPSS 也可以这样评论。基于 FIAT 系统的设计，以支持态势分析（SA）或决策支持系统（DSS），完全取决于背景和应用领域。挑战在于整合适当的技术，以支持在给定 CPSS 复杂环境中对态势进行测量、组织、理解和推理，并支持驱动（控制论功能）。

大数据和数据泛滥与 CPSS 复杂的动态环境密切相关。解决大数据 V 维度价值、体量、真实性、多样性和速度需要集成 FIAT。第 4 章至第 6 章根据 Sulis 的原型动力学框架，通过 FIAT 全息计算模型提出了一种集成。第 7 章讨论了其他集成框架和集成概念，以使系统具有互操作性：开放性和协作性概念的应用。

FIAT 的目标是将数据转化为信息，转化为可操作的知识，以支持复杂动态环境中的决策和操作。这些复杂环境已在第 1 章以及其他专用书籍[10-12]中进行了描述，使用的术语包括 CPSS、网络物理系统（CPS）、物联网（IoT）和大数据。这个问题要解决是非常复杂的。显然，目前的书籍只对问题空间的一部分进行了讨论。例如，基于 FIAT 的问题主要是在大数据的真实性和多样性维度下考虑的。这个问题本质上是多学科的，需要现实的和未来的知识来探索广阔的解决空间。在这本书中，FIAT 的讨论更多地集中在态势分析的角度，而不是决策支持方面。例如，读者可以参考有关重要主题的大量文献，如多标准决策和多目标优化[13-18]。

为了定位本书在 CPSS、CPS 和 IoT 方面的贡献，让我们使用最详细的有关 CPS 的图。此图，复制在图 9.1[19]中，已稍作修改，以适应前几章所述的概念。图 9.1 将 CPS 定义为反馈系统，需要系统可靠性、设计工具和一套方法，并在 CPSS 中有应用：能源、交通、健康、国防和安全。本书的章节已链接到 CPS 概念图，它显示了问题和解决方案的空间有多大。有关 FIAT 集成，本书只涉及了一小部分或几个方面。未涵盖的部分，如实时问题、社会计算、人类系统交互和网络是一个巨大的领域。其他书籍[10-11]也需要涵盖这些方面。

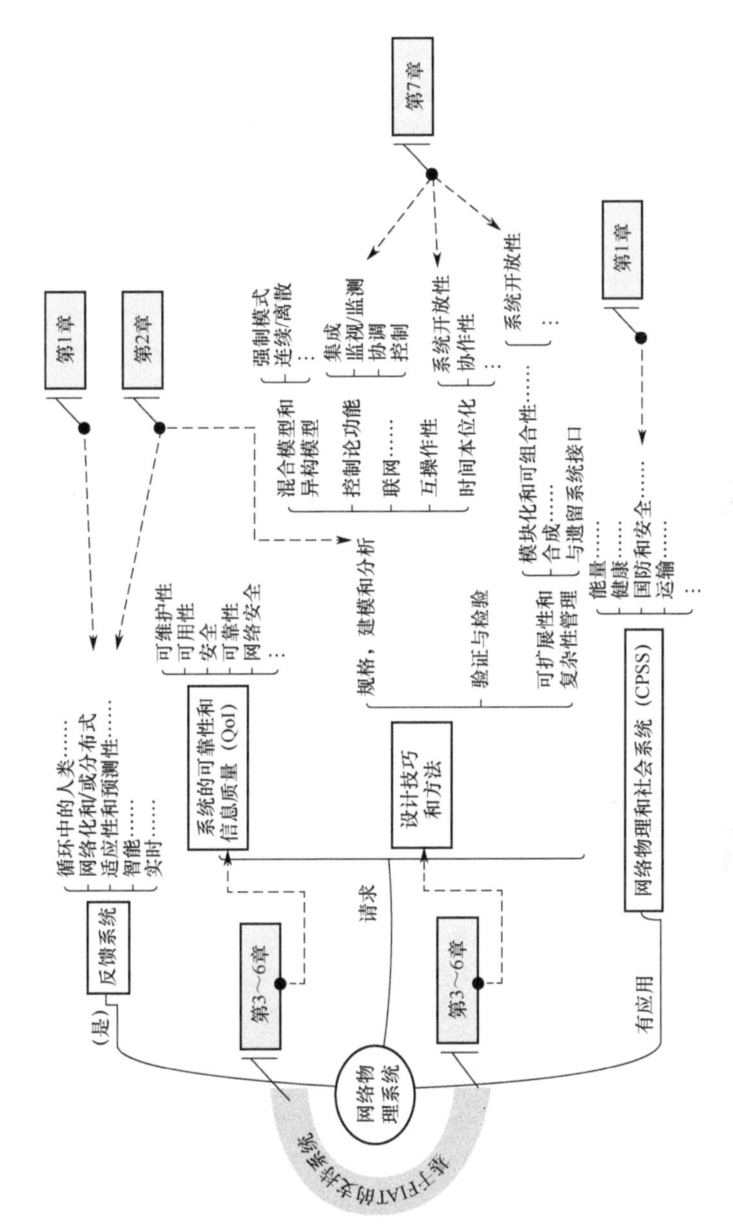

图 9.1 该书的结构和贡献对比 CPS（概念图选自文献[19]）

关于大数据维度，本书关于 FIAT 应用，主要局限于大数据的多样性和真实性维度，如图 9.2 中的虚线所示。在本书中，仅视 IoT 为大数据的贡献者（图 9.2），而不是如图 9.1 所示的存在反馈和控制的 CPS。最近，一些作者[20-21]建议将可视化作为大数据问题的另一个 V 维度（图 9.2）。我们同意添加它，因为已证明可视化能够有效地在大量数据中呈现基本信息，并推动复杂的分析。大型可视化科学领域可以为提供大数据解决方案做出重大贡献。

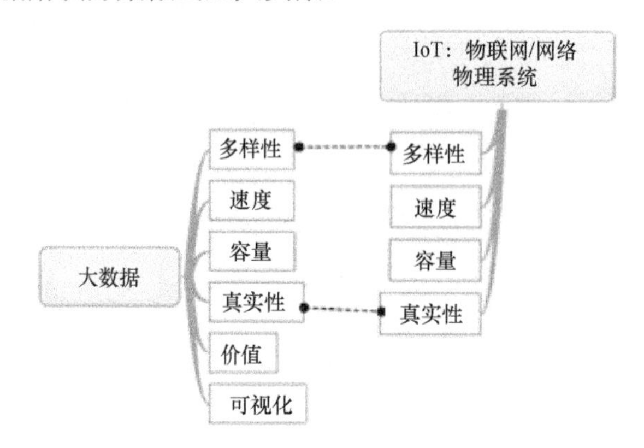

图 9.2　IoT 对比大数据维度

参考文献

[1] Blasch, E., E. Bossé, and D. A. Lambert, *High-Level Information Fusion Management and Systems Design*, Norwood, MA: Artech House, 2012.

[2] Das, S., *Computational Business Analytics*, New York: Taylor & Francis, 2013.

[3] Liggins, M., D. Hall, and J. Llinas, *Handbook of Multisensor Data Fusion: Theory and Practice*, 2nd ed., New York: Taylor & Francis, 2008.

[4] Hall, D. L., and J. M. Jordan, *Human-Centered Information Fusion*, Norwood, MA: Artech House, 2010.

[5] Waltz, E., *Knowledge Management in the Intelligence Enterprise*, Norwood, MA: Artech House, 2003.

[6] Bossé, É., J. Roy, and S. Wark, *Concepts, Models, and Tools for Information Fusion*, Norwood, MA: Artech House, 2007.

[7] Alberts, D. S., *The Agility Advantage: A Survival Guide for Complex Enterprises and Endeavors*, CCRP Publication Series, Washington DC, 2010.

[8] D. S. Alberts, “Agility, Focus, and Convergence: The Future of Command and Control,” DTIC Document, *The International C2 Journal*, Vol. 2, No. 1, 2007.

[9] Alberts, D. S., R. K. Huber, and J. Moffat, "NATO NEC C2 Maturity Model," NATO SAS-065, www.dodccrp.org, 2010.

[10] Lee, E. A., and S. A. Seshia, *Introduction to Embedded Systems: A Cyber-Physical Systems Approach*, Berkeley, CA: Lee & Seshia, 2011.

[11] Marwedel, P., *Embedded System Design: Embedded Systems Foundations of Cyber-Physical Systems*, New York: Springer Science & Business Media, 2010.

[12] Minelli, M., M. Chambers, and A. Dhiraj, *Big Data, Big Analytics: Emerging Business Intelligence and Analytic Trends for Today's Businesses*, New York: John Wiley & Sons, 2012.

[13] Ho, W., X. Xu, and P. K. Dey, "Multi-Criteria Decision Making Approaches for Supplier Evaluation and Selection: A Literature Review," *European Journal of Operational Research,* Vol. 202, 2010, pp. 16–24.

[14] Wang, J.-J., et al., "Review on Multi-Criteria Decision Analysis Aid in Sustainable Energy Decision-Making," *Renewable and Sustainable Energy Reviews,* Vol. 13, 2009, pp. 2263–2278.

[15] Greco, S., M. Ehrgott, and J. R. Figueira, *Trends in Multiple Criteria Decision Analysis*, New York: Springer, 2010.

[16] Tzeng, G.-H., and J.-J. Huang, *Multiple Attribute Decision Making: Methods and Applications*, Boca Raton, FL, CRC Press, 2001.

[17] Deb, K., "Multi-Objective Optimization," in *Search Methodologies*, New York: Springer, 2014, pp. 403–449.

[18] Marler, R. T., and J. S. Arora, "Survey of Multi-Objective Optimization Methods for Engineering," *Structural and Multidisciplinary Optimization,* Vol. 26, 2004, pp. 369–395.

[19] *Cyber-Physical Systems: A Concept Map*, http://cyberphysicalsystems.org/.

[20] Keim, D., H. Qu, and K.-L. Ma, "Big-Data Visualization," *IEEE Computer Graphics and Applications*, Vol. 33, 2013, pp. 20–21.

[21] Wenxue, H., and W. Jinjia, "Survey on Visualization and Visual Analytics," *Journal of Yanshan University,* Vol. 34, 2010, pp. 95–99.

首字母缩略词列表

AASS	竞争对抗系统科学
ACWA	应用认知工作分析
AD	原型动力学
AI	人工智能
AM	歧义性
ASM	抽象状态机
ATR	自动目标识别
BM	置信模型
BPA	基本概率分配
CBSS	基于计算机的支持系统
CEP	复杂事件处理
C^2	指挥、控制
C^{4}ISR	指挥、控制、通信、计算机、情报、监视和侦察
CCO	指挥和控制组织
CCRP	指挥与控制研究计划
CEP	复杂事件处理
CM	认知图
CIGRE	国际大电网理事会
CoA	行动方案
CPS	网络物理系统
CPSS	网络物理和社会系统
CSE	认知系统工程
CTA	认知任务分析
CWA	认知工作分析
CWR	认知工作需求
DASM	分布式抽象状态机
DF	数据融合
DFD	数据-特征-决策
DFIG	数据融合信息组
DIFS	分布式信息融合系统
DL	描述逻辑
DM	决策
DNN	双节点网络
DoD	（美国）国防部
DoDAF	国防部体系结构框架
DSN	分布式传感器网络
DSS	决策支持系统
DS	Dempster-Shafer（证据推理）
DST	Dempster-Shafer（证据推理）理论
DTM	数字地形图
EA	企业体系架构
EMS	能量管理系统
EM	排除中间
EPRI	电力研究所
ETURWG	不确定性表示技术评估工作组
FACTS	柔性交流输电系统
FAIR	信息相关性的框架（分析）
FAN	功能抽象网络
FCM	模糊认知图
FE	模糊元素
FZ	模糊性歧义
FIAT	信息融合与分析技术
FIF	分形信息融合
FPMFWG	融合过程模型和框架工作组
GDI	（更）一般的信息定义

GIT 广义信息论
HLIF 高级信息融合
IBM 国际商业机器公司
ICT 信息和通信技术
ID 身份证明
IDF 信息和数据融合
IF 信息融合
IFC 信息融合单元
IFS 信息融合系统
IG 互操作组
INFORMLab 信息融合与资源管理实验室
Intel 军事情报循环
IoT 物联网
IRR 信息/关系要求
ISc 输入范围
ISIF 国际信息融合学会
ISSA 解释系统态势分析
JDL 实验室联合理事会
JDL DIFG 实验室联合理事会所属数据和信息融合组
JFC 信息融合单元
KID 知识、信息和数据
MAPE 监控、分析、计划、执行
MAS 多智能体系统
MBES 多波束回声探测仪
MCDA 多标准决策分析
ME 多元素
MRU 运动参考单元
NATO 北大西洋公约组织
NATO SAS 北约系统分析与研究
ND 不可区分性
NDM 自然决策
NEC 网络支持能力
NIT 网络信息技术
NS 非特导性
NSF 国家科学基金会
OODA 观察-定向-决定-行动
OMM 本体管理方法
OPP 运行计划流程
Ops （军事）行动（循环）
OR 运筹学
OSc 输出范围
OWL 本体网络语言
PDC 演示设计概念
PDF 概率密度函数
PMU 相量测量管理单元
PSS 电力系统稳定器
QoF 融合质量
QoI 信息质量
QoS 服务质量
RDR 表示设计要求
RGB 红绿蓝
RPD 识别引导决策
RM 资源管理
SA 态势分析
SADS 态势分析和决策支持系统
SAW 态势感知
SE 单元素
SES 社会生态系统
SLS 侧视声纳
SM 意义构建
SO 自组织
STDF 状态转换数据融合
STO 社会技术组织
TU 总不确定性
UMM 不确定性管理方法
URREF 不确定性表示与推理评估框架
VBS 基于数值的系统
XML 可扩展标记语言
VI 植被指数

作 者 简 介

Éloi Bossé 1979 年，在魁北克市拉瓦尔大学（Université Laval）的电气工程专业获得学士学位，1981 年获硕士学位，1990 年获博士学位。1981 年加入了加拿大渥太华的通信研究中心，负责信号处理和高分辨率光谱分析。1988 年到渥太华国防研究机构，负责多径雷达目标跟踪。1992 年到加拿大国防研究与开发部（DRDC 瓦尔卡地亚），带领一组 4～5 名国防科学家进行信息融合和资源管理研究。他在期刊、书籍章节、会议论文和技术报告上发表了 200 多篇论文。1993—2013 年，在多所大学担任兼职教授职务（拉瓦尔大学卡尔加里大学和麦克马斯特大学），1998—2011 年，担任 DRDC 瓦尔卡地亚的 C^2 决策支持系统科的负责人，是 2007 年 7 月在魁北克市举行的第 10 届国际信息融合会议（FUSION 07）的执行主席，并代表加拿大（作为 DRDC 成员）参加在其专业领域各种合作研究计划（NATO，TTCP，双边和三边）下的众多国际研究论坛。他是“信息融合的概念模型和工具”（Artech House，2007）的合著者，获得了 2006 年 NAM-RAD 校长成就奖，并为其他几本书和章节做出了贡献。也就是说，他合作编写了《高级信息融合管理和系统设计》（Artech House，2012）。2011 年 9 月从 DRDC 退休，从那时起，在 NATO 和平与安全计划下开展了一些研究活动，作为蒙特利尔理工学院数学和工业工程系的研究员，布列塔尼电信学院的副研究员，自 2015 年起，担任 Expertise Parafuse Inc.的总裁，该公司是一家信息、决策支持和分析技术融合的咨询公司。

Basel Solaiman 于 1983 年获得布列塔尼电信学院和 D.E.A.的电信工程学位，1988 年获博士学位，1997 年从法国雷恩大学获 H.D.R.。1983 年加入了法国巴黎的飞利浦电子实验室（L.E.P.），负责图像压缩标准。1988 年加入法国布雷斯特工业信息学研究所，担任研发总工程师，致力于研究转移到工业区域组织的新技术。1992 年加入法国布雷斯特的 Ecole 国家高级电信公司（布列塔尼电信），在那里他是一名全职教授兼图像和信息处理部门负责人。他出版了几本学术著作，180 多篇期刊论文和其他著作的部分章节，230 多篇会议论文和技术报告。曾在多所大学担任访问教授职位：布里斯托大学（英国）、卡拉沃沃大学（委内瑞拉）、密歇根大学（安娜堡，密歇根）、布达佩斯技术大学（匈牙利）、E.T.S.（加拿大蒙特利尔）、M.U.T.（波兰华沙）和马六甲技术大学（马来西亚 UTEM）。他的研究方向涉及信号和图像处理、数据和信息融合以及模式识别，应用范围涉及医疗、遥感、水下成像和知识挖掘。